园林绿化与景观设计

张　玲　庞爽慧　庞晓博　著

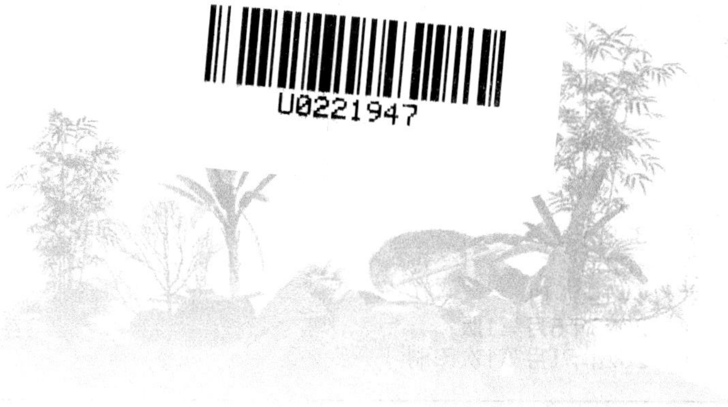

吉林科学技术出版社

图书在版编目（CIP）数据

园林绿化与景观设计 / 张玲，庞爽慧，庞晓博著
. -- 长春：吉林科学技术出版社，2023.5
ISBN 978-7-5744-0542-4

Ⅰ. ①园… Ⅱ. ①张… ②庞… ③庞… Ⅲ. ①园林－绿化②景观设计 Ⅳ. ① S731 ② TU983

中国国家版本馆 CIP 数据核字 (2023) 第 107789 号

园林绿化与景观设计

著　　张　玲　庞爽慧　庞晓博
出版人　宛　霞
责任编辑　程　程
封面设计　刘梦杳
制　　版　刘梦杳
幅面尺寸　185mm × 260mm
开　　本　16
字　　数　335 千字
印　　张　16.5
印　　数　1–1500 册
版　　次　2023年5月第1版
印　　次　2024年1月第1次印刷

出　　版　吉林科学技术出版社
发　　行　吉林科学技术出版社
地　　址　长春市福祉大路5788号
邮　　编　130118
发行部电话/传真　0431-81629529 81629530 81629531
81629532 81629533 81629534
储运部电话　0431-86059116
编辑部电话　0431-81629518
印　　刷　廊坊市印艺阁数字科技有限公司

书　　号　ISBN 978-7-5744-0542-4
定　　价　100.00元

前言 *PREFACE*

园林绿化与景观是中国传统文化的一种艺术表现形式，通过对地形、山水、建筑及花草树木等进行一定的布局和造型安排来衬托人们在精神文化上的追求。随着社会的不断发展变化，园林绿化与景观规划的概念已经得到了延伸，不只局限在古典园林建筑的范畴，园林社区、园林城市的建设使人们的生活环境得到了极大的改善。因此，充分发挥园林绿化与景观规划在城市总体规划建设中的重要作用和现实价值，是园林绿化与景观规划未来的发展走向。如何才能将与自然分离的城市通过人为的手段有机地融入大自然中，成为城市绿化与规划中的重大课题，而这一课题的实施有赖于园林绿化与规划设计的再创造。在城市中营造园林，将自然景观融入人造环境中，使之成为一个自由、合理、平衡的新的生活空间，这种自然回归力一直在有力地抗衡着城市与自然彼此疏离的倾向。这样，园林已不仅仅是提供人们休憩、娱乐、观赏的场所，而且同时考虑到城市居民的生活需求及对社会功能的满足和实现。园林在为人类的活动环境创造美景的同时，还必须给予城市居民以舒适、便利和健康。这一设计理念的提出，使园林绿化与景观设计有了一个前所未有的深度和广度。

在写作过程中，为提升本书的学术性与严谨性，笔者参阅了大量的文献资料，引用了一些同仁前辈的研究成果，因篇幅有限，不能一一列举，在此一并表示最诚挚的感谢。

由于园林绿化与景观设计涉及的范畴比较广，需要探索的层面比较深，笔者在写作的过程中难免存在一定的不足，对一些相关问题的研究不透彻，恳请前辈、同行及广大读者斧正，使之更加完善。

目录 *CONTENTS*

第一章　园林绿化概述

第一节　园林绿化的概念及意义

一、园林绿化的相关概念

（一）绿地

凡是生长绿色植物的地块统称为绿地，它包括天然植被和人工植被，也包括观赏游憩绿地和农林牧业生产绿地。

绿地的含义比较广泛，它并非指全部用地皆为绿化，一般指绿化栽植占大部分用地。绿地的大小往往相差悬殊，大者如风景名胜区，小者如宅旁绿地；其设施质量高低相差也大，精美者如古典园林，粗放者如防护林带。

各种公园、花园、街道及滨河的种植带，防风、防尘绿化带，卫生防护林带，墓园及机关单位的附属绿地，以及郊区的苗圃、果园、菜园等均可称为“绿地”。

从城市规划的角度看，绿地是指绿化用地，即城市规划区内用于栽植绿色植物的用地，包括规划绿地和建成绿地。

（二）园林

园林是指在一定的地域范围内，根据功能要求、经济技术条件和艺术布局规律，利用并改造天然山水地貌或人工创造山水地貌，结合植物栽植和建筑、道路的布置，从而构成一个供人们观赏、游憩的环境。

各类公园、风景名胜区、自然保护区和休息疗养胜地等都以园林为主要内容。

园林的基本要素包括山水地貌、道路广场、建筑小品、植物群落和景观设施。

园林与绿地属同一范畴，具有共同的基本内容，从范围看，“绿地”比“园林”广泛，园林可供游憩且必是绿地，而“绿地”不一定称“园林”，也不一定供游憩。“绿地”强调的是作为栽植绿色植物、发挥植物生态作用、改善城市环境的用地，是城市建设用地的一种重要类型；“园林”强调的是为主体服务，是功能、艺术与生态相结合的立体空间综合体。

把城市规划绿地按较高的艺术水平、较多的设施和较完善的功能而建设成环境优美的景境便是“园林”。所以，园林是绿地的特殊形式。有一定的人工设施，具有观赏、游憩功能的绿地称为“园林绿地”。

（三）绿化

绿化是栽植绿色植物的工艺过程，是运用植物材料把规划用地建成绿地的手段，它包括城市园林绿化、荒山绿化、“四旁”和农田林网绿化。从更广的角度来看，人类一切为了工、农、林业生产，减少自然灾害，改善卫生条件，美化、香化环境而栽植植物的行为都可称为“绿化”。

（四）造园

造园是指营建园林的工艺过程，广义的造园包括园地选择（相地）立意构思、方案规划、设计施工、工程建设、养护管理等过程。狭义的造园是指运用多种素材建成园林的工程技术建设过程。堆山理水、植物配植、建筑营造和景观设施建设是园林建设的四项主要内容。

因此，广义的园林绿化是指以绿色植物为主体的园林景观建设，狭义的园林绿化是指园林景观建设中植物配植设计、栽植和养护管理等内容。

二、园林绿化的意义

（一）城市园林绿化的意义

由于工业的不断发展，科学技术的突飞猛进，现代工业化产生大量的“四废”，城市化进程过快导致自然环境的严重破坏，引发环境和生态失衡，使大自然饱受蹂躏，造成空气和水土污染、动植物灭绝、森林消失、水土流失、沙漠化、温室效应等，严重威胁人类的生存环境。人们根据生态学的原理，通过园林绿化措施，把原来破坏了的自然环境改造和恢复过来，使城市环境能满足人们在工作、生活和精神方面的需要。①

① 徐文辉.城市园林绿地系列规划（第4版）[M].武汉：华中科技大学出版社，2022：44-63.

在现代化城市环境条件不断变化的情况下，园林绿化显得越来越重要。园林绿化把被破坏了的自然环境改造和恢复过来，并创造更适合人们工作、生活的宁静优美的自然环境，使城乡形成生态系统的良性循环。园林绿化通过对环境的“绿化、美化、香化、彩化”来改造我们的环境，保证具有中国特色的社会主义现代化建设顺利进行。

城市园林绿化是城市现代化建设的重要项目之一，它不仅美化环境，给市民创造舒适的游览休憩场所，还能创造人与自然和谐共生的生态环境。只有加强城市园林绿化建设，才能美化城市景观，改善投资环境，生物多样性才能得到充分发挥，生态城市的持续发展才能得到保证。因此，园林绿化水平已成为衡量城市现代化水平的质量指标，城市园林绿化建设水平是城市形象的代表，是城市文明的象征。

园林绿化工作是现代化城市建设的一项重要内容，它关系到物质文明建设，也关系到精神文明建设。园林绿化创造并维护了适合人民生产劳动和生活休息的环境质量，因此，要有计划、有步骤地进行园林绿化建设，搞好经营管理，充分发挥园林绿化的作用。

（二）一般园林绿化的意义

1.园林是一种社会物质财富

园林和其他建设一样，是不同地域、不同历史时期的社会建设产物，是当时当地社会生产力水平的反映。古典园林是人类宝贵的物质财富和遗产，园林的兴衰与社会发展息息相关，园林与社会生活同步前进。

2.园林是一种社会精神财富

园林的建设反映了人们对美好景物的追求，人们在设计园林时，融入了作者的文化修养、人生态度、情感和品格，园林作品是造园者精神思想的反映。

3.园林是一种人造艺术品

园林是一种人造艺术品，其风格必然与文化传统、历史条件、地理环境有着密切的关系，也带有一定的阶级烙印，从而在世界上形成了不同形式和艺术风格的流派和体系。造园是把山水、植物和建筑组合成有机的整体，创造出丰富多彩的园林景观，给人以赏心悦目的美的享受的过程，是一种艺术创作活动。

第二节　园林绿化的效益

一、园林绿化的生态效益

（一）园林绿化调节气候，改善环境①

1.调节温度，减少辐射

影响城市小气候最突出的有物体表面温度、气温和太阳辐射，其中气温对人体的影响是最主要的。

城市本身如同一个大热源，不断散射热能，利用砖、石、水泥建造的房屋、道路、广场以及各种金属结构和工业设施在阳光照射下也散发大量的热能。因此，市区的气温在一年四季都比郊区要高。在夏季炎热的季节，市区与郊区的气温相差1～2℃。

绿化环境具有调节气温的作用，因为植物蒸腾作用可以降低植物体及叶面的温度。一般1g水（在20℃）蒸发时需要吸收584Cal的能量（太阳能），所以叶的蒸腾作用对于热能的消散起着一定的作用。其次，植物的树冠能阻隔阳光照射，为地表遮阴，使水泥或柏油路及部分墙垣、屋面降低辐射热和辐射温度，改善小气候。经测定，夏季树荫下与阳光直射区的辐射温度可相差30～40℃。

夏季树荫下的温度较无树荫处低3～5℃，较有建筑物的地区低10℃左右。即使在没有树木遮阴的草地上，其温度也比无草皮空地的温度低些。绿地庇荫表面温度低于气温，而道路、建筑物及裸土的表面温度则高于气温。经测定，当夏季城市气温为27.5℃时，草坪表面温度为22～24.5℃，比裸露地面低6～7℃，比柏油路面低8～20.5℃。这使人在绿地上和在非绿地上的温度感觉差异很大。

据观测，夏季绿地比非绿地温度低3℃左右，相对湿度提高4%；而在冬季绿地散热又较空旷地少0.1～0.5℃，故绿化的地区有冬暖夏凉的效果。

除了局部绿化所产生的不同表面温度和辐射温度的差别外，大面积的绿地覆盖对气温的调节则更加明显。

① 刘洪景．园林绿化养护管理学[M].武汉：华中科学技术大学出版社，2021：56-64.

2.调节湿度

凡没有绿化的空旷地区，一般只有地表蒸发水蒸气，而经过绿化的地区，地表蒸发明显降低了，但有树冠、枝叶的物理蒸发作用，又有植物生理过程中的蒸腾作用。据研究，树木在生长过程中所蒸发的水分要调节湿度比它本身的重量大300～400倍。经测定，1hm³阔叶林夏季能蒸腾2500kg的水，比同面积的裸露土地蒸发量高20倍，相当于同面积的水库蒸发量。树木在生长过程中，每形成1kg的干物质，需要蒸腾300～400kg的水。植物具有这样强大的蒸腾作用，所以城市绿地相对湿度比建筑区高10%～22%。适宜的空气湿度（30%～60%）有益于身体健康。

3.影响气流

绿地与建筑地区的温度还能形成城市上空的空气对流。城市建筑地区污浊空气因温度升高而上升，随之城市绿地系统中温度较低的新鲜空气就移动过来，而高空冷空气又下降到绿地上空，这样就形成了一个空气循环系统。静风时，由绿地向建筑区移动的新鲜空气速度可达1m/s，从而形成微风。如果城市郊区还有大片绿色森林，则郊区的新鲜冷空气就会不断向城市建筑区流动，这样既调节了气温，又改善了城市的通气条件。

4.通风防风

城市带状绿化如城市道路与滨水绿地，是城市气流的绿色通道。特别是带状绿地的方向与该地夏季主导风向相一致的情况下，可将城市郊区的新鲜气流引入城市中心地区，为炎热夏季时城市的通风降温创造良好的条件。而冬季时，大片树林可以降低风速，发挥防风作用。因此，在垂直冬季寒风方向种植防风林带，可以防风固沙，改善生态环境。

（二）园林绿化净化空气，保护环境

1.吸收二氧化碳释放氧气

树木花草在利用阳光进行光合作用，制造养分的过程中吸收空气中的二氧化碳，并放出大量氧气。由于工业的发展，并且工业生产大多集中在较大的城市中，大城市在工业生产过程中，燃料的燃烧和人的呼吸排出大量二氧化碳并消耗大量氧气。绿色植物的光合作用可以有效地解决城市中氧气与二氧化碳的平衡问题。植物的光合作用所吸收的二氧化碳要比呼吸作用排出的二氧化碳多20倍，因此，绿色植物消耗了空气中的二氧化碳，增加了空气中的氧气含量。

2.吸收有毒气体

工厂或居民区排放的废气中，通常含有各种有毒物质，其中较为普遍的是二氧化硫、氯气和氟化物等，这些有毒物质对人的健康危害很大，当空气中二氧化硫浓度大于6μL/L时，人便会感到不适；如果浓度高达10μL/L，人就难以长时间进行工作；达到400μL/L时，人就会立即死亡。绿地具有减轻污染物危害的作用，因为一般污染气体经过

绿地后，即有25%可被阻留，危害程度大大降低。

据研究发现，空气中的二氧化硫主要是被各种植物表面所吸收，而植物叶片的表面吸收二氧化硫的能力最强，为其所占土地面积吸收能力的8~10倍。当二氧化硫被植物吸收以后，便形成亚硫酸盐，然后被氧化成硫酸盐。只要植物吸收二氧化硫的速度不超过亚硫酸盐转化为硫酸盐的速度，植物叶片便不断吸收大气中的二氧化硫而不受害或受害轻。随着叶片的衰老凋落，它所吸收的硫一同落到地面，或者流失或渗入土中。植物年年长叶、年年落叶，它可以不断地净化空气，是大气的“天然净化器”。

据研究，许多树种如小叶榕、鸡蛋花、罗汉松、美人蕉、羊蹄甲，大红花、茶花等能吸收二氧化硫而呈现较强的抗性。氟化氢是一种无色无味的毒气，许多植物如石榴、蒲葵、黄皮等对氟化氢具有较强的吸收能力。因此，在产生有害气体的污染源附近，选择与其相应的具有吸收能力和抗性强的树种进行绿化，对于防止污染、净化空气是十分有益的。

3.吸滞粉尘和烟尘

粉尘和烟尘是造成环境污染的原因之一。工业城市每年每平方公里降尘量平均为500~1000t。这些粉尘和烟尘一方面降低了太阳的照明度和辐射强度，削弱了紫外线，对人体的健康产生不利影响；另一方面，人呼吸时，飘尘进入肺部，容易使人得气管炎、支气管炎、尘肺、砂肺等疾病。我国一些城市的飘尘量大大超过了卫生标准，降低了人们生活的环境质量。

要防治粉尘和烟尘的飘散，以植物尤其是树木的吸滞作用为最佳带有粉尘的气流经过树林时，由于流速降低，大粒灰尘降下，其余灰尘及飘尘则附着在树叶表面、树枝部分和树皮凹陷处，经过雨水的冲洗，树木又能恢复其吸尘的能力。由于绿色植物的叶面面积远远大于其树冠的占地面积。例如，森林叶面积的总和是其占地面积的60~70倍，生长茂盛的草皮也有20~30倍，其吸滞烟尘的能力是很强的。所以说，绿地和森林就像一个巨大的“大自然过滤器”，使空气得到净化。

4.杀菌作用

空气中含有千万种细菌，其中很多是病原菌。很多树木分泌的挥发性物质具有杀菌能力。例如，樟树、桉树的挥发物可杀死肺炎球菌、结核菌和流感病毒；圆柏和松的挥发物可杀死白喉杆菌、结核杆菌、伤寒杆菌等多种病菌，而且1h㎡松柏林一昼夜能分泌30kg的杀菌素。据测定，森林内空气含菌量为300~400个/m³，林外则达3万~4万个/m³。

5.防噪作用

城市噪声随着工业的发展日趋严重，对居民身心健康危害很大。一般噪声超过70dB，人体便会感到不适，如高达90dB，会引起血管硬化。国际标准组织（ISO）规定住宅室外环境噪声的容许量为35~45dB。园林绿化是减少噪声的有效方法之一。因为树木对声波有散射的作用，声波通过时，树叶摆动，使声波减弱消失。据测试，40m宽的林带可以使噪声降低10～15dB，公路两旁各15m宽的乔灌木林带可使噪声降低一半。街道、公路两侧种植树木不仅有减少噪声的作用，而且对于净化汽车废气及光化学烟雾污染也有效果。

6.净化水体与土壤

城市和郊区的水体常受到工厂废水及居民生活污水的污染，进而影响环境卫生和人们的身体健康，而植物则有一定的净化污水的能力。研究证明，树木可以吸收水中的溶解质，减少水中的细菌数量。例如，在通过30～40m宽的林带后，1L水中所含的细菌数量比不经过林带的减少1/2。

7.保持水土

树木和草地对保持水土有非常显著的功能。树木的枝叶能够防止暴雨直接冲击土壤，减弱了雨水对地表的冲击，同时还能截留一部分雨水，植物的根系能紧固土壤，这些都能防止水土流失。当自然降雨时，有15%～40%的水被树林树冠截留和蒸发，有5%～10%的数量被地表蒸发，地表的径流量仅占0.5%～1%。大多数的水，即占50%～80%的水被林地上一层厚而松的枯枝落叶所吸收，然后逐步渗入土壤中变成地下江流。这种水经过土壤、岩层的不断过滤，流向下坡和泉池溪涧。

8.安全防护

城市常有风害、火灾和地震等灾害。大片绿地有隔断并使火灾自行停息的作用，树木枝叶含有大量水分，亦可阻止火势的蔓延。树冠浓密，可以降低风速，减少台风带来的损失。

二、园林绿化的社会效益

（一）美化环境

1.美化市容

城市街道、广场四周的绿化对市容市貌影响很大。街道绿化得好，人们虽置身于闹市中，却犹如生活在绿色走廊里。街道两边的绿化，既可供行人短暂休息、观赏街景、满足闹中取静的需要，又可以达到装饰空间、美化环境的效果。

2.增强建筑的艺术效果

用绿化来衬托建筑，使得建筑效果升级，并可用不同的绿化形式衬托不同用途的建筑，使建筑更加充分地体现其艺术效果。例如，纪念性建筑及体现庄重、严肃的建筑前多采用对称式布局，并较多采用常绿树，以突出庄重、严肃的气氛；居住性建筑四周的绿化布局及树种多体现亲切宜人的环境氛围。

园林绿化还可以遮挡不美观的物体或建筑物、构筑物，使城市面貌更加整洁、生动、活泼，并可利用植物布局的统一性和多样性来使城市具有统一感、整体感，丰富城市的多样性，增强城市的艺术效果。

3.提供良好的游憩条件

在人们生活环境的周围，选栽各种美丽多姿的园林植物，可使周围呈现千变万化的色彩、绮丽芳香的花朵和丰硕诱人的果实，为人们能在工作之余小憩或周末假日、调节生活提供良好的条件，以利于人们的身心健康。

（二）保健与陶冶功能

多层次的园林植物可形成优美的风景，参天的木本花卉可构成立体的空中花园，花的芳香能唤起人们美好的回忆和联想。

森林中释放的气体像雾露一样地熏肤、充身、润泽皮毛、培补正气。

绿色能吸收强光中对眼睛和神经系统产生不良刺激的紫外线，且绿色的光波长短适中，对眼睛视网膜组织有调节作用，从而消除视力疲劳。

绿叶中的叶绿体及其中的酶利用太阳能，吸收二氧化碳，合成葡萄糖，把二氧化碳储存在碳水化合物中，放出氧气，使空气清新，使人精力充沛。

生活在绿化地带的居民，与邻居和家人都能和谐相处。因绿色营造的环境中含有比非绿化地带大得多的空气负离子，对人的生理、心理都有很大益处。

功能园林植物能寄物抒情，园林雕塑能启迪心灵，园林文学因素能表达情感。当人们在优美的园林环境中放松和享受时，可消除疲劳，陶冶情操，彼此间可以增进友谊，对生活质量和工作、学习效率的提高大有裨益，有利于构建文明、和谐社会，这是不可估量的社会效益。

（三）使用功能

园林绿地中的日常游憩活动一般包括钓鱼、音乐、棋牌、绘画、摄影、品茶等静态活动，游泳、划船、球类、田径、登山、滑冰、狩猎和健身等体育活动，以及射箭、碰碰车、碰碰船、游戏、攀岩、蹦极等动态活动。人们游览园林，可普及各种科学文化教育，寓教于乐，了解动植物知识，开展丰富多彩的艺术活动，展示地方人文特色，并展览书法、绘画、摄影等，提高人们的艺术素养，陶冶情操。

第二章　园林绿化构成要素

第一节　园林绿化的作用

一、园林的基本概念

园林是人类文明发展到一定阶段的产物。人类从其幼年起，当生存的第一本能得到满足时，便在生存环境的改造实践过程中逐步获得了生理和心理上的美感与愉悦。

在现实中，人们最早在布置建造祭祀场所时探求各种美景，随后贵族在其生活中加以效仿。人们在生产、生活中尽其所能地利用自然因素来改善生存环境，追求浑然天成的环境美，形成了人类环境的艺术境界。园林学就是研究人类生活境遇的、自然和人文科学相结合的学科。园林在中国古代有多种名称，先秦时称圈、园、圃等。园的意思是平整过土地后，四周设置轻便的围墙，内有水源浇灌，栽植果树；“圃”是栽植蔬菜的地域。先秦以后的“苑”，即“圈”，它是帝王建造的。“园林”一词最早出现于东晋，唐宋后广为应用，沿用至今。在中国历史上，园林是供人欣赏、游憩需要而创建的自然环境场所。除以上名称外，还有庭园、山庄、别业等，这些主要是为封建帝王、贵族服务的场所。

按现代园林释义，园林不仅是游憩之所，还有保护和改善自然环境，消除人们身心疲劳之功效，因而园林的含义除包含公园、植物园、动物园、纪念性园林、游园、花园、游憩绿化带及城市各种绿地外，还涉及郊区游憩区、森林公园、风景名胜区、自然保护区及国家公园等。此外，以整个城市为造园空间的“山水园林城市”也是近年来提出的体现城市园林化的新概念。

总之，园林就是在一定的地域运用工程技术和艺术手段，通过改造地形或进一步筑山、叠石、理水，种植树木、花草，布置园路、园林小品等途径创作而成的优美的自然环境和游憩境域。随着园林在现代社会应用的日益广泛，景观概念逐渐被引入园林学科领域中，生态学思想在园林中所占的比重也越来越大。这也恰恰反映了人们对人类与自然关系的认识在不断加深。同时，园林学科领域中关于园林风景的理解也随之发生重大变化，其研究方向和内容得以进一步发展和丰富。

二、园林的发展简史

世界园林有东方、西亚和欧洲三大系统，由于地理气候、文化传统和地缘政治的差异，东西方园林发展的进程各不相同。东方园林以中国古典园林为代表，中国古典园林是一个源远流长、博大精深的园林体系，它从崇尚自然的思想出发，发展形成了以山水园林为骨架的人文自然山水园林，其丰富多彩的内容和高水平的艺术展现力被世界园艺界公认为风景式园林的渊源，是世界园林三大系统发源地之一。西亚园林以古代阿拉伯地区的伊拉克和波斯为代表，主要特色是花园。欧洲古典园林以意大利台地园和法国园林为代表，基本以规则式建筑布局为主、以自然景观配植为辅，强调轴线与对称。到了近、现代，东西方文化交流增多，造园风格互相渗透融合，又出现了新的园林形式。

中国园林发展的历史阶段及其文化背景中国园林的发展历史悠久，最早可追溯到大约公元前11世纪的奴隶社会末期。在数千年的漫长演进过程中，逐渐形成了现在的在世界上极具特点的风景园林体系——中国园林体系。它的演进过程极为缓慢，持续不断，在内容、风格、形式上往往是自我完善，受外来影响甚微。中国园林可以分为生成期、转折期、成熟期、高潮期、变革期和新兴期六个阶段。

（一）生成期

生成期即中国园林萌芽、产生及逐渐成长的时期。这个时期的园林发展虽然尚处在比较幼稚的初级阶段，却经历了奴隶社会末期和封建社会初期一千二百多年的漫长岁月，相当于殷、周、秦、汉四个朝代。

中国园林的兴建是从殷商时期开始的。当时商朝国势强大，经济发展也较快。甲骨文是商代文化发展的巨大成就，文字以象形为主。在甲骨文中就有了园、囿、台、圃等字，而从园、圃、台、囿表达的活动内容中可以看出囿最具有园林的性质。在商代，帝王、奴隶主盛行狩猎游乐，沙丘和朝歌是当时两处著名的囿。《史记》中记载了殷纣王“益广沙丘苑台，多取野兽蜚鸟置其中……戏于沙丘”。在娱乐活动中，囿不只是供狩猎、祭祀和供应宫廷宴会野味的地方，同时也是欣赏自然界动物活动的审美场所。据《周礼》郑玄注：“困游，囿之离宫，小苑观处也。”因此，中国园林最初的形式“囿”，是将一定的地域加以圈围，让天然的草木和鸟兽滋生繁育，还挖池筑台，供帝王狩猎和游乐，无异于一座多功能的大型天然动物园，具备了园林的雏形性质。此外，园、圃、台在其原始功能外，本身也包含着园林的物质因素，也是中国古典园林的源头。这一时期，人们对大自然环境生态美的认识——山水审美观的确立，促使中国园林朝风景式方向发展。

春秋战国时期，思想领域出现了“百家争鸣”的局面，绘画艺术也有相当快的发展，从而拓宽了人们的视野。当时神话故事非常流行，其中以东海仙山和昆仑山的神话最为神奇，流传也最广。东海仙山的神话内容比较丰富，对园林的影响也比较大，模拟东海仙境成为后世帝王苑囿的主要内容。

楚国的章华台和吴国的姑苏台是春秋战国时期众多贵族园林的两个重要实例。它们的选址和建筑经营都能够利用大自然山水环境的优势，并发挥其成景的作用。园林里面的建筑物比较多，包括台、宫、馆、阁等多种类型，以满足游赏、娱乐、居住乃至朝会、通神、望天等多方面的功能需要。园林中除了栽培树木之外，姑苏台还有专门栽植花卉的区域。章华台所在的云梦泽也是楚王的田猎区，园林内还人工开凿水体，既满足了交通或供水的需要，也提供了水上游乐的场所，创设了因水成景的条件——理水，这是在史书记载的园林中开凿大型水体工程的首例。所以，这两座著名的贵族园林代表着商代囿与台相结合的进一步发展，为过渡到生成期后期的秦汉宫苑的雏形。

秦始皇统一中国后，建立了中央集权的秦王朝封建帝国，开始规模空前地兴建离宫别苑，其中比较重要且能确定其具体位置的有上林苑、宜春苑、梁山宫、骊山宫、林光宫、兰池宫等。在这些宫室的营建活动中，曾史无前例地经营园林建设，如《阿房宫赋》中描述的阿房宫“覆压三百余里……长桥卧波，未云何龙，复道行空，不霁何虹”。秦始皇迷信神仙，众多的宫室之间，复道、甬道相连犹如蛛网，气魄之大无与伦比，仿佛来无踪、去无迹，以此而自比来去飘忽的神仙。

汉代，在囿的基础上发展形成了新的园林形式——苑，其中分布着宫室建筑。苑中养百兽，供帝王射猎取乐，保存了囿的传统。苑中有观、有宫，成为以建筑组群为主体的建筑宫苑。汉武帝时，国力强盛，政治、经济、军事都很强大，故大造宫苑，把秦的旧苑上林苑加以扩建。汉上林苑地跨五县，周围三百里，“中有苑三十六，宫十二，观三十五”。建章宫是其中最大、最重要的宫城，“其北治大池，渐台高二十余丈，名曰太液池”“太液者，言其津润所及之广也”，内有蓬莱、方丈、瀛洲，像海中神山、龟鱼之属。这种“一池三山”的形式，成为后世宫苑中池山之筑的范例。

（二）转折期

魏、晋、南北朝是中国历史上的一个大动乱时期，是思想、文化、艺术上有重大变化的时代，这些变化也引起了园林创作的变革。造园活动普及于民间，园林经营完全趋向以满足人的物质享受、精神享受为主，并升华到艺术创作的新境界。这一时期属于园林发展史上的转折期。在这样一个特殊的大动乱时期，特殊的政治、经济和社会背景产生了大量的隐士，寄情山水与崇尚隐逸成为社会风尚。西晋时已出现游记。反映在园林创作中，则追求再现山水，宛若天成。南朝地处江南，由于气候温和，风景优美，山水园别具一格。这个时期的园林已经穿池构山，并结合地形进行植物造景，且因景而设园林建筑。北朝时植物、建筑的布局也开始发生变化。如北魏骠骑将军茹皓负责改建和修复的华林园，“经构楼馆，列于上下。树草栽木，颇有野致”。私家造园在传承东汉传统的基础上，更讲究延纳大自然山水风景之美，创造一种自然与人文相互交融的人居环境。从这些例子可以看出南北朝时期园林形式和内容的转变。园林形式由粗略的模仿真山真水转到用写实手法再现山水。园林植物由欣赏奇花异木转到种草栽树，追求野致，园林建筑不再徘徊连属，而是结合山水列于上下，点缀成景。南北朝时期的园林是山水、植物和建筑相互结合组成的山水园，可称作自然（主义）山水园。

（三）成熟期

中国园林的发展在隋、唐时期达到全盛的局面，到北宋和南宋进入成熟期。隋、唐时期园林创作的写实与写意相结合的传统，到南宋时已大体完成，并向写意转化。这个时期的园林主要有隋唐宫苑和游乐地、唐代自然式别业山居、唐宋写意山水园、宋山水宫苑等。

1.隋唐宫苑和游乐地

隋炀帝杨广即位后，在东京洛阳大力营建宫殿苑囿。别苑中以西苑最为著名。西苑的风格明显受到南北朝自然山水园的影响，以湖、渠水系为主体，将宫苑建筑融于山水之中。这是中国园林从建筑宫苑演变到山水建筑宫苑的转折点。到了唐朝，国力强盛，长安城宫苑壮丽。东内大明宫北有太液池，池中蓬莱山独踞，池周建回廊四百多间。南内兴庆宫以龙池为中心，周围有多组院落。大内三苑以西苑最为优美，苑中有假山、湖池，渠流连环。

2.唐代自然式别业山居

盛唐时期，中国山水画已有很大的发展，出现了寄兴写情的画风，园林方面也开始有体现山水之情的创作。盛唐诗人、画家王维在蓝田县天然景区，利用自然景物，略施建筑点缀，经营了辋川别业，形成了既富有自然之趣，又有诗情画意的自然园林。中唐诗人白居易游庐山，见香炉峰下云山泉石胜绝，便置草堂，建筑朴素，不施朱漆粉刷。草堂旁，春有绣谷花，夏有石门云，秋有虎溪月，冬有炉峰雪，四时佳景，收之不尽。这些园林创作反映了唐代自然式别业山居是在充分认识自然美的基础上，运用艺术和技术手段来造景、借景以构成优美的园林境域。

3.唐宋写意山水园

从《洛阳名园记》一书中可知，唐宋宅园大多是在家宅旁边，面积不大，因高就低，掇山理水，表现山壑溪流之胜。点景起亭，览胜筑台，茂林蔽天，繁花覆地，小桥流水，曲径通幽，巧得自然之趣。这种根据造园者对山水的艺术认识和生活需求，因地制宜地表现山水真情和诗情画意的园林，称为写意山水园。

4.宋山水宫苑

北宋时，建筑技术和绘画都有发展，出版了《营造法式》。政和七年，宋徽宗赵佶在汴京筑万岁山，后更名为艮岳，冈连阜属，西延平夷之岭，有瀑布、溪涧、池沼形成的水系。在这样一个山水兼胜的境域中，树木花草群植成景，亭台楼阁因势布列。这种全景式表现山水、植物和建筑美景的园林，称为山水宫苑。宋朝的诗词和绘画作品中，相当多的一部分是以园林为题材，包括宫苑和私家园林，足见园林艺术受到文人、画家的青睐。画中的皇家园林、私家园林在此阶段，尤其是两宋时期，所显示的艺术生命力和创造力，在中国造园史上可谓登峰造极。

（四）高潮期

元、明、清时期，园林建设取得长足发展，尤其到明末和清初的康熙、雍正年间，出现了许多著名园林，如三代建都的北京，完成了西苑三海（北海、中海、南海）、圆明园、清涟园（今颐和园）、静宜园（今香山）、静明园（今玉泉山），达到中国古代园林建设的高潮期。元、明、清又是我国园林艺术的集大成时期，继承了传统的造园手法，并形成了具有地方风格的园林特色。北方以北京为中心的皇家园林多与离宫结合，建于郊外，少数建在城内，或在山水的基础上加以改造，或是人工开凿兴建，建筑宏伟深厚，色彩丰富，豪华富丽。畅春园是明清以来的第一座离宫御苑，也是首次较全面引进江南造园艺术的一座皇家园林。由供奉内廷的江南山水画家叶眺参与规划，江南叠山名家张然主持叠山工程。园内建筑疏朗，大部分园林景观以植物为主。那仿效苏、杭游船画舫上的船娘，更增添了这座园林的江南情调。

康熙五十二年（1713），康熙帝六旬万寿盛典时，扬州盐商程庭进京祝寿，归来后写成《停骖随笔》，其中有描写畅春园的一段：“苑周遭约十里许，垣高不及丈。苑内绿色低迷，红英烂漫，土阜平陀，不尚奇峰怪石也；轩楹雅素，不饰藻绘雕工也；垣外行人于马上一时一窥见。垒垣以乱石作冰裂纹，每至雨后，石色五彩焕发，耀人目睛……玉泉山之水走十余里，绕入苑河内，复作玲琮之声。苑后则诸王池馆，花径相通。”畅春园花树之繁茂，建筑风格之朴素，于此亦可见一斑。畅春园、避暑山庄与圆明园并称清初三大离宫御苑，集中反映了清初皇家园林的艺术水平和特征。

这个时期，各地的私家园林也得到了很大的发展。长江流域的扬州、苏州、无锡、镇江、杭州等地造园之风极盛，这些私家园林多与住宅相连，在不大的面积内，追求空间艺术变化，风格素雅精巧，因势随形地创造出了“咫尺山林，小中见大”的景观效果，如无锡名园寄畅园。与此同时，北京宅院、川西园林和岭南园林也逐渐形成了各自的园林风格。

元、明、清时期，造园理论也有了重大发展，其中比较系统的造园著作就是明末计成的《园冶》。书中提到了“虽由人作，宛自天开”“巧于因借，精在体宜”等主张和造园手法，为我国造园艺术提供了宝贵的理论基础。

（五）变革期

从鸦片战争到中华人民共和国成立之前这期间，中国园林发生的变化是空前的。这一时期，帝国主义国家利用不平等条约在中国建立租界，并在租界建造公园，长期不准中国人进入。随着资产阶级民主思想在中国的传播，清朝末年出现了首批中国自建的公园，如清光绪二十三年（1897）的齐齐哈尔仓西公园（今龙沙公园）、清光绪三十二年（1906）的无锡锡金公园（今城中公园）和昆山马鞍山公园（今亭林公园）。辛亥革命后，北京的皇家园林和坛庙陆续开放为公园，供公众参观。许多城市也陆续兴建公园，如广州的中央公园、南京的中山陵等。到抗日战争前夕，在全国已经建有数百座公园。抗日战争爆发直至1949年，各地的园林建设基本处于停顿状态。

（六）新兴期

1978年以后，随着改革开放的进程，园林绿化事业被提高到两个文明建设的高度来抓，制定了一系列方针政策，园林绿化事业恢复到了应有的地位，走上了健康发展的道路。尤其是近几年，随着生活水平的提高、生态环境的重视，城市公园建设正向纵深发展，新公园、新景区的建设和公园景点的充实、提高同步进行，出现了一批优秀园林作品，广受群众欢迎。如杭州的杨公堤景区、太子湾公园，北京的双秀园、雕塑公园、紫竹院公园中的筠石园，上海的世纪公园、徐家汇公园，南京玄武湖的药物园，洛阳的牡丹园，广州的云台花园，深圳的世界之窗、园林博览园，昆明的世博园等，都取得很大成功。同时，风景名胜区也随之有了极大的发展。

随着城市化进程的加快，城市绿地系统不断完善。在园林建设中，满足生态、防灾、避灾、审美、游览、休息等多种功能的综合需要得到了进一步体现。为此，以植物造景为主的设计指导思想越来越受到重视。

三、中国传统园林艺术特点

中国园林艺术是伴随着诗歌、绘画艺术而发展起来的，因而它表现出诗情画意的内涵。我国人民又有着崇尚自然、热爱山水的风尚，所以它又具有师法自然的艺术特征。

（一）意在笔先，统筹全局

这是由中国文学艺术移植而来的。意，可视为意念或意境，对内足以抒己，对外足以感人。它强调了在造园之前必不可少的意匠构思，也就是指导思想、造园立意。在此基础上，把握总体，胸有丘壑，合理布局，贯穿始终。中国园林巧妙运用“大处着眼摆布、小处着手理微”之手法，利用隔景、分景、障景划分空间，又用主副轴线对位关系突出主景，用回游线路组织游览，使统一的风格和意境序列贯穿全园，创造出一个完整的风景园林体系。

（二）因地制宜，构园得体

凡营造园林，要根据地形、地势、地貌的实际情况，考虑园林的性质、规模，强调园林各异，构思其艺术特征和布局造景。通过相地取得适宜的园址，运用因地制宜、随势生机和随机应变的手法进行合理布局，使之合乎地形骨架的规律，协调多种景观的关系，达到构园得体的效果。这是中国造园艺术的又一大特点，也是中国画论中经营位置的原则之一。

（三）虽由人作，宛自天开

无论是寺观园林、皇家园林，还是私家庭园，造园者顺应自然、利用自然和仿效自然的主导思想始终不移，认为只要“稍动天机”，即可做到“有真为假，作假成真”，无怪乎中国造园被誉为“巧夺天工”。巧就巧在顺应天然之理、自然之规。

（四）巧于因借，精在体宜

“因”者，可凭藉所造之园；“借”者，藉也。景不限内外，所谓“晴峦耸秀，绀宇凌空，极目所至，俗则屏之，嘉则收之，不分町畽，尽为烟景”。这种因地、因时借景的做法，大大超越了有限的园林空间。在园林空间中，调动景观诸要素之间的关系，通过对比、反衬，造成错觉和联想，以达到扩大空间感，形成咫尺山林的效果，做到“小中见大”。

（五）欲扬先抑，步移景异

在造园时，运用影壁、假山、水景等作为入口障景，利用树丛作隔景以创造地形变化来组织空间的渐进发展，利用道路系统的曲折前进使园林景物依次出现，利用虚实院墙的隔而不断，利用园中园、景中景的形式等，创造引人入胜的效果。而且无形中拉长了游览路线，增加了空间层次，给人们带来柳暗花明、绝处逢生的情趣。通过人们行进中的视点、视线、视距、视野、视角等随机安排，产生审美心理的变迁和移步换景的处理，增强美不胜收的吸引力。风景园林作为一个流动的游赏空间，善于在流动中造景，这也正是中国园林的特色之一。

（六）文景相依，诗情画意

中国园林艺术之所以流传中外，经久不衰，一是具有符合自然规律的人文景观，二是具有符合人文情意的诗、画文学。“文因景成，景借文传”，正是由于文、景相互依赖、相互促进，才使中国园林艺术更有生机。同时，也因为古人造园，寓情于景，人们游园又触景生情，到处充满了情景交融的诗情画意，才使中国园林深入人心，流芳百世。

第二节　园林绿地的构成要素

园林与绿地属同一范畴，所含的构成要素和功能基本相同，都是由山水地形、植物、园林建筑组成。

一、山水地形

园林工作者在进行城市园林绿地创作时，通常利用地域内的种种自然要素来创造和安排室外空间，以满足人们的需要。山水地形是最主要也是最常见的因素之一，且显现不同的起伏状态，如山地、丘陵或坡地、平地、水体等，它们的面积、形状、高度、坡度、深度等直接影响城市园林绿地的景观效果。

（一）在园林中的作用

山水地形是城市园林绿地诸要素的依托，是构成整个园林景观的骨架。园林绿地建设的原有地形往往多种多样，或平坦起伏，或沼泽水塘，无论铺路、建筑、挖池、堆山、栽植等均需适当地利用或改造地形，取得事半功倍的效果。

1.满足园林的不同功能要求

组织、创造不同空间和地貌，以利于开展不同的活动（集体活动、锻炼、表演、登高、划船、戏水等），遮蔽不美观或不希望游人见到的部分，阻挡不良因素的危害及干扰（狂风、飞沙、尘土、噪声等），并能起到丰富立面轮廓线、扩大园景的作用。如北京颐和园后湖北侧的小山就阻挡了颐和园的北墙，使人有小山北侧还是园林的感觉。

2.改善种植和建筑的条件

地形的适当改造能创造不同的地貌形式（如水体、山坡地），改善局部地区的小气候，为对生态环境有不同需求的植物创造适合的生长条件。另外，在改造地形的同时也可为不同功能和景观效果的建筑创造和建造地形条件，同时为一些基础设施（如各种管线的铺设）创造施工条件。

3.解决排水问题

园林绿地应能在暴雨后尽快恢复正常使用，利用地形的合理处理，使积水迅速地通过地面排出，同时节省地下排水设施，降低造价。

（二）山水地形在园林中的设计原则

地形设计必须遵循“适用、经济、美观”这一城市建设的总原则，同时还要注意以下几点。

1.因地制宜

中国传统造园以因地制宜著称，即所谓“自成天然之趣，不烦人事之工”。因地制宜就是要就低挖池、就高堆山，以利用为主，结合造景及使用需求进行适当的改造，这样做还能减少土方工程量，降低园林工程的造价。

2.合理处理园林绿地内地形与周围环境的关系

园林绿地内地形并不是孤立存在的，无论是山坡地，还是河网地、平地，园林绿地内外的地形均有整体的连续性。此外，还需要注意与环境的协调关系。若周围环境封闭，整体空间小，则绿地内不应设起伏过大的地形。若周围环境规则严整，则绿地内地形以平坦为主。

3.满足园林的功能要求

在地形设计时，要注意满足园林内各种使用功能的要求，如应有大面积的观赏、集体活动、锻炼、表演等需要的平地，散步、登高等需要的山坡地，划船、戏水、种植水生植物等需要的水体。

4.满足园林的景观要求

在地形设计时，还要考虑利用地形组织空间，创造不同的立面景观效果。可设计山坡地将园林绿地内的空间划分为大小不等、或开阔或狭长的各种空间类型，丰富园林的空间，使绿地内立面轮廓线富于变化。在满足景观要求的同时，还要注意使地形符合自然规律与艺术要求。自然规律如山坡角度是否是自然安息角，若不是，则要用工程措施处理；山是否有峰、有脊、有谷、有整，否则水土易被冲刷，且山体不美观；坡度是否不等，最好南缓北陡，东缓西陡或西缓东陡；山与水的关系是不是相依相抱的山环水抱或水随山转的自然依存关系。总之，要使山、水诸景达到“虽由人作，宛自天开”的艺术境界。

5.满足园林工程技术的要求

地形设计要符合稳定合理的工程技术要求。只有工程稳定合理，才能保证地形设计的效果持久不变，符合设计意图，并有安全性。

6.满足植物种植的要求

在园林中设计不同的地形，可为不同生态条件下生长的各种植物提供生长所需的环境，使园林景色美观、丰富，如水体可为水生植物提供生长空间，创造荷塘远香的美景。

7.土方要尽量平衡

设计的地形最好使土方就地平衡，应根据需要和可能，全面分析，多做方案进行比较，使土方工程量达到最小限度。这样可以节省人力，缩短运距，降低造价。

（三）山水地形的设计

1.陆地的设计

陆地可分为平地、坡地和山地。园林绿地中地形状况与容纳游人数量及游人的活动内容有密切的关系，平地容纳的游人较多，山地及水面的游人容量受到限制，有水面才能开展水上活动，如划船、游泳、垂钓等，有山坡地才能供人进行爬山锻炼、登高远望等活动。一般理想的比例是：陆地占全园面积的2/3～3/4，其中平地占陆地面积的1/2～2/3，丘陵占陆地面积的1/3～1/2；山地占全园面积的1/3～1/2；水面占全园面积的1/4～1/3。平地是指坡度比较平缓的地。它便于群众开展集体性的文体活动，利于人流集散并可造成开朗的园林景观，也是游人欣赏景色、游览休息的好地方。因此，公园中都有较大面积的平地。在平地的坡度设计中，为了有利于排水，一般平地要保持0.5%～2%的坡度，除建筑用地基础部分外，绿化种植地坡度最大不超过5%。同时，为了防止水的冲刷，应注意避免同一坡度的坡面延续过长，而要有起有伏。园林中的平地按地面材料可分为土地面、沙石地面（可供活动用）、铺装地面（道路、广场、建筑地）和绿化种植地面。按使用功能，可分为交通集散性广场、休息活动性广场、生产管理性广场。土地面可作为文体活动的场所，但在城市园林绿地中应力求减少裸露的土地面，尽量做到“黄土不露天”。沙石地面有天然的岩石、卵石或沙砾，视其情况可用作活动场地或风景游憩地。

绿化种植地面包括草坪，或在草地中栽植树木、花卉，或营造树林、树丛、花境供游人游憩观赏。坡地是倾斜的地面。因倾斜的角度不同，可分为缓坡（8%～10%）、中坡（10%～20%）、陡坡（20%～40%）。坡地多是从平地到山地的过渡地带或临水的缓坡逐渐伸入水中。山地包括自然的山地和人工的叠石堆山。山地能构成山地景观空间，丰富园林的观赏内容，提供建筑和种植需要的不同环境，改善小气候。因此，平原的城市园林绿地常用挖湖的土堆山。人工堆叠的山称为假山，它虽不同于自然风景中雄伟挺拔或苍阔奇秀的真山，但作为中国自然山水园林的组成部分，必须遵循自然造山运动、浓缩自然景观，这对于形成中国园林的民族传统风格有着重要作用。山地按材料，可分为土山、石山（天然石山、人工石山）、土石山（外石内土的山或土上点石的山）。土山一般坡度比较缓（1%～33%），在土壤的自然安息角（30° 左右）以内，占地较大，不宜设计得过高，可用园内挖出的土方堆置，且造价较低。

石山包括天然石山和人工塑山两种，它是以天然真山为蓝本，加以艺术提炼和夸张，用人工堆叠、塑造的山体形式。石材堆叠，可塑造成峥嵘、明秀、玲珑、顽拙等丰富多变的山景。利用山石堆叠构成山体的形态有峰、峦、岭、崮、岗、岩、崖、坞、谷、丘、壑、岫、洞、麓、台、蹬道等。石山坡度一般比较陡（50%以上），且占地较小。因石材造价较高，故不宜太高，体量也不宜过大。土石山有土上点石、外石内土（石包山）两种。土上点石是以土为主体，在山的表面适当位置点缀石块以增加山势，便于种植和建筑。这种山坡占地较大，不宜太高，它有土有石，景观丰富，以土为主，造价较低。因此，土上点石的山体做法可多运用。外石内土是在山的表面包了一层石块，它以石块挡土，因此坡可较陡。这种山坡占地较小，可堆得高一些。北京北海的琼华岛后山是我国现存最大、最宏伟而自然山色丰富的外石内土型假山，被园林专家称为“其假山规模之大、艺术之精巧、意境之浪漫，不仅是全国仅有的孤本，也是世界上独一无二的珍品”。假山的堆叠讲究“三远”，即：高远，自下仰视山巅；深远，自山前麓看山后；平远，自近山望远山。假山可采用等高线设计法，其步骤为先定山峰位置，再画山脊线，定高度和高差，而后画等高线标高程，最后对其进行检查和修改。

2.置石与掇山

在园林中置石与掇山是我国园林艺术的特色之一，有“无园不石”之说。石有天然的轮廓造型，质地粗实而纯净，是园林建筑与自然环境间恰当的协调介质。我国地域辽阔，叠山置石的材料各不相同，应因地制宜，就地取材。常用的石类有湖石类、黄石类、卵石类、剑石类等，岭南园林中还广泛采用泥灰塑山。置石与掇山不同于建筑、种植等其他工程，由于自然的山石没有统一的规格与造型，设计除了要在图上绘出平面位置、占地大小和轮廓外，还需要联系施工或到现场配合施工，才能达到设计意图。设计和施工应观察掌握山石的特征，根据山石的不同特点来叠置。山石的设置方式可分为三类：置石成景、整体构景和配合工程设施。

3.水景的设计

中国古典园林中的山水是密不可分的，掇山必须顾及理水，“水随山转，山因水活”。水与凝重敦厚的山相比，显得逶迤婉转，妩媚动人，别有情调，能使园林产生很多生动活泼的景观。如产生倒影，使一景变两景。低头见云天，打破了空间的闭锁感，有扩大空间的效果。养鱼池可开展观鱼、垂钓活动，也可种植水生植物，增加水中观赏景物。

较大的水面往往是城市河湖水系的一部分，可以用来开展水上活动，也可蓄洪排涝，提高空气湿度，调节小气候。此外，还可以用于灌溉、消防。从园林艺术上讲，水体与山体还形成了方向与虚实的对比，构成了开朗的空间和较长的风景透视线。

园林中创造的水体水景形式可多种多样。水体水景按形式，可分为自然式水体水景、规则式水体水景和混合式水体水景。自然式水体水景是保持天然的或模仿天然形状的水体形式，包括溪、涧、河、池、潭、湖、涌泉、瀑布、叠水、壁泉；规则式水体水景是人工开凿成的几何形状的水体形式，包括水渠、运河、几何形水池、喷泉、瀑布、水阶梯、壁泉；混合式水体水景是规则与自然的综合运用。水体水景按水的形态可分为静水、动水。静水能给人以明洁、怡静、开朗、幽深或扑朔迷离的感受，包括湖、池、沼、潭、井；动水能给人以清新明快、变化多端、激动、兴奋的感觉，不仅给人以视觉美感，还能给人以听觉上的美感享受，包括河、溪、渠、瀑布、喷泉、涌泉、水阶梯等，如无锡寄畅园的八音涧、绍兴兰亭的曲水流觞。水体水景按水的面积可分为大水面和小水面。大水面可开展水上活动或种植水生植物；小水面仅供观赏。水体水景按水的开阔程度可分为开阔的水面和狭长的水体。水体水景按使用功能，可分为可开展水上活动的水体和纯观赏性的水体。

园林中常见的水景有湖池、溪涧、瀑、泉、岛、坝等。湖池有天然、人工两种。园林中湖池多以天然水域略加修饰或依地势就低开凿而成，水岸线往往曲折多变。小水面应以聚为主，较大的湖池中可设堤、岛、半岛、桥或种植水生植物分隔，以丰富水中观赏内容及观赏层次，增加水面变化。堤、岛、桥均不宜设在水面正中，应设于偏隅之处，使水面有大小之对比变化。另外，岛的数量不宜多且忌成排设置，形体宁小勿大，轮廓形状应自然而有变化。人工湖池还应该注意有水源及去向安排，可用泉、瀑作为水源，用桥或半岛隐藏水的去向。规则式水池有方形、长方形、圆形、抽象形及组合形等多种形式。水池的大小可根据环境来定，一般宜占用地的1/10～1/5，如有喷泉，应为喷水高度的2倍，水深为30～60cm。园林中的河流，平面不宜过分弯曲，但河床应有宽有窄，以形成空间上开合的变化，如北京颐和园后河，河岸随山势有缓有陡，使沿岸景致丰富。

自然界中，泉水由山上集水而下，通过山体断口夹在两山间的水流为涧，山间浅流为溪。习惯上“溪”“涧”通用，常以水流平缓者为溪，湍急者为涧。园林中可在山坡地适当之处设置溪涧，溪涧的平面应蜿蜒曲折，有分有合、有收有放，构成大小不同的水面或宽窄各异的水流。竖向上应有缓有陡，陡处形成跌水或瀑布，落水处还可构成深潭。多变的水形及落差配合山石的设置，可使水流忽急忽缓、忽隐忽现、忽聚忽散，形成各种悦耳的水声，给人以视听上的双重感受，引人遐想。

二、园林植物

园林植物是园林绿地中一个极为重要的组成要素。它是指在园林中作为观赏、组景、分隔空间、装饰、蔽荫、防护、覆盖地面等用途的植物，包括木本和草本，要有形态美或色彩美，能适应当地的气候和土壤条件，在一般管理条件下能发挥园林植物的综合功能。而且这些植物经过选择、安排和种植后，在适当的生长年龄和生长季节中可成为园林中主要的观赏内容，有时还能产出一些副产品。

（一）园林植物种植设计的原则

自然界的植物素材，主要以树木、花、草为主，如果按生态环境条件，又可分为陆生、水生、沼生等类型。我国园林植物资源十分丰富，在园林中运用园林草坪、园林花卉、园林树木以及水生植物、攀缘植物等各种园林植物材料，须遵循科学性和艺术性两项原则。

1.科学性

园林植物种植的目的性明确，要符合绿地的性质和功能要求。园林植物的种植设计首先要从园林绿地的性质和主要功能出发。园林绿地的面积悬殊、性质各不相同，功能也就不一致了。具体到某一绿地的某一部位，也有其主要功能。同时，注意选择合适的植物种类，满足植物的生态要求（适地适树），可突出当地植物景观的观赏特色，充分发挥它们的各种效能。此外，合理的种植密度直接影响绿化、美化效果。种植过密会影响植物的通风采光，导致植物的营养面积不足，造成植物病虫害易发及植株生长瘦小枯黄的不良后果。因此，种植设计时应根据植物的成年冠幅来决定种植距离。如想在短期内就取得好的绿化效果，种植距离可减半。如悬铃木行道树间距本应为7～8m，在设计时可先定为3.5～4m，几年后可间伐或间移。也可采用速生材和慢长树适当配植的办法来解决，但树种搭配必须合适，要满足各种植物的生态要求。除密度外，植物之间的相互搭配也很重要。搭配得合理则绿化美化效果就好，搭配不好则会影响植物的生长，易诱发病虫害。如不能将海棠、梨等蔷薇科植物与桧柏种在一起，以避免梨桧锈病的发生。另外，在植物配植上，速生与慢长、常绿与落叶、乔木与灌木、观叶与观花、草坪与地被等搭配及比例也要合理，这样才能保证整个绿地各种功能的发挥。

2.艺术性

种植设计与园林布局要协调。园林布局形式有规则、自然之分，要注意种植形式的选择应与园林绿地的布局形式协调，包括建筑、设施及铺装地。在设计中，还需考虑园林绿地四季景色随着大自然的季节变化而有变化。园林中，主要的构成因素和环境特色是以绿色植物为第一位，而设计要从四季景观效果考虑，不同地理位置、不同气候各有特色。

中国长江流域四季常绿，花开周年。四季变化的植物造景，令游人百游不厌，流连忘返。如春天的桃花、夏天的荷花、秋天的桂花、冬天的梅花，是杭州西湖风景区最具代表性的季节花卉。在植物种植设计时，还应根据园林植物本身具有的特点，全面考虑各种观赏效果，合理配植。如观整体树形或花色为主的植物可布置得距游人远一点；而观叶形、花形的植物可布置在距游人较接近的地方；淡色开花植物近旁最好配以叶色浓绿的植物，以衬托花色。有香味的植物可布置在游人可接近的地方，如广场、休息设施旁。在植物种植设计中，还须重视总体效果，包括平面种植的疏密和轮廓线、竖向的树冠线、植物丛中的透景线、景观层次与建筑的关系等空间观赏效果。

（二）园林植物种植设计的要点

园林中植物造景的素材，无非是常绿乔木、落叶乔木、常绿灌木、落叶灌木、花卉、草皮、地被植物，再有就是水生植物、攀缘植物等主要种类。其中，陆地植物造景是园林种植设计的核心和主要内容。在园林设计过程中，首先要有整体观点。以公园为例，全园的植物造景要从平面布局的块状、线状、散点、水体等角度统筹安排。要利用各种种植类型，创造出四时烂漫、景观各异、色彩斑斓、引人入胜的植物景观。

三、园路及园林铺装

园路及园林铺装作为园林的脉络，是联系各景区、景点的纽带，是园林绿地中游人使用率最高的设施，在园林中起着极其重要的作用，直接影响游人的赏景和集散。

（一）园路

园路（游步道）是构成园景的重要因素。它有引导游览、组织交通、划分空间、构成景色、为水电工程创造条件、方便管理等作用。

（二）台阶

台阶是为解决园林地形高差而设置的。它除了具有使用功能外，由于其富有节奏的外形轮廓，还具有一定的美化装饰作用，构成园林小景。台阶常附设于建筑入口、水边、陡峭狭窄的山上等地，与花台、栏杆、水池、挡土墙、山体、雕塑等形成动人的园林美景。台阶设计应结合具体的环境，尺度要适宜。舒适的台阶尺寸为踏面宽30～38cm，高度10～17cm。如杭州望湖楼前的台阶、日本东京某植物园内的台阶、杭州灵峰探梅笼月楼前的台阶。

（三）园桥及汀步

园桥是跨越水面及山涧的园路，汀步是园桥的特殊形式，也可看作点（墩）式园桥。园林绿地中的桥梁，不仅可以连接水两岸的交通，组织导游，而且可以分隔水面，增加水面层次，影响水面的景观效果，甚至还可以自成一景，成为水中的观赏之景。因此，园桥的选择和造型好坏往往直接影响园林布局的艺术效果，如日本东京大学植物园内的汀步和南京瞻园的汀步。

（四）园林广场

广场即是园路的扩大部分。园林广场有组织交通、集散游人、方便管理，为游人提供休息、社交、锻炼等活动场所的作用。

四、园林建筑

园林建筑是园林中建筑物与构筑物的统称。它的形式和种类很多，在园林中形成了丰富多彩的景观。

（一）园林建筑的形式

园林建筑的形式和类型很多，按使用功能可分为游憩性建筑、服务性建筑、公用性建筑和管理性建筑。游憩性建筑又分为科普展览建筑、文体娱乐建筑和游览观光建筑、售票房等。公用性建筑是指厕所、电话通信设施、饮水设施、供电及照明设施、供水及排水设施、停车处等。管理性建筑是指大门、办公室、仓库、宿舍、变电室、垃圾处理站等。

（二）园林建筑的特征

园林建筑有较高的观赏价值，富有一定的诗情画意，空间变化多样，与环境结合巧妙，具有适宜的使用功能。

五、园林小品

（一）园林小品的形式

园林小品是指园林中体量小巧、数量多、分布广、功能简明、造型别致、具有较强装饰性且富有情趣的精美设施。它包括两个方面内容：第一，园林的局部和配件，包括花架、景墙、雕塑、花台、园灯、水池、果皮箱、园桌、园椅、栏杆、导游牌、宣传牌等；第二，园林建筑的局部和配件，包括园门、景窗、花格等。

（二）园林小品的特征

小巧、美观，能烘托环境是园林小品的特征。不同的园林小品有各自的使用功能。

（三）园林小品的设计

1.花架

花架是指供攀缘植物攀爬的棚架。它造型灵活、富于变化，可供游人休息、赏景，还可划分空间，引导游览，点缀风景。它是园林中与自然结合最密切的构筑物之一。花架的形式有点式（单柱、多柱）、廊式（单臂、多臂），也可分为直线形、曲线形、闭合形、弧形或单片式（花格栏杆或墙）、网格式等。花架可独立设，也可与亭、廊、墙等组合设置。一般设在地势平坦处的广场边、广场中、路边、路中、水畔等处。点状似亭，线状似廊，材料取竹、木、钢、石、钢筋混凝土等。在设计花架的形式时，要注意与周围建筑和绿化的风格统一，廊式花架要注意转折结构的合理性，花架的比例尺度要适当。因与山水田园风格不尽相同，在我国传统园林中较少采用花架，但在现代园林中融合了传统园林和西洋园林的诸多技法。因此，花架这一小品形式在现代造园艺术中为园林设计者所乐用。

2.园墙

园林中的墙有围界及分隔空间、组织游览路线、衬托景物、遮蔽视线、遮挡土石、装饰美化等作用，是重要的园林空间构成要素之一。它与山石、花木、窗门配合，可形成一组组空间有序、富有层次、虚实相衬、明暗变化的景观效果。园墙按功能可分为：围墙，设定空间范围，在院、园的周边；景墙，作为对景、障景，或分隔空间用，在广场中、风景视线端头或两区（空间）的交界处，挡土墙，作挡土用，防止山坡下滑，用在土坡旁。围墙、景墙按造型特点，又可分为普通墙、云墙、梯形墙和花格墙、漏花墙。

园墙一般采用砖、毛石、竹、预制混凝土块等材料。砖墙上可粘贴各种贴面材料，如烧瓷壁画、石雕贴片等。砖墙厚度为224cm、37cm，毛石墙厚度为40cm左右。围墙设置时应注意：一是北方地区基础要在冻土线以下；二是景墙的端头可用山石、树木做隐蔽处理，不使其显得突兀。

3.栏杆

栏杆在园林中，除本身具有一定的安全防护、分隔功能外，也是组景中一种重要的装饰构件，起美化作用，坐凳式栏杆还可供游人休息。

4.景门

景门在园林建筑设计中具有进出交通及组景作用，它可形成园林空间的渗透及空间的流动，具有园内有园、景外有景、变化丰富的意境效果。景门可分为曲线型、直线型和混合型。曲线型主要指月洞门、汉瓶门、葫芦门、梅花门等。直线型主要指方门、八方门、长八方门等。混合型则以直线型为主体，在转折部位加入曲线段进行连接或将某些直线变为曲线。景门设计时应注意位置的安排，要方便导游并能形成好的框景效果。形式的选择应结合意境，综合考虑与建筑、山石和环境配植等因素，务求协调。门宽不窄于0.7m，高度不低于1.9m。

5.景窗

景窗在建筑设计中，除具有采光、通风的功能作用外，还可把分隔开的相邻空间联系起来，形成园林空间的渗透。另外，景窗还是园林中重要的观赏对象及形成框景、漏景的主要构造。景窗可分为空窗（什锦窗）、漏花窗两类。漏花窗又分为花纹式和主题窗。景窗的设计尺寸为0.3m×0.5m或0.3m×0.6m。花纹式景窗主要采用瓦、木、铁、砖、预制钢筋混凝土块等材料，主题式景窗主要采用木、铁等材料。景窗设计要注意尺度，一定要与所在建筑物相关部分的尺度协调。主题式漏花窗应与建筑物的意境内容相适应。

6.园椅及园桌凳

园林座椅及园桌凳除具有供游人休息的功能外，还有组景、点景的作用。造型优美、使用舒适的园椅及园桌凳，能使游人充分地享受游览园林的乐趣。园椅及园桌凳一般设在铺装地边、水边及建筑物附近的树阴下，最好既可观赏风景，又可安静休息，夏能蔽荫，冬能避风。园凳形式各种各样，有铁架园椅、木板坐凳、石桌凳等许多种类。

7.园灯

园灯在园林中也是一种引人注目的小品，白天可起雕塑作用装点园景，夜晚的照明功能可充分发挥指示和引导游人的作用，同时可突出主要景点，丰富园林的夜色。

8.导游牌

导游牌是园林中指引游人顺利游览必不可少的设施。除了导游作用外，设计精美的导游牌还能起到点景的作用。导游牌一般设在入口广场上、主要景点的建筑旁及交叉路口。导游牌的造型及形式可灵活多样，山石、岩壁均可作为导游牌的底牌，现代大型园林还引用了触摸式电脑导游装置。

9.花坛

花坛是现代园林中运用最广泛的小品形式之一，在园林中主要起点缀作用，有时甚至能成为局部空间的主景。花坛按布局形式可分为规则式和自然式；按平面组合可分为单体（各种几何形）和组合体（几个几何体的错落叠加）按建造地点可分为建于地面上的和建于墙上或隔栏上的。花坛一般布置在入口处两侧及对景处广场上（中、边角）、道路端头对景处建筑旁等。花池一般采用砖、天然石、混凝土及各种表面装饰材料，它的体量及平面形式应与环境协调，单体宽度不小于30cm。

10.雕塑

园林中的雕塑主要是指具有观赏性的装饰性雕塑，除此之外，还有少量纪念性雕塑、主题性雕塑。园林中的雕塑题材广泛，可点缀风景，丰富游览内容，给游人以视觉上和精神上的享受。抽象雕塑还能使人产生无限的遐想。一般采用金属（铜、不锈钢等）、石、水泥、玻璃钢等材料。雕塑按功能可分为纪念性雕塑、主题性雕塑和装饰性雕塑；按形式可分为圆雕和浮雕，均有具象、抽象之分；按题材可以分为人物雕塑、动物雕塑、植物雕塑、金属雕塑、器物雕塑等自然界有形之体。

雕塑可配植于规则式园林的广场上、花坛中、道路端头、建筑物前等处，也可点缀在自然式园林的山坡、草地、池畔或水中等风景视线的焦点处，与植物、岩石、喷泉、水池花坛等组合在一起。园林雕塑的取材与构思应与主题一致或协调，体量应与环境的空间大小比例恰当，布置时还要考虑观赏时的视距、视角、背景等问题。布置动物类雕塑时，可将基座埋于地下，以取得更好的效果。

第三章　园林绿化栽植与施工

第一节　园林绿化施工概述

一、园林绿化施工的原则

（一）必须符合规划设计要求

园林绿化施工前，施工人员应当熟悉设计图纸，理解设计要求，并与设计人员进行交流，充分了解设计意图，然后严格按照图纸要求进行施工，禁止擅自更改设计。对于设计图纸与施工现场实际不符的地方，应及时向设计人员提出，在征求到设计部门的同意后，再变更设计。同时，不可忽视施工建造过程中的再创造作用，可以在遵从设计原则的基础上，合理利用，不断提高，以取得最佳效果。①

（二）施工技术必须符合树木的生活习性

不同树种对环境条件的要求和适应能力表现出很大的差异性，施工人员必须具备丰富的园林知识，掌握其生活习性，并在栽植时采取相应的技术措施，提高栽植成活率。

（三）合理安排适宜的植树时期

我国幅员辽阔，气候各异，不同地区树木的适宜种植期也不相同；同一地区树种生长习性也有所不同，受施工当年的气候变化和物候期差别的影响。依据树木栽植成活的基本

---

① 王希亮，李端杰，徐国锋．现代园林绿化设计、施工与养护（第2版）[M]. 北京：中国建筑工业出版社，2022：123-150.

原理，苗木成活的关键是如何使地上与地下部分尽快恢复水分代谢平衡。因此，必须合理安排施工的时间并做到以下两点。

1.做到“三随”

所谓“三随”，就是指在栽植施工过程中，做到起、运、栽“一条龙”，做好一切苗木栽植的准备工作，创造好一切必要的条件，在最适宜的时期内，充分利用时间，随掘苗，随运苗，随栽苗，环环扣紧。栽植工程完成后，应展开及时的后期养护工作，如苗木的修剪及养护管理，这样才可以提高栽植成活率。

2.合理安排种植顺序

在植树适宜时期内，不同树种的种植顺序非常重要，应当合理安排。原则上讲，发芽早的树种应早栽植，发芽晚的可以推迟栽植；落叶树栽植宜早，常绿树栽植时间可晚些。

（四）加强经济核算，提高经济效益

调动全体施工人员的积极性，提高劳动效率，节约增产，认真进行成本核算，加强统计工作，不断总结经验。尤其是与土建工程有冲突的栽植工程，更应合理安排顺序，避免在施工过程中出现不必要的重复劳动。

（五）严格执行栽植工程的技术规范和操作规程

栽植工程的技术规范和操作规程是植树经验的总结，是指导植树施工技术的法规，必须严格执行。

二、栽植成活原理

园林树木栽植包括起苗、搬运、种植及栽后管理4个基本环节。每一位园林工作者都应该掌握这些环节与树木栽植成活率之间的关系，掌握树木栽植成活的理论基础。

（一）园林树木的栽植成活原理

正常条件生长的未移植园林树木在稳定的自然环境下，其地下与地上部分存在一定比例的平衡关系。特别是根系与土壤的密切结合，使树体的养分和水分代谢的平衡得以维持。掘苗时会破坏大量的吸收根系，而且部分根系（带土球苗）或全部根系（裸根苗）脱离了原有协调的土壤环境，易受风吹日晒和搬运损伤等影响。吸收根系被破坏，导致植株对水分和营养物质的吸收能力下降，使树体内水分向下移动，由茎叶移向根部。当茎叶水分损失超过生理补偿点时，苗木会出现干枯、脱落、芽叶干缩等生理反应。然而，这一反应进行时，地上部分仍能不断地进行蒸腾等现象，生理平衡因此遭到破坏，严重时会因失水而死亡。

由此可见，栽植过程中及时维持和恢复树体以水分代谢为主的平衡是栽植成活的关键。这种平衡受起苗、搬运、种植及栽后管理技术的直接影响，同时也与栽植季节，苗木的质量、年龄、根系的再生能力等密切相关。移植时根系与地上部分以水分代谢为主的平衡关系，或多或少地遭到了破坏。植株本身虽有关闭气孔以减少蒸腾的自动调控能力，但此作用有限。受损根系在适宜的条件下，都具有一定的再生能力，但再生大量的新根需要一段时间，恢复这种代谢平衡更需要大量时间。可见，如何减少苗木在移植过程中的根系损伤和少受风干失水，促使其迅速发生新根，与新环境建立起新的平衡关系对提高栽植成活率尤为重要。一切利于迅速恢复根系再生能力，尽早使根系与土壤重新建立紧密联系，抑制地上茎叶部分蒸腾的技术措施，都能促进树木建立新的代谢平衡，并有利于提高其栽植成活率。研究表明，在移植过程中，减少树冠的枝叶量，并供应充足的水分或保持较高的空气湿度条件，可以暂时维持较低水平的代谢平衡。

园林树木栽植的原理，就是要遵循客观规律，符合树体生长发育的实际，提供相应的栽植条件和管理养护措施，协调树体地上部分和地下部分的生长发育关系，以此来维持树体水分代谢的平衡，促进根系的再生和生理代谢功能的恢复。

（二）影响树木移栽成活率的因素

为确保树木栽植成活，应当采取多种技术措施，在各个环节都严格把关。栽植经验证明，影响苗木栽植成活的因素主要有以下几点，如果一个环节失误，就可能造成苗木的死亡。

1.异地苗木

新引进的异地苗木，在长途运输过程中水分损失较多，有些甚至不适合本地土质或气候条件，这种情况会造成苗木出现死亡，其中根系质量差的苗木尤为严重。

2.常绿大树未带土球移植

大树移植若未带土球，导致根系大量受损，在叶片蒸腾量过大的情况下，容易出现蔫萎而死亡。

3.落叶树种生长季节未带土球移植

在生长季节移植落叶树种，必须带土球，否则不易成活。

4.起苗方法不当

移植常绿树时需要进行合理修剪，并采用锋利的移植工具。若起苗工具钝化，易严重破损苗木根系。

5.土球太小

移植常绿树木时，如果所带土球比规范要求小很多，也容易造成根系受损严重，导致较难成活。

6.栽植深度不适宜

苗木栽植过浅，水分不易保持，容易干死，栽植过深则可能导致根部缺氧或浇水不透，而引起树木死亡。

7.空气或地下水污染

有些苗木抗有害气体能力较差，栽植地附近某些工厂排放的有害气体或水质会造成植株敏感而死亡。

8.土壤积水

不耐涝树种栽植在低洼地，若长期受涝，很可能缺氧死亡。

9.树苗倒伏

带土球移植的苗木，浇水之后若倒伏，应当轻轻扶起并固定。如果强行扶起，容易导致土球破坏而死亡。

10.浇水不适

浇水速度不易过快，应当以灌透为止，如浇水速度过快，树穴表面上看已灌满水，但很可能没浇透而造成死亡。碰到干旱后恰有小雨频繁滋润的天气，也应当适当浇水，避免造成地表看似雨水充足，地下实则近乎干透而导致树木死亡的现象。

（三）提高树木栽植成活率的原则

1.适地适树

充分了解规划设计树种的生态习性以及对栽植地区生态环境的适应能力，具备相关的成功驯化引种试验和成熟的栽培养护技术，方能保证成活率。尤其是花灌木新品种的选择应用，要比观叶、观形的园林树种更加慎重，因为此类树种除了树体成活以外，要求花果观赏性状的完美表达。因此，实行适地适树原则的最简便做法，就是选用性状优良的乡土树种，作为景观树种中的基调骨干树种。特别是在生态林的规划设计中，更应贯彻以乡土树种为主的原则，以求营造生态植物群落效应。

2.适时适栽

应根据各种树木的不同生长特性和栽植地区的气候条件，决定园林树木栽植的适宜时期。落叶树种大多在秋季落叶后或春季萌芽开始前进行栽植；常绿树种栽植，在南方冬暖地区多行秋植，或在新梢停止生长的雨季进行。冬季严寒地区，易因秋季干旱造成“抽条”而不能顺利越冬，常以新梢萌发前春植为宜；春旱严重地区可行雨季栽植。随着社会的发展和园林建设的需要，人们对环境生态建设的要求愈加迫切，园林树木的栽植已突破了时限，“反季节”栽植已随处可见，如何提高栽植成活率也成为相关研究的重点课题。

3.适法适栽

根据树体的生长发育状态、树种的生长特点、树木栽植时期及栽植地点的环境条件等，园林树木的栽植方法可分为裸根栽植或带土球栽植两种。近年来，随着栽培技术的发展和栽培手段的更新，生根剂、蒸腾抑制剂等新的技术和方法在栽培过程中也逐渐被采用。除此之外，我们还应努力探索研究新技术方法和措施。

第二节　园林树木栽植施工技术

一、植树工程的施工工序

（一）进土方和堆造地形

1.进土方

土壤是植树工程的基础，是苗木赖以生存的物质环境。对于栽植土方不足的工地，就需要从其他地方移土进场，且所进土壤必须是具有符合植物生长所需要的水、肥、气、热能力的栽植土。所进土方的土色应当是自然的土黄色或棕褐色，其理化性质应为无白色盐霜、疏松、不板结，性质符合“园林栽植土质量标准”。有一些土壤含有危害植物生长的成分，应禁止使用，像建筑垃圾土、盐碱土、重黏土和砂土等。对场地中原有不符合栽植条件的土壤，应根据栽植要求，全部或部分利用种植土或人造土进行改良。

2.堆造地形

（1）测设控制网

堆造地形是一项复杂的工程，具有不可毁改性，需要严格按照规划设计要求进行施工。园林工程建设场地内的地形、地物往往比较复杂，形状变化较大，这种情况会导致施工前的施测范围大，为施工测量带来一定难度，如湖岸线、道路、花坛和种植点等的施工。对于较大范围的园林工程施工测量，建设场地内的控制网测设就显得尤为重要。

园林设计中，一般用方格网来控制整个施工区域。因地形的复杂程度和所采用施工方法的不同，方格网大小一般为10m×10m、20m×20m或40m×40m不等。布设方格网应统筹兼顾，遵循先整体后局部的工作程序，即先测设方格网的“+”“口”字形主轴线，然后进行加密，全面布设方格网。施工时需在各方格点上设置控制桩，以便于测设高程和施工、桩木的标记及规格，桩上应标出桩号（施工方格网上的编号）和施工标高（挖土用“+”号，填土用“–”号）。

对于挖湖堆山等自然地形的堆造，在施工时应首先确定“湖”和“山”的边界线，将设计地形等高线的和方格网的交点，一一标到地面上并打桩，桩木上标明桩号及施工标高。堆山时，随着土层不断升高，桩木可能被土埋没。为便于识别，采用桩木的长度应大于土层的高度，同时不同层要用不同颜色标记；也可以分层放线设置标高桩。挖湖工程的放线工作与山体基本相同，但一般水体挖得比较一致，由于池底常年隐没在水下，放线可以粗放些，岸线和岸坡等地上部分的定点放线则应该做到准确，因为这些部分不仅对造景有影响，而且与水体岸坡的稳定有很大关系。为求精确施工，还可以用边坡样板来控制边坡坡度，增强岸坡的稳定性。①

（2）挖、堆土方

土方工程是园林绿化施工的物质基础，是绿化种植、景观工程等成功进行的前提，对体现园林工程的整体构思和布局，建立园林景观和植物种植组成的框架结构起到重要作用，在园林工程中应作为重要项目施工。

在挖、堆土方同时进行的施工工程中，要注意合理分配，做到土方平衡。挖出土方首先应用在堆方造型中，剩余部分可外运；地形堆筑中的缺土，可由场外运入，但外土质量必须满足植物栽植技术规程规定。符合绿化种植设计要求的土壤是不可再生资源，在绿化设计中不可替代。因此，施工中应充分利用，做到节约资源。在通常情况下，土方工程要细致规划，应挖出原地表层的种植土，在回填一般杂土后，再将种植土覆于表层，这样地形或假山的外形既满足了工程设计要求，又能使表层土壤达到植物生长的规范要求。

挖土方主要在开挖人工河（湖）道时进行，挖后需要及时做好土方的搬运工作。人工河（湖）道的开挖，应结合现场土质条件，根据设计要求，先挖去河（湖）道中心最深部位，再按等高线，由低往高向四周逐步扩大范围。

土方工程在堆筑地形前，对土方造型和山体堆放质量可能造成不良影响的地下隐蔽物，应加以处置，经过隐蔽工程验收后，才能实施堆筑工程。施工时要对沉降、位移进行检测，一般24小时检测一次；对于大于地基承载能力的假山、邻近建筑物的山体等重要部位，相对标高达7m时，12小时应检测一次。

山体表面的种植土层，堆筑时应符合园林绿化种植规范要求，表层土壤（至少1m以上）必须经检验分析，符合“园林栽植土质量标准”，具备满足植物生长需要的条件。

土方工程结束后，对栽植区的土壤应进行深翻，翻地深度不得小于30cm，并在每平方米土壤中施入1.0～1.5kg的腐熟基肥。

① 中国风景园林学会．园林绿化工程施工与管理标准汇编[M]．北京：中国建筑工业出版社，2021：78-86.

（二）定点放线

1.行道树的定点、放线

行道树栽植要求位置准确、株行距相等（国外有用不等距的），按设计断面定点。对道路设施完善的定点以路牙为依据，无路牙的则应找出准确的道路中心线，以此为定点依据，然后用皮尺、钢尺或测绳定出行位，再按施工要求，参考设计图纸定株距。每隔10株于株距中间钉一木桩（但不是钉在所挖坑穴位置上），作为行位控制标记，以确定每株树木坑（穴）位置的依据，随后用白灰点标出单株位置。由于道路绿化与市政、交通、沿途单位、居民等关系密切，对城市形象具有重要影响，因地植树位置的确定在施工时应与规划部门配合协商，定点后还必须请设计人员验点。

2.公园绿地的定点

自然式树木种植方式主要有两种：一种是孤植，即以单株作孤赏树，并在设计图上标明单株的位置；另一种是群植，只在图上标明栽植范围，对株位没有明确规定的树丛、片林。其定点、放线方法有以下三种。

（1）平板仪定点

符合施工范围较大，测量基点准确的绿地。应依据基点，将干扰施工的障碍物预先清除，随后将单株位置及树丛的范围线按设计图纸依次定出，并钉木桩标明，桩上需要写清树种和株数。

（2）网格法

对范围大而地势平坦的绿地，常用网格法。在设计图和现场，分别按比例画出等距离的方格（一般以20cm×20cm最好）。定点时，先在设计图上量好树木对其方格的纵横坐标距离，再按现场放大的比例定出其相应方格的位置，钉上标以树种、坑规格的木桩或撒灰线标明。

（3）交会法

适用于范围较小，现场建筑物或其他标记与设计图相符的绿地。以建筑物的两个固定位置为依据，根据设计图上与该两点的距离相交会，定出植树位置，定出位置后需要做明显的标志。孤立树可钉木桩，写明树种。刨坑规格坑号，树丛要用白灰线划分范围；线圈内钉上木桩，写明树种、数量、坑号，然后用目测的方法定出单株小点，并用灰点标明

（三）挖穴

栽植穴是植株生存的客观条件，对植物生长具有很大影响。因此，提高刨坑（挖穴）质量，对提高植物成活率具有重要意义。依据设计图纸确定好栽植位置后，坑穴大小应根据根系或土球大小、土质情况来确定（一般应比规定的根系或土球直径大40 ~ 80cm），

并根据树种类别，确定坑的深浅，满足苗木正常生长。坑或沟槽口径要保持上下一致，避免根系在植树时不能舒展或填土不实。

（四）选苗

苗木的选择，首先应满足设计对规格和树形提出的要求，其次还要注意选择长势好、树姿端正、植株健壮、根系发达、无病虫害、无机械损伤的苗木；而且所选树苗必须在育苗期内经过翻栽，根系集中在树根和靠近根的茎。育苗期没有经过翻栽的留床老苗，移植成活率较低。即使移栽成活，生长势在多年内都较弱，绿化效果不好，不宜采用。苗木选定后，为避免挖错，要在枝干挂牌或在根基部位做明显标记。注意挂牌时，应将标记牌挂至阳面，并在移栽时，保持同一方向，有利于促进植物生长发育，提高成活率。

（五）掘苗和包装

掘苗是植树工程中的一个重要环节，保证起掘苗木质量，是提高植树成活率和决定最终绿化成果的关键因素。苗木优秀的原生长品质是保证苗木质量的基础，但正确的掘苗方法、合理的时间安排和认真负责的组织操作，却是提高掘苗质量的关键。掘苗质量的高低还与土壤含水情况、工具锋利程度、包装材料适用与否有关，事前做好充分的准备工作尤为重要。

苗木的包装是一项重要工作，需要工作人员具有较高的技术水平。操作时，不但要考虑苗木习性、生长地的土质、土壤含水量，还要兼顾苗木的规格、土球规格、起挖季节、运输距离等综合因素，不同植物操作工序的繁简程度也不相同。

（六）运苗和假植

苗木运输质量同样是影响移植成活的关键因素，实践证明，在施工过程中做到“随掘、随运、随栽”，可以提高栽植成活率。减少树根在空气中暴露的时间，减轻水分蒸发和机械磨损，对树木成活大有益处。如果需要长途运苗，为提高栽植成活率，还应做好调度工作，加强对苗木的保护。

苗木运到施工现场后，有时会由于天气、施工进度等原因导致不能立刻进行栽植工作，需要临时栽植。这种因不能及时栽植而实施的临时性栽植，就称“假植”。

（七）移植修剪

园林树木的移植修剪由种植前修剪和种植后修剪两个阶段组成。种植前修剪从掘苗前就要开始进行，一些苗木枝干过高或树冠大，树体重量也大，给挖掘、运输、装车带来很多困难，需在挖掘之前就进行适当的修剪。有些树则需要在挖掘放倒后、装车前进行适当的修剪，有些树则可以在运到施工现场卸车后种植前再进行修剪。树木种植前修剪受到多种情况的影响，包括树木习性、运输距离、栽植季节和栽植环境等。种植后修剪则是种植工作完成以后为协调苗木与栽植地环境关系等，提高成活率，营造景观效果所进行的修剪。

（八）栽植

选择一天中光照较弱、气温较低的时间栽植苗木，以上午11点以前、下午3点以后进行为好，如果阴天无风则更佳。树木种植前，要再次检查种植穴的挖掘质量与树木的根系是否结合，坑较小的要进行加大加深处理，并在坑底垫10～20cm的疏松土壤（表土），使土堆呈锥形，便于根系顺锥形土堆四下散开，保证根系舒展开。将苗木立入种植穴内扶直，分层填土，提苗至合适程度，踩实固定。

（九）栽植后的养护管理

1.灌水

为提高成活率，促进土壤与根系快速密切结合，栽苗完成后应立即实施灌水，保持土壤湿度。

2.扶正、封堰

第一遍浇水完成后，第二天要立即检查苗木是否有倒伏现象，如有发现应及时扶正，但不能强行扶起，随后将苗木固定好。水分完全渗透后，用耙和锄疏松堰内表土，切断土壤毛细管，以减少水分蒸发，同时每次浇水后都应中耕一次，待水分完全渗透后，将灌水堰用细土填平。

3.包扎

为减少新栽苗木的水分蒸发，枝干较大树种可用草绳进行包扎，降低蒸腾作用。

4.支撑

较大苗木栽植完成后，容易被风吹倒，常常需要采取保护措施，一般设立柱支撑。支撑方式分为单柱支撑、三角支撑、四角支撑、扁担支撑和行列式支撑等。支撑支柱要牢固，并在树木绑扎处夹垫软质物，绑扎完后还应检查苗木是否正直。

5.其他养护管理

其一，对受伤的枝条和栽前修剪不理想的枝条，应反复修剪，为满足造型需求，在不影响成活能力的情况下，可进行复剪。

其二，加强病虫害防治措施。

其三，项目完成后，要及时清理场地，保持工地整洁，做到文明施工。

二、栽植施工技术

树木的栽植程序包括从起苗、运输、定植到栽后管理这四大环节中的所有工序，一般的工序和环节又包括栽植前的准备、放线、定点、挖穴、换土、掘苗、包装、运输、假植、修剪、栽植、栽后管理与现场清理等。所有这些工序或环节按顺序完成，才能标志一个完整的栽植施工的完成，所以要把它们综合起来学习理解。

（一）园林树木栽植施工前的准备

1.栽植前的准备

（1）明确设计意图及施工任务量

在接受施工任务后，及时与工程主管部门及设计单位交流，明确工程范围及任务量、工程的施工期限、工程投资及设计概（预）算、设计意图，按照实际需要确定定点放线的依据、工程材料来源，并排查运输情况。掌握施工地段的地上、地下情况，包括有关部门对地上物的保留和处理要求等；特别要了解地下各种电缆及管线的分布情况，以免施工时造成事故。

（2）编制施工组织计划

在明确设计意图及施工任务量的基础上，还应对施工现场进行调查，主要项目有：了解施工现场的土质情况，确定施工方案，并计算所需客土量；了解场地内的交通状况，是否方便各种施工车辆和吊装机械出入；了解供水、供电及生活设施是否完善等。根据所了解的情况和资料编制施工组织计划，其主要内容有：施工组织领导，施工程序及进度，制定劳动定额，制定机械及运输车辆使用计划及进度表，制定工程所需的材料、工具及提供材料工具的进度表，制定栽植工程的技术措施和安全、质量要求，绘出平面图，在图上应标出苗木假植位置、运输路线和灌溉设备等的位置，制定施工预算。

2.施工现场准备

清除施工现场内生活、化工、建筑垃圾及渣土等，需要进行拆迁和迁移的市政设施、房屋树木，应提前做好准备，然后按照设计图纸进行地形整理，主要使其与四周道路、广场的标高合理衔接，使绿地排水系统通畅。有的地形较大，需用机械平整。这还要事先了解地下管线的分布，避免施工过程中破坏管线。

（二）栽植地的整理与改良

土壤是苗木赖以生存的环境，施工前栽植地整理水平的高低，对树木成活率具有很大影响。整地主要包括栽植地地形、地势整理及土壤整理与改良。

1.地形、地势整理

地形整理是指根据绿化设计图纸的要求，平整土地，清除障碍物，保持其在平面上的一致。地势整理应做好土方调度，先挖后垫，节省投资。

地形、地势整理应相互结合，同时进行，并着重考虑绿地的排水问题。绿化排水主要依靠地面坡度，从地面自行径流排到道路旁的下水道或排水明沟，一般都不需要埋设排水管道。所以，要根据本地区排水的大趋向，将绿化地块适当填高，再整理成一定坡度，与本地区排水趋向保持一致。

2.地面土壤整理

树木定植前，必须在种植植物的范围内对土壤进行整理，给植物创造良好的生长环境。在园林中整地形式主要分为全面整地和局部整地两种，播种、铺设草坪以及栽植灌木的地段，特别是要用灌木营造一定模纹效果的地面，应全面整地。实施全面整地时，应进行全面翻耕，以此清除土壤中的建筑垃圾、石块、渣土等。进行全面整地的地段翻耕深度应保持15～30cm，整地过程中应将土块敲碎确保场地平整。针对小块分散绿地或坡度较大而易发生水土流失的山坡地需进行局部的块状或带状整地。局部整地过程中，也要清理土壤中的垃圾杂物，夯实坑塘垣土，并结合栽植树木的实际需要对土壤施肥，随后混匀耙平耙细。

3.土壤改良

土壤改良是通过采用物理、化学和生物相结合的方式，改善土壤理化性质，进而提高土壤肥力的方法，主要包括栽植前的整地、施基肥与栽植后的松土、施肥等。在建筑遗址、工程遗弃物、矿渣炉灰地修建绿地，应预先清除渣土并根据土质情况制定改良措施，必要时可进行换土，树木定植位置上的土壤改良一般在定点挖穴后进行。对于那些土层薄、土质较差而且土壤污染严重的绿化地段，应于树木栽植前实施填换土。需要换土的区域，应先运走杂石弃渣或被污染的土壤，再填新土，填换土应结合竖向设计的标高或地貌造型来进行。

（三）苗木的选择

由于苗木质量的好坏直接影响到苗木栽植成活率和以后的绿化效果，必须重视苗木的选择。

1.苗木质量

栽植的苗木一般来源于当地培育的树种，有的是从外地购进，当然也包括从园林绿地或野外搜集的苗木。无论所选苗木来自何处，都应根据设计要求严格筛选，如栽植苗（树）木的树种、年龄和规格等。园林绿化用苗质量标准主要包括以下几点：①根系发达完整，主根短直，起苗后无劈裂，侧根和须根均匀分布在接近根颈的一定范围内，且数量较多。②主侧枝分布均匀，比例协调，树冠完美丰满，树形优美。常绿针叶树，下部枝叶生长正常，无枯落成裸干状现象；干性强并无潜伏芽的针叶树，如冷杉，雪松、白皮松等某些松类，中央枝要有较强优势，侧芽发育饱满，顶端优势明显。③茎干健壮，通直圆满，枝条茁壮，组织充实，具有较高木质化程度。相同树龄和高度条件下的苗木茎越粗，质量越好。④苗木无病虫害和机械损伤。

2.苗木规格

各类绿地所需苗木的规格，应根据绿地建设的需要、周围环境关系、季节因素等综合考虑，不可能千篇一律。

3.苗龄

苗龄是指苗木从播种、插条或埋根到出圃所经历的时间，即苗木实际生长的年龄。

移植成活率与苗木年龄有很大关系，如果苗木正处于生长发育旺盛阶段，则成活率高，反之则低；同时，还与成活后苗木对新栽植地的适应力和抗逆能力有关。

幼龄苗株个体较小，根系分布范围小，起掘时根系损伤程度低，移植运输都较方便，因此还可以节约费用，降低成本。根系损伤率低，可以保留较多须根，起掘过程对树体地下部分与地上部分的平衡破坏较小，栽后受伤根系再生力强，可在短期恢复，能够快速适应新的生长环境，建立代谢平衡，故成活率高。但其缺点在于，由于植株个体小，也就容易遭受人畜的损伤。特别是在城市条件下，遭受外界损伤概率更大，以致经常出现死亡或缺株的现象。

壮、老龄树木根系入土较深，分布广泛，吸收根远离树干，掘苗时容易损伤须根，降低成活率，同时由于施工困难、操作复杂，导致施工养护费用高。但壮、老龄树木树体高大，姿形优美，移植成活后能很快发挥绿化效果，可以在重点景观区适当选用，以此满足城市绿化的需要，营造良好生态环境。

随着园林绿化事业的发展以及实践中移植大树的经验和教训，提倡用较大规格的幼青年苗木和苗圃里经多次移植的大苗，拒绝移植山野里的老树甚至古树。

（四）园林苗木的处理和运输

苗木的处理和运输包括苗木的起掘、修剪、包装、保护、处理和运输等环节和内容。

1.苗木的处理和保护

苗木的处理是指苗木从挖掘前直至栽植后，为提高苗木的成活率所采取的技术手段。比如，掘苗前进行适度的修剪，并对伤口进行处理，防止腐烂；若苗木起挖过程中对土球造成一定的破损，需要对土球进行复原；苗木起挖后，若短时间内不能装车运输，为避免风吹雨打和太阳暴晒，应对土球或整个树体进行覆盖；苗木在装车后，对其进行消毒处理；苗木运到栽植地后，为保持根系活力，栽植前对部分树苗的根系进行浸泡，如杨树等。这些处理手段和措施是苗木处理常见的方式，应视具体情况灵活运用。

2.苗木的运输

苗木的运输包括前面提到的苗木的装车、苗木的运输和苗木的卸车。

（五）栽植穴的确定与要求

1.栽植穴的确定

栽植穴的确定是改地适树，协调栽植地与苗木之间的相互关系，为根系生长创造良好的环境，是提高栽植成活率和促进树木生长的重要环节。首先要做好准备工作，即仔细查看种植设计施工图，明确其要求。然后，通过平板仪、网格法、交会法等定点放线的方法确定栽植穴的位置，并在株位中心撒白灰或立标杆作为标记。在定点放线过程中，若发现设计与场地实际情况不符，如栽植的位置与建筑相冲突，应及时向设计单位和建设单位反馈，以便调整。

2.刨坑（挖穴）

挖穴的质量好坏，是影响植株栽植后生长的主要因素。栽植乔木类树种，还应提前开展刨坑工作。例如，栽植春檀，若能提前至上一年的秋冬季安排挖穴，可以促进基肥的分解和栽植土的风化，能够有效地提高成活率。

（六）栽植修剪

1.栽植过程中的修剪整形

栽植过程中的修剪整形，主要是对苗木根部和树冠进行修剪，以此培养良好的树形，并减少蒸腾，从而提高成活率。

2.栽后修剪

树木在定植前一般都按照需求已进行了或多或少的修剪，但多数树木特别是中等以下规格的苗木都在定植后修剪或复剪，主要是复剪受伤枝条和栽后影响景观效果的枝条。

规格较大的落叶乔木，尤其是生长势较强、容易抽出新枝的树木，都可进行强修剪，树冠可剪除1/2以上。这样既可减弱蒸腾作用，维持树体的水分平衡，还能降低树体重量，减轻根系负担，减弱风力对树冠的影响，避免招风摇动，增强苗木栽植后的稳定性。圆头型常绿乔木，若树冠枝条茂密，则可适量疏枝。具轮生侧枝的常绿乔木，如果要用作行道树，可将基部2～3层轮生侧枝剪除。常绿针叶树，修剪量不宜过大，只剪除病枝、枯枝、弱枝、过密的轮生枝和下垂枝即可。

枝条茂密的大灌木，可根据实际情况适量疏枝。嫁接灌木，应剪除接口以下砧木上的萌发新枝。如果小灌木分枝明显或新枝着生花芽，应顺其树势适当强剪，更新老枝，促生新枝，以此培养良好树形。用作绿篱的灌木，可在种植完成后按设计要求修剪整形。双排绿篱应呈半丁字排列，树冠丰满方向向外，栽后再统一修剪。在苗圃内已培育成形的绿篱，种植后应切合实际加以整修。

攀缘类和藤蔓性苗木，可剪除过长部分。攀缘上架苗木，可剪除交错枝、横向生长枝。

（七）定植

定植是指按设计要求将苗木栽植到位，随后不再移动的程序，其操作顺序分为配苗和栽苗。

1.配苗

将苗木按施工图纸或挖穴时做好的标记，散放在定植坑（穴）旁边的工作，称“配苗”或“散苗”。散苗时应注意：①必须严格按照设计要求，细心核对，保证散苗位置准确。对有特殊要求的苗木，应按规定对号入座，不许搞错。配苗后，还应按照设计图纸严格核对，若发现错误要及时更正。②确保苗木植株与根系不受损伤，带土球的常绿苗木更要轻拿轻放。应与栽苗工作同时进行，做到边散边栽，散毕栽完，减少苗木暴露时间。③用作行道树、绿篱的苗木应于散苗前量好高度，按高度依次排序，确保邻近苗木规格基本一致，避免参差不齐。④在假植沟内应按顺序取苗，取后及时将剩余苗的根部用土埋严。

散苗工作完成后，将苗木放入坑内校直，提苗到适宜深度，分层埋土压实、固定的过程称“栽苗”。

2.栽苗注意事项

其一，有的园林树木适应能力差，为促进与新环境融合需要施基肥，苗木入坑之前，在坑底垫或撒一定的基肥，并根据苗木习性、规格、栽植季节等因素确定施肥量。若基肥为腐熟的有机肥，可以将苗木直接放入坑中基肥上而后填土；若基肥为化肥，如复合肥，为防止苗木根系被灼伤，应在基肥上平摊一层约5cm厚的细土，再将苗木放入坑中而后填土。

其二，埋土前，必须再一次仔细核对设计图纸。若树种、规格不适宜，应立即调整。

其三，保持树形及长势最好的一面朝向主要观赏方向，以营造最佳的景观效果；保证栽植地的平面位置和高程与设计要求相一致；树身上、下必须垂直，树干有弯曲的树种，弯向应朝向当地的主风方向。

其四，栽苗深浅应与原土痕平齐，以此提高栽植成活率。乔木不得深于原土痕10cm，带土球树种不得超过5cm，灌木及丛木应与原根颈痕相平，过浅或过深都易导致苗木死亡。

其五，行列式栽植应每隔10～20株先栽好对齐用的标杆树。保持树干弯曲苗木的弯向行内，并与标杆树对齐，相邻树间不得有超过树干胸径一半的差距。

其六，在栽植裸根苗木时，应每3人作为一个作业小组，1人负责扶树、找直和掌握深浅度，2人负责填土。栽植时，先在坑底预填新土层，随后将苗木根系妥善安放在该土层上，扶正使其保持直立。待填土到一定程度时，将苗木轻轻提拉到适宜深度，并保持树身上下垂直，不得有歪斜现象，树根呈自然舒展状态，然后踩实或夯实回填坑土，最后用余土在树坑外缘培起灌水堰。

其七，栽植带土球苗木，必须事先检查坑的深度与土球的高度是否一致。若有差别，应及时挖深土坑或回填土，尽量保证栽植深度适宜。土球入坑定位，安放稳当后，应将包装材料全部解开取出，即使不能全部取出，也要尽量松绑，以免影响新根再生。回填土时，必须随填土随夯实，但要掌握好力度，避免砸碎土球，最后用余土培起灌水堰。

（八）养护管理

养护管理是树木栽植中尤为重要的一项工作，也是确保栽植成活率的关键。栽植后的养护管理在前面已详细介绍，这里所讲的仅是树木栽植工程按设计要求定植完毕后，短期内所做的养护管理工作。

定植完成后，应立即灌透水。如超过一昼夜无雨，应浇上头遍水。干旱或多风地区，栽后还必须连夜浇水。浇水时一定要灌透树坑，确保土壤充分吸水，促进根系与土壤密切接合，保证苗木能够成活。浇水时应注意不要冲垮水堰，待水完全渗透后，立即检查苗木是否有倒伏现象并扶直，将塌陷处填实土壤，随后在表层覆盖细干土。第三遍浇水待渗透之后，可铲除水堰，将土堆于干基处，使其略高于地面。树木封堰后及时清理现场，保持场地清洁美观，并对受伤枝条或修剪不理想的进行复剪，最后设专人负责养护管理，避免新栽苗木遭到人畜破坏。

第三节　大树移植的施工

一、大树移植前的准备工作

（一）选树

大树具有成形、成景、见效快的优点，但种植困难、成本高。在设计上，把大树设计在重点绿化景观区内，能够达到画龙点睛的作用。选树时，要善于发掘具有其特点的树种，对树种移植也要进行设计，安排大树移植的步骤、线路、方法等，这样才能保证大树的移植达到较好的效果。

进行大树的移植要了解以下几个方面，包括树种、年龄时期、干高、胸径、树高、冠幅、树形。尤其是树木的主要观赏面，要进行测量记录，并且摄像。

（二）资料准备

大树移植前，必须了解以下资料：①树木品种、树龄、定植时间，历年来养护管理情况。此外，还要了解当前的生长状况、生枝能力、病虫害情况、根部生长情况。若根部情况不能掌握的，要进行探根处理。②对树木生长和种植地环境调查，分析树木与建筑物、架空线、共生树木之间的空间关系，营造施工、起吊、运输环境等条件。③了解种植地的土质状况，研究地下水位、地下管线的分布，创造合理的生长环境条件，保证树木移植之后能够健康地生长。①

（三）制定移植方案

根据以上准备的资料，制定移植方案，方案中主要项目包括以下几项：种植季节，切根处理，修剪方法和修剪量，挖穴、起树、运输、种植技术与要求，支撑与固定，材料、机具准备，养护管理，应急救护及安全措施等。

---

① 潘利，姚军．高职高专园林类立体化创新系列教材·园林植物栽培与养护（第 2 版）[M]. 北京：机械工业出版社，2023：99-112.

（四）断根缩坨

断根缩坨也称回根法，古代称为盘根法。保证大树移植成活的关键是，挖掘土球要具有大量的吸收根系。因此，大树移植在挖苗的前几年，就需要采取断根缩坨的措施，只保留起苗范围以内的根系，从而利用根系所具有的再生能力，进行断根刺激。利用这种方法使主要的吸收根缩回主干根附近，促使树木形成紧凑、密集的吸收根系，同时还能有效地减少土球体积及重量，降低移植成本。树木断根缩坨一般控制在1～3年中完成，采取分段式操作，以根颈为中心、以胸径3～4倍为半径在干周画圆圈，选相应的两到三个方向挖宽30～40cm左右、深60～80cm左右的沟，下面遇粗根沿沟内壁用枝剪和手锯切断，将伤口修整平滑后，还要涂上保护材料加以保护。为防止根系腐烂，还可用酒精喷灯将切断根系烧成炭化，对于发根困难的树种，还可以用涂生根粉的方法促进其愈合生根。断根工作完成以后，将挖出土壤清理干净并混入肥料后，重新填入沟内，浇水渗透，随后在地表覆盖一层松土，松土要高于地面，为促进大树生根还要定期浇水。第二年再利用同样的方法在另外两到三个方向挖沟断根，若苗木生长正常第三年时即可挖出移植。在一些地方，如果环境条件允许，也可分早春、晚秋两次进行断根缩坨，第二年移植，虽然这种方法耗时较少，但同样会有不错的效果。

然而，在实际工作中，很多地方绿化移植大树缺乏长远计划。为了满足当前利益，在移植中很少采取此种措施，从而导致树木生长不良，有的甚至出现死亡的现象。

（五）平衡修剪

树体地下部分和地上部分对水分的吸收与蒸腾是否能够达到平衡，是影响大树移植成活的关键。因此，为保证大树成活，还要促进须根的生长，移植前对树冠进行修剪，适当减少枝叶量。树冠的修剪常以疏枝为主、以短截为辅，修剪强度应综合考虑，如树木种类、移植季节、挖掘方式、运输条件、种植地条件等因素。一般常绿树种可轻剪，落叶树宜重剪；有的树种再生能力强，生长速度快，如悬铃木、杨、柳等，可适当进行重剪，而有些树种再生能力弱、生长速度慢，比如银杏和大部分多针叶树等，则应轻剪，有的甚至不剪；在非适宜季节移植的树木应重剪，而正常移植季节则可轻剪；萌芽力强、树龄大、规格大、叶薄而稠密的修剪量可大些，而萌芽力不强、树龄小、规格小、叶厚而稀疏的可根据情况适当减小。对某些特定的树种，对树形要求严格，如塔松、白玉兰等，修剪强度要根据具体需要而定，可以根据实际情况只剪除枯枝、病虫枝、扰乱树形的枝条，这样在满足树形要求的同时，还能保证树木的成活率。

二、大树移植的技术措施

（一）移植季节

落叶树栽植应在3月左右进行，常绿树应在树木开始萌动的4月上、中旬进行移植。

不论常绿树种还是落叶树，凡没有在以上时间移植的树木均以非正常移植对待，养护管理则根据非季节移植技术处理。

严格来讲，大树移植一般所带土球规格都比较大。在施工过程中，如果按照执行操作规程严格进行，并注意栽植后的养护管理。按理说，在任何时间都可以进行大树移植工作。但在实际操作过程中，最佳移植时间是早春，因为随着天气变暖，树液开始流动，树木开始生长、发芽。如果在这个时间挖苗，对根系损伤程度较低，而且有利于受伤根系的愈合生长。苗木移植后，经过从早春到晚秋的正常生长，移植过程中受到伤害的部分也完全恢复，有利于树木躲避严寒，顺利过冬。在春季树木开始发芽而树叶还没全部长成以前，树木的蒸腾作用还未达到最旺盛时期。此时，采取带土球技术移植大树，尽量缩短土球在空气中暴露时间，并加强栽后养护工作，也能保持大树较高的成活率。盛夏季节，由于树木的蒸腾量大，在此季节对大树移植往往成活率较低，在必要时可加大土球，增加修剪、遮阴等技术措施，尽量降低树木的蒸腾量，也可以保证大树的成活率，但花费较多。在南方的梅雨季节，空气中的湿度较大，这样的环境有利于带土球移植一些针叶树种。深秋及初冬季节，从树木开始落叶到气温不低于-15℃。这一段时间，也可以进行大树移植工作。虽然这段时间，大树地上部分已经进入休眠阶段，但地下根系尚未完全停止活动，移植时损伤根系还可以利用这段时间愈合复原，为第二年春季发芽创造有利条件。南方地区，特别是那些常年气温不是很低而湿度较大的地区，一年四季均可移植，而且部分落叶树还可以采取裸根移植法。

（二）起掘前的准备工作

1.浇水

为避免挖掘时土壤过干而使土球松散，应在移植前1～2天，根据土壤干湿程度对移植树木进行适当浇水。

2.定位

定植前，应根据树冠的形态做好定位工作，以满足种植后要达到的景观效果。

3.扎冠

为缩小树冠伸展面积，方便挖掘，又避免折损枝条，应在挖掘前对树冠进行捆扎，扎冠顺序应由上至下、由内至外，依次收紧。大树扎缚处要垫橡皮等软物，不可以强硬地拉拽树木。

树干、主枝用草片进行包扎后，挖出前必须拉好防风绳，其中一根必须在主风向，其他两根可均匀分布。

（三）移植方法

当前，较常使用的大树移植挖掘和包装方法主要有以下几种。

1.移树机移植法

大树移植机是一种安装在卡车或拖拉机上的装有操纵尾部四扇能张合的匙状大铲的移树机械。目前生产的移植机，主要适用于移植胸径25cm以下的乔木。移植时，应先用四扇匙状大铲在栽植点确定好预先测定尺寸大小的坑穴，随即将铲扩张至适宜大小向下铲，直至铲子相互合并，等抱起土块呈圆锥形后收起，即完成挖穴操作。为便于起树操作，应根据情况把有碍施工的干基枝条预先进行铲除，随后用草绳捆拢松散枝条。移植机停在适合挖掘树木的位置，张开匙铲围在树干四周一定位置，开机下铲，直至相互合并，收提匙铲，将树抱起，树梢向前，匙铲在后，横卧于车上，即可开到预先安排好的栽植点，直接对准位置放正，放入事先挖好的坑穴中，填土入缝，整平作堰，灌足水即可。对于交通方便、远距段的平坦圃地采用移植机移植，可以提高效率。采用移植机移植法与传统的大树移植相比，其优点在于使原来分步进行的众多环节联为一体，诸如挖穴、起树、吊、运、栽等，使之成为真正意义上的随挖、随运、随栽的流水作业，并免去许多费工的辅助操作，在今后大树移植工作中将广为应用。

2.冻土移植法

在土壤冻结期进行大树移植，所挖土球可以不用进行包装操作，可利用冻结河道或泼水冻结的平整土地，只用人畜便可拉运的一种方法，适用于我国北方寒冷地区。由于冻土移植法是在冬闲时间进行，可以节省时间，而且可以减轻包装和运输压力。此法适用于当地耐寒乡土树种，对于冬季土壤冻结不深的地区，要预先用水对根系部分进行灌注，直至土球冻结深度达20cm时，便可开始挖掘土球。挖好的树，如短期内不能栽完应用枯草落叶进行覆盖，避免晒化或寒风侵袭造成根系破坏。苗木运输应选河道充分冻结时期，若需在地面上运输还应事先修平泥土地，选择泼水之后能够迅速冻结的时期或利用夜间低温时泼水形成冰层，从而减少拖拉的摩擦阻力。

3.大树裸根移植法

适用于移植容易成活，主干直径在10～20cm的落叶乔木，如杨、柳、槐树、银杏、合欢、柿子、乌桕、荣树、元宝枫等。棵根移植大树必须在落叶后至萌芽前这一段时间进行。有些树种仅宜春季进行移植，土壤冻结期不宜进行。对潜伏芽寿命长的树木，地上部分除留一定的主枝、副主枝外，可对树冠进行重新修剪，但慢长树不可修剪过重，以免对移栽后的效果造成影响。将大树挖掘出来以后，用尖镐由根颈向外去土，注意尽量减少对树皮和根的影响。过重的宜用起重机吊装，其他要求同一般裸根苗，要特别注意保持根部的湿润。未能及时定植应假植，但时间不能过长，以免对成活率造成影响。栽植穴应比根幅与深度大20～30cm。栽植时应使用立柱，其他养护措施同裸根苗。萌芽后应注意选留合适枝芽培养树形，其他不必要的部分要剥去。

4.软材料包装移植法

主要在挖掘圆形土球，树木胸径10～15cm或稍大一些的常绿乔木时采用。

5.土木箱移植法

适用于挖掘方形土台，树木胸径15～25cm的常绿乔木。

三、大树移植后的养护管理

（一）专人养护

对新移植的大树，在确保其成活后，还应由专人养护2年以上。

（二）支撑与固定

大树栽植工作完成后一般采用三角撑和扁担桩十字架作支撑，高大树木可用三角撑，低矮树可用扁担桩，风大地区栽植大乔木可利用两者结合。

三角撑固定树木，适宜选树高2/3处做支撑点，以毛竹或钢丝绳做扎结材料，三角撑的一根撑干（绳）必须在主风向上位，其他两根可均匀分布。

扁担桩支撑树木时，桩位应固定在根系和土球范围外，且竖桩不得小于2.3m，入土深度不得小于1.2m，桩位应在水平柱离地1m以上，两水平桩十字交叉位置应在树干的上风方向，包扎处应垫软质物。

（三）水分管理

1.控水排水

大树栽完后，短时间内根系不能完全恢复，吸水能力减弱，对土壤中水分的需求量也相对减小。因此，只要保持土壤湿润即可。相反，如果土壤中水分含量太高，反而会影响土壤的透气性，减弱根系的呼吸，阻碍根系发育，严重的会导致根部腐烂而死亡。为此，一方面要预防树穴内积水，移植时留下滤水沟，而且在第一次浇透水后立即填平栽植穴或略高于周围地面。另一方面，还要严格控制栽后浇水量，移植时第一次浇水应浇透，以后视天气情况、土壤质地，按照实际情况谨慎浇水。同时，控制对地上部分喷水量，防止喷水过多，水滴进入根系区域；在地势低洼容易积水的地方，还要开设排水沟，保证雨天能够及时排水，做到雨止水干。此外，保持适宜的地下水位高度（一般要求1.5m以下），汛期水位上涨，为防止淹根，可在根系外围挖深井，通过水泵将水排至场外；在非汛期，若地下水位较高，要做到网沟排水。大树移植后，应根据树种生理条件不同，合理分配水分，有的树种忌地下水位过高，如雪松；而有的树种却喜湿润土壤，如悬铃木，故雪松移植后，雨季要注意及时排水，而悬铃木则要适当多浇水。

2.喷水

树体地上部分特别是叶面，由于蒸腾作用而失水较多，必须及时喷水保湿。喷水时应做到均匀而细，对地上周围空间和各个部位也要适当喷水，为树体营造湿润的小气候环境。树体喷雾可在树冠上方安装供水管，喷头数量要根据树冠大小而定。这种方法效果较好，但容易费工费料。除此之外，还可采用高压水枪喷雾。也有人采取吊盐水的方法，但此法较难控制水量，喷水不够均匀，只适用于去冠移植的树体。大树移栽抽枝发叶后，仍需喷水保湿。

3.树干包扎

为降低树皮水分蒸发，维持树干湿度，可用浸湿的麻包、稻草绳、苔藓等材料严密包裹比较粗壮的分枝和树干，包裹时应从树干的基部密密缠绕直至主干顶部，随后用预先调制的土泥浆糊满草绳，以后还要经常向树干喷水保湿。盛夏季节也可在树干周围挂草帘或搭棚架，在北方冬季为防风防冻经常用塑料条或草绳缠绕树干保温。上述包扎方法具有一定的保湿性和保温性，经包干处理后，一可防止强阳光直射和热风吹袭，减少树干、树枝的水分蒸发；二可调节枝干温度，减少高温和低温对枝干的伤害；三可储存一定量的水分，保持树干湿润。

4.搭棚遮阳

高温干燥季节或大树移植初期，需要搭遮荫棚，以此降低棚内温度，降低树体水分蒸发。如果植物种植区域密度较大，宜搭制大棚，既省材又方便管理；孤植树应单独搭制。要求全冠遮阴的树种，阴棚上方及四周与树冠应保持50cm左右距离，以此保证棚内的空气有一定流动空间，避免晒伤树冠；遮阴度以70%左右为宜，让树体接收一定的散射光，以维持光合作用正常进行，以后可根据季节变化和树木生长情况，逐步去掉遮阴网。

5.地面覆盖

夏天炎热季节，为降低土温和减少土壤水分蒸发，大树树穴应用树皮等物覆盖。

6.剥芽

大树移植后为保持树形，常采取剥芽方式，在剥芽过程中应多留芽，分多次进行，严禁一次完成。

根据树木生长的情况及以后树冠发展的要求进行剥芽，在此过程中应多留高位壮芽，留枝过长树梢萌发芽较弱的树种应从有强芽的部位进行短截。

及时剥稀切口上的丛生芽，若树冠部位萌发芽较好的，应将树干部位的萌芽全部剥除。对树冠部位无萌发芽的情况，必须在树干部位保留可供发展成树冠的壮芽。

常绿树种当年可不剥芽，适当剪除病虫枝、丛生枝、内膛过弱枝后，直至第二年修剪时再进行。

7.病虫害防治

新植的树木抗病虫能力非常差，栽后应随时做好观察工作，并根据当地病虫害发生情况适时采取预防措施。坚持以防为主，掌握病虫害发生发展规律，依据树种特性，勤检查。一旦发现虫害、病情，要及时防治，对症下药。

8.加强观察

应加强观察，根据实际情况采取一定的养护措施。

发现病虫害时，必须及时采取防治措施。

叶绿有光泽，芽眼饱满，萌生枝正常，水分充足，色泽正常，则可常规养护。

枝条干枯，叶失去绿色光泽，芽眼或嫩枝显萎，应及时调查，制定养护措施；留枝多的树种可适当剪除部分枝条；土干应立即浇水，并对叶面、树干周围环境喷水。

叶水分足，但有落叶、色黄现象，应及时排水。

若树木出现大量落叶，应及时剥芽或抽稀修剪。

叶干枯，但不落，应及时做特殊抢救处理。

9.特殊抢救

根据大树危险程度，确定是否进行强修剪。

高温季节，在大树的西部和上方应搭遮荫棚，避免晒伤苗木。

气候干燥时，采取在树干周围喷雾的方式增加环境湿度，并对树根部覆盖塑料薄膜遮挡，避免过多水分流入土壤。

根据实际需要，用0.5%~1%尿素或磷酸二氢钾等进行根外追肥。

10.围护、看管

新移植大树必须做好现场管理工作，并由专人负责养护两年以上。

禁止在树冠范围内做影响新移树成活的作业或堆物。

建筑工地处若有新移植的大树，应在树冠范围2m以外做围栏保护。在采用井底抽水或灌浆法施工范围内，应在新移树木和抽水井之间挖观察井。若出现地下水位下降的情况，应及时浇透水。

11.做好记录

大树种植必须由专人做好各项记录，并将有关大树移植的各项资料上报相应部门备案。

第四章　园林绿化养护管理

第一节　园林绿化养护管理基础知识

一、养护管理的意义

园林树木所处的各种环境条件比较复杂，各种树木的生物学特性和生态习性各有不同。因此，为各种园林树木创造优越的生长环境，满足树木生长发育对水、肥、气、热的需求，防治各种自然灾害和病虫害对树木的危害，通过整形修剪和树体保护等措施调节树木生长和发育的关系，并维持良好的树形，使树木更适应所处的环境条件，尽快持久地发挥树木的各种功能效益，将是园林工作一项重要而长期的任务。

园林树木养护管理的意义可归纳为以下几个方面：①科学的土壤管理可提高土壤肥力，改善土壤结构和理化性质，满足树木对养分的需求；②科学的水分管理可以使树木在适宜的水分条件下，进行正常的生长发育；③施肥管理可对树木进行科学的营养调控，满足树木所缺乏的各种营养元素，确保树木生长发育良好，同时达到枝繁叶茂的绿化效果；④及时减少和防治各种自然灾害、病虫害及人为因素对园林树木的危害，能促进树木健康生长，使园林树木持久地发挥各种功能效益；⑤整形修剪可调节树木生长和发育的关系并维持良好的树形，使树木更好地发挥各种功能效益。[①]

俗话说“三分种植，七分管理”，这就说明园林植物养护管理工作的重要性。园林植物栽植后的养护管理工作是保证其成活、实现预期绿化美化效果的重要措施。为了使园林植物生长旺盛，保证正常开花结果，必须根据园林植物的生态习性和生命周期的变化规

---

① 江苏省风景园林协会．园林绿化工程项目负责人人才评价培训教材 [M]. 北京：中国建筑工业出版社，2021：76-84.

律，因地、因时进行日常的管理与养护，为不同年龄、不同种类的园林植物创造适宜生长的环境条件。通过土、水、肥等养护与管理措施，可以为园林植物维持较强的生长势、预防早衰、延长绿化美化观赏期奠定基础。因此，做好园林植物的养护管理工作，不但能有效改善园林植物的生长环境，促进其生长发育，也对发挥其各项功能效益，达到绿化美化的预期效果具有重要意义。

园林植物的养护管理严格来说应包括两个方面的内容：①“养护”，即根据各种植物生长发育的需要和某些特定环境条件的要求，及时采取浇水、施肥、中耕除草、修剪、病虫害防治等园艺技术措施；②“管理”，主要指看管维护、绿地保洁等管理工作。

二、养护管理的内容

园林树木养护管理的主要内容包括园林树木的土壤管理、施肥管理、水分管理、光照管理、树体管理、园林树木整形修剪、自然灾害和病虫害及其防治措施、看管围护以及绿地的清扫保洁等。

第二节 园林植物的土壤与灌排水管理

一、园林植物的土壤管理

（一）园林植物栽植前的整地

整地包括土壤管理和土壤改良两个方面，它是保证园林植物栽植成活和正常生长的有效措施之一。很多类型的土壤需要经过适当调整和改造，才能适合园林植物的生长。不同的植物对土壤的要求是不同的，但一般而言，园林植物都要求保水保肥能力好的土壤，而在干旱贫瘠或水分过多的土壤上，往往会导致植物生长不良。

1.整地的方法

园林植物栽植地的整地工作包括适当地整理地形、翻地，去除杂物，碎土，耙平，填压土壤等内容，具体方法应根据具体情况进行。[①]

① 上海市园林科学规划研究院 . 园林绿化栽植土质量标准 [M]. 上海：同济大学出版社，2022：98-112.

（1）一般平缓地区的整地

对于坡度在8°以下的平缓耕地或半荒地，可采取全面整地的方法。常翻耕30cm深，以利于蓄水保墒。对于重点区域或深根性树种可深翻50cm，并增施有机肥以改良土壤。为利于排除过多的雨水，平地整地要有一定坡度，坡度大小要根据具体地形和植物种类而定，如铺种草坪，适宜坡度为2%～4%。

（2）工程场地地区的整地

在这些地区整地之前，应先清除遗留的大量灰渣、砂石、砖石、碎木及建筑垃圾等，在土壤污染严重或缺土的地方应换入肥沃土壤。如有经夯实或机械碾压的紧实土壤，整地时应先将土壤挖松，并根据设计要求做地形处理。

（3）低湿地区的整地

这类地区由于土壤紧实，水分过多，通气不良，又多带盐碱，常使植物生长不良。可以采用挖排水沟的办法，先降低地下水位防止返碱，再行栽植。具体办法是在栽植前一年，每隔20m左右挖一条1.5～2.0m宽的排水沟，并将挖出的表土翻至一侧培成珑台。经过一个生长季的雨水冲洗，土壤盐碱含量减少，杂草腐烂了，土质疏松，不干不湿，再在珑台上栽植。

（4）新堆土山的整地

园林建设中由挖湖堆山形成的人工土山，在栽植前要先令其经过至少一个雨季的自然沉降，然后整地植树。由于这类土山多数不太大，坡度较缓，又全是疏松新土，整地时可以按设计要求进行局部的自然块状调整。

（5）荒山整地

在荒山上整地，要先清理地面，挖出枯树根，搬除可以移动的障碍物。坡度较缓、土层较厚时，可以用水平带状整地法，即沿低山等高线整成带状，又称环山水平线整地。在水土流失较严重或急需保持水土、使树木迅速成林的荒山上，则应采用水平沟整地或鱼鳞坑整地，也可以采用等高撩壕整地法。在我国北方土层薄、土壤干旱的荒山上常用鱼鳞坑整地，南方地区常采用等高撩壕整地。

2.整地时间

整地时间的早晚关系园林栽植工程的完成情况和园林植物的生长效果。一般情况下，应在栽植前3个月以上的时期内（最好经过一个雨季）完成整地工作，以便蓄水保墒，并可保证栽植工作及时进行，这一点在干旱地区尤其重要。如果现整现栽，栽植效果将会大受影响。

（二）园林植物生长过程中的土壤改良

园林植物生长过程中的土壤改良和管理的目的是通过各种措施来提高土壤的肥力，改善土壤结构和理化性质，不断供应园林植物所需的水分与养分，为其生长发育创造良好的条件。同时结合其他措施，维持园林地形地貌整齐美观，防止土壤被冲刷和尘土飞扬，增强园林景观效果。

园林绿地的土壤改良不同于农田的土壤改良，不可能采用轮作、休闲等措施，只能采用深翻、增施有机肥、换土等手段来完成，以保持园林植物正常生长几十年至几百年。园林绿地的土壤改良常采用的措施有深翻熟化、客土改良、培土（掺沙）和施有机肥等。

1.深翻熟化

对植物生长地的土壤进行深翻，有利于改善土壤中的水分和空气条件，使土壤微生物活动增加，促进土壤熟化，使难溶性营养物质转化为可溶性养分，有助于提高土壤肥力。如果深翻时结合增施适当的有机肥，还可改善土壤结构和理化性质，促使土壤团粒结构的形成，增加孔隙度。

对于一些深根性园林植物，深翻整地可促使其根系向纵深发展；对一些重点树种进行适时深耕，可以保证供给其随年龄的增长而增加的水、肥、气、热的需要。采取合理深翻、适量断根措施后，可刺激植物发生大量的侧根和须根，提高吸收能力，促使植株健壮，叶片浓绿，花芽形成良好。深翻还可以破坏害虫的越冬场所，有效消灭地下害虫，减少害虫数量。因此，深翻熟化不仅能改良土壤，而且能促进植物生长发育。

深翻主要的适用对象为片林、防护林、绿地内的丛植树、孤植树下边的土壤。而对一些城市中的公共绿化场所，如有铺装的地方，就不适宜用深翻措施，可以借助其他方式（如打孔法）解决土壤透气、施肥等问题。

2.土壤化学改良

（1）施肥改良

施肥改良以施有机肥为土，有机肥能增加土壤的腐殖质，提高土壤保水保肥能力，改良熟土的结构，增加土壤的孔隙度，调节土壤的酸碱度，从而改善土壤的水、肥、气、热状况。常用的有机肥有厩肥、堆肥、禽肥、鱼肥、饼肥、人粪尿、土杂肥、绿肥以及城市中的垃圾等，但这些有机肥均需经过腐熟发酵后才可使用。

（2）调节土壤酸碱度

土壤的酸碱度主要影响土壤养分的转化与有效性、土壤微生物的活动和土壤的理化性质等，与园林植物的生长发育密切相关。绝大多数园林植物适宜中性至微酸性的土壤，然而我国许多城市的园林绿地中，南方城市的土壤pH值常偏低，北方常偏高。土壤酸碱度的调节是一项十分重要的土壤管理工作。

①土壤的酸化处理。土壤酸化是指对偏酸性的土壤进行必要的处理，使其pH值有所降低从而适宜酸性园林植物的生长。目前，土壤酸化主要通过施用释酸物质来调节，如施用有机肥料、生理酸性肥料、硫黄等，通过这些物质在土壤中的转化，产生酸性物质，降

低土壤的pH值。如盆栽园林植物可用1：50的硫酸铝钾，或1：180的硫酸亚铁水溶液浇灌来降低盆栽土的pH值。

②土壤碱化处理。土壤碱化是指往偏酸的土壤中施加石灰、草木灰等碱性物质，使土壤pH值有所提高，从而适宜一些碱性园林植物生长。比较常用的是农业石灰，即石灰石粉（碳酸钙粉）。使用时石灰石粉越细越好（生产上一般用300～450目），这样可增加土壤内的离子交换强度，以达到调节土壤pH值的目的。

3.生物改良

（1）植物改良

植物改良是指通过有计划地种植地被植物来达到改良土壤的目的。其优点是一方面能增加土壤可吸收养分与有机质含量，改善土壤结构，降低蒸发，控制杂草丛生，减少水、土、肥流失与土湿的日变幅，又利于园林植物根系生长；另一方面，是在增加绿化量的同时避免地表裸露，防止尘土飞扬，丰富园林景观。这类地被植物的一般要求是适应性强，有一定的耐阴、耐践踏能力，根系有一定的固氮力，枯枝落叶易于腐熟分解，覆盖面大，繁殖容易，并有一定的观赏价值。常用的种类有五加、地瓜藤、胡枝子、金银花、常春藤、金丝桃、金丝梅、地锦、络石、扶芳藤、荆条、三叶草、马蹄金、萱草、沿阶草、玉簪、羽扇豆、草木樨、香豌豆等，各地可根据实际情况灵活选用。

（2）动物与微生物改良

利用自然土壤中存在的大量昆虫、原生动物、线虫、菌类等改善土壤的团粒结构、通气状况，促进岩石风化和养分释放，加快动植物残体的分解，有助于土壤的形成和营养物质转化。

利用动物改良土壤，一方面要加强土壤中现有有益动物种类的保护，对土壤施肥、农药使用、土壤与水体污染等要严格控制，为动物创造一个良好的生存环境；另一方面，使用生物肥料，如根瘤菌、固氮菌、磷细菌、钾细菌等，这些生物肥料含有多种微生物，它们生命活动的分泌物与代谢产物，既能直接给园林植物提供某些营养元素、激素类物质、各种酶等，促进树木根系的生长，又能改善土壤的理化性能。

4.疏松剂改良

使用土壤疏松剂，可以改良土壤结构和生物学活性调节土壤酸碱度，提高土壤肥力。如国外生产上广泛应用的聚丙烯酰胺，是人工合成的高分子化合物，使用时先把干粉溶于80℃以上的热水，制成2%的母液，再稀释10倍浇灌至5cm深的土层中，通过其离子链、氢键的吸引使土壤形成团粒结构，从而优化土壤水、肥、气、热的条件，达到改良土壤的目的，其效果可达3年以上。

土壤疏松剂的类型可大致分为有机、无机和高分子三种，其主要功能是膨松土坡，提高置换容量，促进微生物活动；增加孔隙，协调保水与通气性、透水性；使土壤粒子团粒化。目前，我国大量使用的疏松剂以有机类型为主，如泥炭、锯末粉、谷糠、腐叶土、腐殖土、家畜厩肥等，这些材料来源广泛，价格便宜，效果较好，使用时要先发酵腐熟，并与土壤混合均匀。

5.培土（压土与掺沙）

这种改良的方法在我国南北各地区普遍采用，具有增厚土层、保护根系、增加营养、改良土壤结构等作用。在高温多雨、土壤流失严重的地区或土层薄的地区可以采用培土措施，以促进植物健壮生长。

北方寒冷地区培土一般在晚秋初冬进行，可起到保温防冻、积雪保墒的作用。压土掺沙后，土壤经熟化、沉实，有利于园林植物的生长。

培土时，应根据土质确定培土基质类型，如土质黏重的应培含沙质较多的疏松肥土甚至河沙；含沙质较多的可培塘泥、河泥等较熟重的肥土和腐殖土，培土量和厚度要适宜，过薄起不到压土作用，过厚对植物生长不利。沙压黏或黏压沙时要薄一些，一般厚度为5～10cm，压半风化石块可厚些，但不要超过15cm。如连续多年压土，土层过厚会抑制根系呼吸，而影响植物生长和发育。有时为了防止接穗生根或对根系的不良影响，可适当扒土露出根茎。

6.管理措施改良

（1）松土透气、控制杂草

松土、除草可以切断土壤表层的毛细管，减少土壤蒸发，防止土壤泛碱，改善土壤通气状况，促进土壤微生物活动和难溶养分的分解，提高土壤肥力。早春松土，可以提高土温，有利于根系生长；清除杂草也可以减少病虫害。

松土、除草的时间，应在天气晴朗或者初晴之后土壤不过干又不过湿时进行，才可获得最大的保墒效果。

（2）地面覆盖与地被植物

利用有机物或活的植物体覆盖地面，可以减少水分蒸发，减少地表径流，减少杂草生长，增加土壤有机质，调节土壤温度，为园林植物生长创造良好的环境。若在生长季覆盖，把覆盖物翻入土中，可增加土壤有机质、改善土壤结构、提高土壤肥力。覆盖的材料以就地取材、经济实用为原则，如杂草、谷草、树叶、泥炭等均可，也可以修剪草坪的碎草用以覆盖。覆盖时间选在生长季节温度较高而较干旱时进行较好，覆盖的厚度以3～6cm为宜，鲜草5～6cm，过厚会有不利的影响。

除地面覆盖外，还可以用一二年生或多年生的地被植物如绿豆、黑豆、苜蓿、苕子、猪屎豆、紫云英、豌豆、草木樨、羽扇豆等改良土壤。对这类植物的要求是适应性强、有一定的耐阴力、覆盖作用好、繁殖容易、与杂草竞争的能力强，但与园林植物的矛盾不大，同时还要有一定的观赏或经济价值。这些植物除有覆盖作用之外，在开花期翻入土内，可以增加土壤有机质，也起到施肥的作用。

7.客土栽培

所谓客土栽培，就是将其他地方土质好、比较肥沃的土壤运到本地，代替当地土壤，然后进行栽植的土壤改良方式。此法改良效果较好，但成本高，不利于广泛应用。客土应选择土质好、运送方便、成本低、不破坏或不影响基本农田的土壤。有时，为了节约成本，可以只对熟土层进行客土栽植，或者采用局部客土的方式，如只在栽植坑内使用客土。客土也可以与施有机肥等土壤改良措施结合应用。

园林植物在遇到以下情况时，需要进行客土栽植：①有些植物正常生长需要的土壤有一定酸碱度，而本地土壤又不符合要求，这时要对土壤进行处理和改良。例如，在北方栽植杜鹃、山茶等酸性土植物，应将栽植区全换成酸性土。如果无法实现全换土，至少也要加大种植坑，倒入山泥、草炭土、腐叶土等并混入有机肥料，以符合对酸性土的要求。②栽植地的土壤无法适宜园林植物生长的，如坚土、重黏土、砂砾土及被有毒的工业废物污染的土壤等，或在清除建筑垃圾后仍不适宜栽植的土壤，应增大栽植面，全部或部分换入肥沃的土壤。

二、园林植物的灌排水管理

水分是植物的基本组成部分，植物体质量的40%～80%是由水分组成的，植物体内的一切生命活动都是在水的参与下进行的。只有水分供应适宜，园林植物才能充分发挥其观赏效果和绿化功能。

（一）园林植物的灌水

1.灌溉水的水源类型

灌溉水质量的好坏直接影响园林植物的生长，雨水、河水、湖水、自来水、井水及泉水等都可作为灌溉水源。这些水中的可溶性物质、悬浮物质及水温等各有不同，对园林植物生长的影响也不同。如雨水中含有较多的二氧化碳、氨和硝酸，自来水中含有氯，这些物质不利于植物生长；而井水和泉水的温度较低，直接灌溉会伤害植物根系，最好在蓄水池中经短期增温充气后利用。总之，园林植物灌溉用水不能含有过多对植物生长有害的有机、无机盐类和有毒元素及其化合物，水温要与气温或地温接近。

2.灌水的时期

园林植物除定植时要浇大量的定根水外，其灌水时期大体分为休眠期灌水和生长期灌水两种。具体灌水时间由一年中各个物候期植物对水分的要求、气候特点和土壤水分的变化规律等决定。

（1）生长期灌水

园林植物的生长期灌水可分为花前灌水、花后灌水和花芽分化期灌水三个时期。①花前灌水。可在萌芽后结合花前追肥进行，具体时间因地、因植物种类异。②花后灌水。多数园林植物在花谢后半个月左右进入新的迅速生长期，此时如果水分不足，新梢生长将会受到抑制。一些观果类植物此时如果缺水则易引起大量落果，影响以后的观赏效果。夏季是植物的生长旺盛期，此期形成大量的干物质，应根据土壤状况及时灌水。③花芽分化期灌水。园林植物一般是在新梢生长缓慢或停止生长时，开始花芽分化，此时也是果实的迅速生长期，都需要较多的水分和养分。若水分供应不足，则会影响果实生长和花芽分化。因此，在新梢停止生长前要及时而适量地灌水，可促进春梢生长而抑制秋梢生长，也有利于花芽分化和果实发育。

（2）休眠期灌水

在冬春严寒干旱、降水量比较少的地区，休眠期灌水非常必要。秋末或冬初的灌水一般称为灌"封冻水"，这次灌水是非常必要的，因为冬季水结冻、放出潜热有利于提高植物的越冬能力和防止早春干旱。对于一些引种或越冬困难的植物及幼年树木等，灌封冻水更为必要。而早春灌水，不但有利于新梢和叶片的生长，还有利于开花与坐果，同时可促使园林植物健壮生长，是花繁果茂的关键。

（3）灌水时间的注意事项

在夏季高温时期，灌水最佳时间是在早晚，这样可以避免水温与土温及气温的温差过大，减少对植物根系的刺激，有利于植物根系的生长。冬季则相反，灌水最好于中午前后进行，这样可使水温与地温温差减小，减少对根系的刺激，也有利于地温的恢复。

3.灌水量

灌水量受植物种类、品种、砧木、土质、气候条件、植株大小、生长状况等因素的影响。一般而言，耐干旱的植物洒水量少些，如松柏类；喜湿润的植物洒水量要多些，如水杉、山茶、水松等；含盐量较多的盐碱地，每次洒水量不宜过多，灌水浸润土壤深度不能与地下水位相接，以防返碱和返盐；保水保肥力差的土壤也不宜大水灌溉，以免造成营养物质流失，使土壤逐渐贫瘠。

在有条件灌溉时，切忌表土打湿而底土仍然干燥。如土壤条件允许，应灌饱灌足。如已成年大乔木，应灌水令其渗透到80～100cm深处。洒水量一般以达到土壤最大持水量的60%～80%为适宜标准。园林植物灌水量的确定可以借鉴目前果园灌水量的计算方法，根据土壤的持水量、灌溉前的土壤湿度、土壤容重、要求土壤浸湿的深度，计算出一定面积的灌水量，即：

灌水量=灌溉面积×要求土壤浸湿深度×土壤容重×（田间持水量–灌溉前土壤湿度）

灌溉前的土壤湿度，每次灌水前均需测定，田间持水量、土壤容重、土壤浸湿深度等项，可数年测定一次。为了更符合灌水时的实际情况，用此公式计算出的灌水量，可根据具体的植物种类、生长周期、物候期以及日照、温度、干旱持续的长短等因素进行或增或减的调整。

4.灌水方法和灌水顺序

正确的灌水方法可有利于使水分分布均匀，节约用水，减少土壤冲刷，保持土壤的良好结构，并充分发挥灌水效果。随着科学技术的发展，灌水方法不断改进，正朝着机械化、自动化方向发展，使灌水效率和灌水效果均大幅度提高。

（1）灌水方法

①地上灌水。地上灌水包括人工浇灌、机械喷灌和移动式喷灌等。

人工浇灌虽然费工多、效率低，但在山地等交通不便、水源较远、设施较差等情况下，也是很有效的灌水方式。人工浇灌用于局部灌溉，灌水前应先松土，使水容易渗透，并做好穴（深15～30cm）。灌溉后，要及时疏松表土以减少水分蒸发。

机械喷灌，是固定或拆卸式的管道输送和喷灌系统，一般由水源、动力机械、水泵、输水管道及喷头等部分组成，目前已广泛用于园林植物的灌溉。喷灌是一种比较先进的灌水方法，其优点主要有：

其一，基本避免产生深层渗漏和地表径流，一般可节水60%～70%。

其二，减少对土壤结构的破坏，可保持原有土壤的疏松状态。另外，对土壤平整度的要求不高，地形复杂的山地亦可采用。

其三，有利于调节小气候，减少低温。

其四，节省劳动力，工作效率高。

但是，喷灌也有其不足之处：

其一，有可能加重某些园林植物感染白粉病和其他真菌病害的发生程度。

其二，有风时，尤其风力比较大时喷灌，会造成灌水不均匀，且会增加水分的损失。

其三，喷灌设备价格和管理维护费用较高，会增加前期投资，使其应用范围受到一定限制。

移动式喷灌，一般是由洒水车改建而成，在汽车上安装储水箱、水泵、水管及喷头组成一个完整的喷灌系统，与机械喷灌的效果相似。由于其具有机动灵活的优点，常用于城市街道绿化带的灌水。

②地面灌水。这是效率较高的灌水方式，水源有河水、井水、塘水、湖水等，可进行大面积灌溉。

③地下灌水。地下灌水是借助埋设在地下的多孔管道系统，使灌溉水从管道的孔眼中

渗出，在土壤毛细管作用下，向周围扩散浸润植物根区土壤的灌溉方法。地下灌水具有蒸发量小、节约用水、保持土壤结构和便于耕作等优点，但要求设备条件较高，在碱性土壤中应注意避免“泛碱”。

（3）灌水顺序

园林植物由于干旱需要灌水时，由于受灌水设备及劳动力条件的限制，要根据园林植物缺水的程度和急切程度，按照轻重缓急合理安排灌水顺序。一般来说，新栽的植物、小苗、观花草本和灌木、阔叶树要优先灌水，长期定植的植物、大树、针叶树可后灌；喜水湿、不耐干旱的先灌，耐旱的后灌；因为新植植物、小苗、观花草本和灌木及喜水湿的植物根系较浅，抗旱能力较差；阔叶树类蒸发最大，其需水多，所以要优先灌水。

（二）园林植物的排水

园林植物的排水是防涝的主要措施。其目的是减少土壤中多余的水分以增加土壤中空气的含量，促进土壤空气与大气的交流，提高土壤温度，激发好气性微生物的活动，加快有机物质的分解，改善植物的营养状况，使土壤的理化性状得到改善。

排水不良的土壤经常发生水分过多而缺乏空气，迫使植物根系进行无氧呼吸并积累乙醇造成蛋白质凝固，引起根系生长衰弱以致死亡；土壤通气不良会造成嫌气微生物活动促使反硝化作用发生，从而降低土壤肥力；而有些土壤，如黏土中，在大量施用硫酸铵等化肥或未腐熟的有机肥后，若遇土壤排水不良，这些肥料将进行无氧分解，从而产生大量的一氧化碳、甲烷、硫化氢等还原性物质，严重影响植物地下部分与地上部分的生长发育。因此，排水与灌水同等重要，特别是对耐水力差的园林植物更应及时排水。

1.需要排水的情况

在园林植物遇到下列情况之一时，需要进行排水：①园林植物生长在低洼地区，当降雨强度大时汇集大量地表径流而又不能及时渗透，形成季节性涝湿地；②土壤结构不良，渗水性差，特别是有坚实不透水层的土壤，水分下渗困难，形成过高的假地下水位；③园林绿地临近江河湖海，地下水位高或雨季易遭淹没，形成周期性的土壤过湿；④平原或山地城市，在洪水季节有可能因排水不畅，形成大量积水；⑤在一些盐碱地区，土壤下层含盐量高，不及时排水洗盐，盐分会随水位的上升而到达表层，造成土壤次生盐渍化，很不利植物生长。

2.排水方法

园林植物的排水是一项专业性基础工程，在园林规划和土建施工时应统筹安排，建好畅通的排水系统。园林植物的排水常见的有以下几种。

（1）明沟排水

在园林规划及土建施工时就应统筹安排，明沟排水是在园林绿地的地面纵横开挖浅沟，使绿地内外联通，以便及时排除积水。这是园林绿地常用的排水方法，关键在于做好全园排水系统。操作要点是先开挖主排水沟、支排水沟、小排水沟等，在绿地内组成一个完整的排水系统，然后在地势最低处设置总排水沟。这种排水系统的布局多与道路走向一致，各级排水沟的走向最好相互垂直，但在两沟相交处最好成锐角（45°～60°）相交，以利于排水流畅，防止相交处沟道阻塞。

此排水方法适用于大雨后抢排积水，地势高低不平不易出现地表径流的绿地排水视水情而定，沟底坡度一般以0.2%～0.5%为宜。

（2）暗沟排水

暗沟排水是在地下埋设管道形成地下排水系统，将低洼处的积水引出，使地下水降到园林植物所要求的深度。暗沟排水系统与明沟排水系统基本相同，也有干管、支管和排水管之别。暗沟排水的管道多由塑料管、混凝土管或瓦管做成。建设时，各级管道需按水力学要求的指标组合施工，以确保水流畅通，防止淤塞。

此排水方法的优点是不占地面、节约用地，并可保持地势整齐、便利交通，但造价较高，一般配合明沟排水应用。

（3）滤水层排水

滤水层排水实际就是一种地下排水方法，一般用于栽植在低洼积水地以及透水性极差的土地上的植物，或是针对一些极不耐水的植物在栽植之初就采取的排水措施。其做法是在植物生长的土壤下层填埋一定深度的煤渣、碎石等透水材料，形成滤水层，并在周围设置排水孔，遇积水就能及时排除。这种排水方法只能小范围使用，起到局部排水的作用。如屋顶花园、广场或庭院中的种植地或种植箱，以及地下商场、地下停车场等的地上部分的绿化排水等，都可采用这种排水方法。

第三节　园林植物的养分与其他养护管理

一、园林植物的养分管理

（一）园林植物的营养诊断

园林植物的营养诊断是指导施肥的理论基础，是将植物矿物质营养原理运用到施肥管理中的一个关键环节。根据营养诊断结果进行施肥，是园林植物科学化养护管理的一个重要标志，它能使园林植物施肥管理达到合理化、指标化和规范化。

1.造成园林植物营养贫乏症的原因

引起园林植物营养贫乏症的具体原因很多，主要包括以下几点。[①]

（1）土壤营养元素缺乏

这是引起营养贫乏症的主要原因。但某种营养元素缺乏到什么程度会发生营养贫乏症是一个复杂的问题，因为不同植物种类，即使同种的不同品种、不同生长期或不同气候条件都会有不同表现，不能一概而论。理论上说，每种植物都有对某种营养元素要求的最低限位。

（2）土壤酸碱度不合适

土壤pH值影响营养元素的溶解度，即有效性。有些元素在酸性条件下易溶解，有效性高，如铁、硼、锌、铜等，其有效性随pH值降低而迅速增加；另一些元素则相反，当土壤pH值升高至偏碱性时，其有效性增加，如铜等。

（3）营养成分的平衡

植物体内的各营养元素含量保持相对的平衡是保持植物体内正常代谢的基本要求，否则会导致代谢紊乱，出现生理障碍。一种营养元素如果过量存在，常会抑制植物对另一种营养元素的吸收与利用。这种现象在营养元素间是普遍存在的，当其作用比较强烈时就会导致植物营养贫乏症的发生。生产中较常见的有磷—锌、磷—铁、钾—镁、氮—钾、氮—硼、铁—锰等。在施肥时，需要注意肥料间的选择搭配，避免某种元素过多而影响其他元素的吸收与利用。

（4）土壤理化性质不良

如果园林植物因土壤坚实、底层有隔水层、地下水位太高或盆栽容器太小等原因限制根系的生长，会引发甚至加剧园林植物营养贫乏症的发生。

（5）其他因素

其他能引起营养贫乏症的因素有低温、水分、光照等。低温一方面可减缓土壤养分的转化，另一方面也削弱植物根系对养分的吸收能力，低温容易促进营养缺乏症的发生。雨量多少对营养缺乏症的发生也有明显的影响，主要表现为土壤过旱或过湿而影响营养元素的释放、流失及固定等，如干旱促进缺硼、钾及磷症，多雨容易促发缺镁症等。光照也影响营养元素吸收，光照不足对营养元素吸收的影响以磷最严重，因而在多雨少光照而寒冷的大气条件下，植物最易缺磷。

---

① 董结实，宁春娟 . 园林绿化培训教材 [M]. 天津：天津大学出版社，2020：112-125.

2.园林植物营养诊断的方法

园林植物营养诊断的方法包括土壤分析、叶样分析、形态诊断等。其中，形态诊断是行之有效且常用的方法，它是通过根据园林植物在生长发育过程中缺少某种元素时，其形态上表现出的特定的症状来判断该植物所缺元素的种类和程度。此法简单易行、快速，在生产实践中很有实用价值。

（1）形态诊断法

植物缺乏某种元素，在形态上会表现某一症状，根据不同的症状可以诊断植物缺少哪一种元素。采用该方法要有丰富的经验积累，才能准确判断。该诊断法的缺点是滞后性，即只有植物表现出症状才能判断，不能提前发现。

（2）综合诊断法

植物的生长发育状况一方面取决于某一养分的含量，另一方面还与该养分与其他养分之间的平衡程度有关。综合诊断法是按植物产量或生长量的高低分为高产组和低产组，分析各组叶片所含营养物质的种类和数量，计算出各组内养分浓度的比值，然后用高产组所有参数中与低产组有显著差别的参数作为诊断指标，再用与被测植物叶片中养分浓度的比值与标准指标的偏差值评价养分的供求状况。

该方法可对多种元素同时进行诊断，而且从养分平衡的角度进行诊断，符合植物营养的实际，该方法诊断比较准确，但不足之处是需要专业人员的分析、统计和计算，应用受到限制。

（二）园林植物合理施肥的原则

1.根据园林植物在不同物候期内需肥的特性

一年内园林植物要历经不同的物候期，如根系活动、萌芽、抽梢、长叶、休眠等。在不同物候期，园林植物的生长重心是不同的，相应的所需营养元素也不同。园林植物体内营养物质的分配，也是以当时的生长重心为重心的。因此，在每个物候期即将来临之前，及时施入当时生长所需要的营养元素，才能使植物正常生长发育。

在一年的生长周期内，早春和秋末是根系的生长旺盛期，需要吸收一定数量的磷，根系才能发达，伸入深层土壤。随着植物生长旺盛期的到来，需肥量逐渐增加，生长旺盛期以前或以后需肥量相对较少，在休眠期甚至不需要施肥。在抽梢展叶的营养生长阶段，对氮元素的需求量大。开花期与结果期，需要吸收大量的磷、钾肥及其他微量元素，植物开花才能鲜艳夺目，果实充分发育。总的来说，根据园林植物物候期差异，具体施肥有萌芽肥、抽梢肥、花前肥、壮花稳果肥及花后肥等。

就园林植物的生命周期而言，一般幼年期，尤其是幼年的针叶类树种生长需要大量的氮肥，到成年阶段对氮元素的需要量减少；对处于开花、结果高峰期的园林植物，要多施磷钾肥；对古树、大树等树龄较长的要供给更多的微量元素，以增强其对不良环境因素的抵抗力。

园林植物的根系往往先于地上部分开始活动，早春土壤温度较低时，在地上部分萌发之前，根系就已进入生长期。因此，早春施肥应在根系开始生长之前进行，才能满足此时的营养物质分配重心，使根系朝纵深方向生长。故冬季施有机基肥，对根系来年的生长极为有利；而早春施速效性肥料时，不应过早施用，以免养分在根系吸收利用之前流失。

2.园林植物种类不同，需肥期各异

园林绿地中栽植的植物种类很多，各种植物对营养元素的种类要求和施用时期各不相同，而观赏特性和园林用途也影响其施肥种类、施肥时间等。一般而言，观叶、赏形类园林植物需要较多的氮肥，而观花、观果类对磷、钾肥的需求量较大。如孤赏树、行道树、庭荫树等高大乔木类，为了使其春季抽梢发叶迅速，增大体量，常在冬季落叶后至春季萌芽前期间施用农家肥、饼肥、堆肥等有机肥料，使其充分熟化分解成宜吸收利用的状态，供春季生长时利用，这对于属于前期生长型的树木，如白皮松、黑松、银杏等特别重要。休眠期施基肥，对于柳树、国槐、刺槐、悬铃木等全期生长型的树木的春季抽枝展叶也有重要作用。

对于早春开花的乔灌木，如玉兰、碧桃、紫荆、榆叶梅、连翘等，休眠期施肥对开花具有重要的作用。这类植物开花后及时施入以氮为主的肥料可有利于其枝叶形成，为来年开花结果打下基础。在其枝叶生长缓慢的花芽形成期，则施入以磷为主的肥料。总之，以观花为主的园林植物在花前和花后应施肥，以达到最佳的观赏效果。

对于在一年中可多次抽梢、多次开花的园林植物，如珍珠梅、月季等，每次开花后应及时补充营养，才能使其不断抽枝和开花，避免因营养消耗太大而早衰。这类植物一年内应多次施肥，花后施入以氮为主的肥料，既能促生新梢，又能促花芽形成和开花。若只施氮肥，容易导致枝叶徒长而梢顶不易开花的情况出现。

3.根据园林植物吸收养分与外界环境的相互关系

园林植物吸收养分不仅取决于其生物学特性，还受外界环境条件如光、热、气、水、土壤溶液浓度等的影响。

在光照充足、温度适宜、光合作用强时，植物根系吸肥量就多；如果光合作用减弱，由叶输导到根系的合成物质减少了，则植物从土壤中吸收营养元素的速度也会变慢。同样，当土壤通气不良或温度不适宜时，就会影响根系的吸收功能，也会发生类似上述的营养缺乏现象。土壤水分含量与肥效的发挥有着密切的关系。土壤干旱时施肥，由于不能及时稀释导致营养浓度过高，植物不能吸收利用反遭毒害，此时施肥有害无利。而在有积水或多雨时施肥，肥分易淋失，会降低肥料利用率。因此，施肥时期应根据当地土壤水分变化规律、降水情况或结合灌水进行合理安排。

另外，园林植物对肥料的吸收利用还受土壤酸碱反应的影响。当土壤呈酸性反应时，有利于阴离子的吸收（如硝态氮）；当呈碱性反应时，则有利于阳离子的吸收（如铵态氮）。除了对营养吸收有直接影响外，土壤的酸碱反应还能影响某些物质的溶解度，如在酸性条件下，能提高磷酸钙和磷酸镁的溶解度；而在碱性条件下，则降低铁、硼和铝等化合物的溶解度，从而也间接地影响植物对这些营养物质的吸收。

4.根据肥料的性质施肥

施用肥料的性质不同，施肥的时期也有所不同。一些容易淋失和挥发的速效性肥或施用后易被土壤固定的肥料，如碳酸氢铵、过磷酸钙等，为了获得最佳施肥效果，适宜在植物需肥期稍前施入；而一些迟效性肥料如堆肥、厩肥、圈肥、饼肥等有机肥料，因需腐烂分解、矿质化后才能被吸收利用，故应提前施用。

同一肥料因施用时期不同会有不同的效果。如氮肥或以含氮为主的肥料，由于能促进细胞分裂和延长，促进枝叶生长，并利于叶绿素的形成，故应在春季植物展叶、抽梢、扩大冠幅之际大量施入。秋季为了使园林植物能按时结束生长，应及早停施氮肥，增施磷钾肥，有利于新生枝条的老化，准备安全越冬。再如磷钾肥，由于有利于园林植物的根系和花果的生长，故在早春根系开始活动至春夏之交，园林植物由营养生长转向生殖生长阶段应多施入，以保证园林植物根系、花果的正常生长和增加开花量，提高观赏效果。同时，磷钾肥还能增强枝干的坚实度，提高植物抗寒、抗病的能力。因此，在园林植物生长后期（主要是秋季）应多施以提高园林植物的越冬能力。

（三）园林植物的施肥时期

在园林植物的生产与管理中，施肥一般可分基肥和追肥。施用的要点是基肥施用的时期要早，而追肥施用得要巧。

1.基肥

基肥是在较长时期内供给园林植物养分的基本肥料，主要是一些迟效性肥料，如堆肥、厩肥、圈肥、鱼肥、血肥以及农作物的秸秆、树枝、落叶等，使其逐渐分解，提供大量元素和微量元素供植物在较长时间内吸收利用。

园林植物早春萌芽、开花和生长，主要是消耗体内储存的养分。如果植物体内储存的养分丰富，可提高开花质量和坐果率，也有利于枝繁叶茂、增加观赏效果。园林植物落叶前是积累有机养分的重要时期，这时根系吸收强度虽小，但持续时间较长，地上部制造的有机养分主要用于储藏。为了提高园林植物的营养水平，我国北方一些地区，多在秋分前后施入基肥，但时间宜早不宜晚，尤其是对观花、观果及从南方引种的植物更应早施。如施得过迟，会使植物生长停止时间推迟，降低植物的抗寒能力。

秋施基肥正值根系秋季生长高峰期，由施肥造成的伤根容易愈合并可发出新根。如果结合施基肥能再施入部分速效性化肥，可以增加植物体内养分积累，为来年生长和发芽打好物质基础。秋施基肥，由于有机质有充分的时间腐烂分解，可提高矿质化程度，来春可及时供给植物吸收和利用。另外，增施有机肥还可提高土壤孔隙度，使土壤疏松，有利于防止冬春土壤干旱，并可提高地温，减少根际冻害的发生。

春施基肥，因有机物没有充分时间腐烂分解，肥效发挥较慢，在早春不能及时供给植物根系吸收，而到生长后期肥效才发挥作用，往往会造成新梢二次生长，对植物生长发育不利。特别是不利于某些观花、观果类植物的花芽分化及果实发育。因此，若非特殊情况（如由于劳动力不足秋季来不及施），最好在秋季施用有机肥。

2.追肥

追肥又叫补肥，根据植物各生长期的需肥特点及时追肥，以调解植物生长和发育的矛盾。在生产上，追肥的施用时期常分为前期追肥和后期追肥。前期追肥又分为花前追肥、花后追肥和花芽分化期追肥。具体追肥时期与地区、植物种类、品种等因素有关，并要根据各物候期的特点进行追肥。对观花、观果植物而言，花后追肥与花芽分化期追肥比较重要，而对于牡丹、珍珠梅等开花较晚的花木，这两次肥可合为一次。由于花前追肥和后期追肥常与基肥施用时期相隔较近，条件不允许时也可以不施。但对于花期较晚的花木类如牡丹等，开花前必须保证追肥一次。

（四）肥料的用量

园林植物施肥量包括肥料中各种营养元素的比例和施肥次数等数量指标。

1.影响施肥量的因素

园林植物的施肥量受多种因素的影响，如植物种类、树种习性、树体大小、植物年龄、土壤肥力、肥料的种类、施肥时间与方法以及各个物候期需肥情况等，难以制定统一的施肥量标准。

在生产与管理过程中，施肥量过多或不足，对园林植物生长发育均有不良影响。据报道，植物吸肥量在一定范围内随施肥量的增加而增加，超过一定范围，随着施肥量的增加而吸收量下降。施肥过多植物不能吸收，既造成肥料的浪费，又可能使植物遭受肥害；而施肥量不足则达不到施肥的目的。因此，园林植物的施肥量既要满足植物需求，又要以经济用肥为原则。

2.施肥量的计算

关于施肥量的标准，有许多不同观点。在我国一些地方，有以园林树木每厘米胸径0.5kg的标准作为计算施肥量依据的。但就同一种园林植物而言，化学肥料、追肥、根外施肥的施肥浓度一般应分别较有机肥料、基肥和土壤施肥低些，而且要求也更严格。一般情况下，化学肥料的施用浓度一般不宜超过1%～3%，而叶面施肥多为0.1%～0.3%，一些微量元素的施肥浓度应更低。

随着电子技术的发展，对施肥量的计算也越来越科学与精确。目前，园林植物的施肥量的计算方法常参考果树生产与管理上所用的计算方法。通过下面的公式能精确地计算施肥量，但前提是先要测定出园林植物各器官每年从土壤中吸收各营养元素的肥量，减去土壤中能供给的量，同时还要考虑肥料的损失。

施肥量=（园林植物吸收肥料元素量-土壤供给量）/肥料利用率

此计算方法需要利用计算机和电子仪器等先测出一系列精确数据，然后计算施肥量。由于设备条件的限制和在生产管理中的实用性与方便性等原因，目前在我国的园林植物管理中还没有得到广泛应用。

（五）施肥的方法

根据施肥部位的不同，园林植物的施肥方法主要有土壤施肥和根外施肥两大类。

1.土壤施肥

土壤施肥就是将肥料直接施入土壤中，然后通过植物根系进行吸收的施肥，它是园林植物主要的施肥方法。

土壤施肥深度由根系分布层的深浅而定，根系分布的深浅又因植物种类而异。施肥时，应将肥料施在吸收根集中分布区附近，才能被根系吸收利用，充分发挥肥效，并引导根系向外扩展。从理论上讲，在正常情况下，园林植物的根系多数集中分布在地下10～60cm深范围内，根系的水平分布范围多数与植物的冠幅大小相一致，即主要分布在冠幅外围边缘垂直投影的圆周内，故可在冠幅外围与地面的水平投影处附近挖掘施肥沟或施肥坑。由于许多园林树木常常经过造型修剪，其冠幅大大缩小，导致难以确定施肥范围。在这种情况下，有专家建议，可以将离地面30cm高处的树干直径值扩大10倍，以此数据为半径、树干为圆心，在地面画出的圆周边即为吸收根的分布区，该圆周附近处即为施肥范围。

一般比较高大的园林树木类土壤施肥深度应在20～50cm，草本和小灌木类相应要浅一些。事实上，影响施肥深度的因素有很多，如植物种类、树龄、水分状况、土壤和肥料种类等。一般来说，随着树龄增加，施肥时要逐年加深，并扩大施肥范围，以满足树木根系不断扩大的需要。一些移动性较强的肥料种类（如氮素）由于在土壤中移动性较强，可适当浅施，随灌溉或雨水渗入深层；而移动困难的磷、钾等元素，应深施在吸收根集中分布层内，直接供根系吸收利用，减少土壤的吸附，充分发挥肥效。

2.根外施肥

目前，生产上常用的根外施肥方法有叶面施肥和枝干施肥两种。

（1）叶面施肥

叶面施肥是指将按一定浓度配制好的肥料溶液，用喷雾机械直接喷雾到植物的叶面上，通过叶面气孔和角质层的吸收，再转移运输到植物的各个器官。叶面施肥具有简单易行、用肥量小、吸收见效快、可满足植物急需等优点，避免了营养元素在土壤中的化学或生物固定。该施肥方式在生产上应用较为广泛，如在早春植物根系恢复吸收功能前，在缺水季节或不使用土壤施肥的地方，均可采用此法。同时，该方法也特别适合用于微量元素的施肥以及对树体高大、根系吸收能力衰竭的古树、大树的施肥。对于解决园林植物的单一营养元素的缺素症，这也是一种行之有效的方法。但需要注意的是，叶面施肥并不能完全代替土壤施肥，二者结合使用效果会更好。

（2）枝干施肥

枝干施肥就是通过植物枝、茎的韧皮部来吸收肥料营养，吸肥的机理和效果与叶面施肥基本相似。枝干施肥有枝下涂抹、枝干注射等方法。

涂抹法就是先将植物枝干刻伤，然后在刻伤处加上含有营养元素的团体药棉，供枝干慢慢吸收。

注射法是将肥料溶解在水中制成营养液，然后用专门的注射器注入枝干。目前已有专用的枝干注射器，但应用较多的是输液方式。此法的好处是避免将肥料施入土壤中的一系列反应的影响和固定、流失，受环境的影响较小，节省肥料。在植物体急需补充某种元素时，用本法效果较好。注射法目前主要用于衰老的古树、大树、珍稀树种、树桩盆景以及大树移栽时的营养供给。

另外，美国生产的一种可埋入枝干的长效固体肥料，通过树液湿润药物来缓慢地释放有效成分，供植物吸收利用，有效期可保持3～5年，主要用于行道树的缺锌、缺铁、缺锰等营养缺素症的治疗。

二、园林植物的其他养护管理

园林植物能否生长良好，并尽快发挥其最佳的观赏效果或生态效益，不仅取决于工作人员是否做好土、水、肥管理，而且取决于能否根据自然环境和人为因素的影响，进行相应的其他养护管理，为不同年龄阶段和不同环境下的园林植物创造适宜的生长环境，使植物体长期维持较好的生长势。因此，为了让园林植物生长良好，充分展现其观赏特性，应根据其生长地的气候条件，做好各种自然灾害的防治工作，对受损植物进行必要的保护和修补，使之能够长久地保持花繁、叶茂、形美的园林景观。同时，管理过程中应制定养护管理的技术标准和操作规范，使养护管理做到科学化、规范化。

（一）冻害

冻害主要指植物因受低温的伤害而使细胞和组织受伤，甚至死亡的现象。

我国气候类型比较复杂，园林植物种类繁多，分布范围又广，而且常有寒流侵袭，经常会发生冻害。冻害对园林植物威胁很大，轻者冻死部分枝干，严重时会将整棵大树冻死。植物局部受冻以后，常常引起溃疡性寄生菌寄生的病害，使生长势大大衰弱，从而造成这类病害和冻害的恶性循环。有些植物虽然抗寒力较强，但花期容易受冻害，影响观赏效果。因此，预防冻害对园林植物正常功能的发挥及通过引种丰富园林植物的种类具有重要的意义。

（二）霜害

在生长季节里，由于急剧降温，水汽凝结成霜使梢体幼嫩部分受冻称为霜害。我国除台湾与海南岛的部分地区外，由于冬春季寒潮的侵袭，均会出现零度以下的低温。在早秋及晚春寒潮入侵时，常使气温急剧下降，形成霜害。一般纬度越高，无霜期越短；在同一纬度上，我国西部无霜期较东部短。另外，小地形与无霜期有密切关系，一般坡地较洼地、南坡较北坡、靠近大水面的较无大水面的地区无霜期长，受霜冻威胁较轻。

在我国北方地区，晚霜较早霜具有更大的危害性。因为从萌芽至开花期，植物的抗寒能力越来越弱，甚至极短暂的零度以下温度也会给幼微组织带来致命的伤害。在这一时期，霜冻来临越快，则植物越容易受害，且受害也越重。春季萌芽越早的植物，受霜冻的威胁也超大，如北方的杏树开花比较早，最易遭受霜害。

针对霜冻形成的原因和危害特点采取的防霜措施应着重考虑以下几个方面：增加或保持植物周围的热量，促使上下层空气对流，避免冷空气积聚，推迟植物的萌动期以增加对霜冻的抵抗力等。

（三）风害

在多风地区，园林植物常发生风害，出现偏冠和偏心现象。偏冠会给园林植物的整形修剪带来困难，影响其功能的发挥；偏心的植物易遭受冻害和日灼，影响其正常发育。我国北方冬春季节多大风天气，又干旱少雨，此期的大风易使植物损失过多的水分，造成枝条干梢或枯死，又称“抽梢”现象。春季的旱风，常将新梢嫩叶吹焦，花瓣吹落，缩短花期，不利于授粉受精。夏秋季我国东南沿海地区的园林植物又常遭受台风袭击，常使枝叶折损，大枝折断，甚至整株吹倒。尤其是阵发性大风，对高大植物的破坏性更大。

尽管由于诸多因素会导致园林植物风害的发生，但通过适当的栽培与管理措施，风害也是可以预防和减轻的。

1.栽培管理措施

在种植设计时，要注意在风口、风道等易遭风害的地方选择抗风种类和品种，并适当密植，修剪时采用低干矮冠整形。此外，要根据当地特点，设置防护林，可降低风速，减少风害损失。在生产管理过程中，应根据当地实际情况采取相应的防风措施。如排除积水，改良栽植地的土壤质地，培育健壮苗木，采取大穴换土、适当深植，使根系往深处延伸。合理修剪控制树形，定植后及时设立支柱，对结果多的植株要及早吊枝或顶枝，对幼树和名贵树种设置风障等，可有效地减少风害的危害。

2.加强对受害植株的维护管理

对于遭受过大风危害,折枝、伤害树冠或被刮倒的植物,要根据受害情况及时进行维护。对被刮倒的植物，要及时顺势培土、扶正，修剪部分或大部分枝条，并立支杆，以防再次吹倒。对裂枝要顶起吊枝，捆紧基部创面，或涂激素药膏促其愈合。加强肥水管理，促进树势的恢复。对难以补救或没有补救价值的植株应淘汰掉，秋后或早春重新换植新植株。

（四）雪害（冰挂）

积雪本身对园林植物一般无害，但常常会因为植物体上积雪过多而压裂或压断枝干。同时，因融雪期气温不稳定，积雪时融时冻交替出现、冷却不均也易引起雪害。在多雪地区，应在大雪来临前对植物主枝设立支柱，枝叶过密的还应进行疏剪；在雪后应及时将被雪压倒的枝株或枝干扶正，振落积雪或采用其他有效措施防止雪害。

第四节 园林植物的保护和修补

园林植物的主干和骨干枝上，往往因病虫害、冻害、日灼及机械损伤等造成伤口，对这些伤口如不及时保护、治疗、修补，经过长期雨水侵蚀和病菌寄生，易造成内部腐烂形成空洞。有空洞的植株尤其是高大的树木类，如果遇到大风或其他外力，则枝干非常容易折断。另外，园林植物还经常受到人为的有意无意的损坏，如种植土被长期践踏得很坚实，在枝干上刻字留念或拉枝、折枝等不文明现象，这些都会对园林植物的生长造成很大的影响。因此，对园林植物的及时保护和修补是非常重要的养护措施。

一、枝干伤口的治疗

对园林植物枝干上的伤口应及时治疗，以免伤口扩大。如是因病、虫、冻害、日灼或修剪等造成的伤口，应首先用锋利的刀刮净、削平伤口四周，使皮层边缘呈弧形，然后用药剂（2%～5%硫酸铜液，0.1%的升汞溶液、石硫合剂原液）消毒。对由修剪造成的伤口，应先将伤口削平然后涂以保护剂。选用的保护剂要求容易涂抹、黏着性好、受热不融化、不透雨水、不腐蚀植物体，同时又有防腐消毒的作用，如铅油等。大量应用时，也可用黏土和鲜牛粪加少量的石硫合剂的混合物作为涂抹剂，如用含有0.01%～0.1%的植物生长调节剂α–萘乙酸涂剂，会更有利于伤口的愈合。①

如果是由于大风使枝干断裂，应立即捆缚加固，然后消毒、涂保护剂。如有的地方用两个半弧形做成铁箍加固断裂的枝干，为了避免损伤树皮，常用柔软物做垫，用螺栓连接，以便随着干径的增粗而放松；也有的用带螺纹的铁棒或螺栓旋入枝干，起到连接和夹紧的作用。对于由于雷击使枝干受伤的植株，应及时将烧伤部位锯除并涂保护剂。

二、补树洞

园林树木由于各种原因造成的伤口长久不愈合，长期外露的木质部会逐渐腐烂，形成树洞，严重时会导致树木内部中空、树皮破裂，一般称为“破肚子”。由于树干的木质部及髓部腐烂，输导组织遭到破坏，因而影响水分和养分的正常运输及储存，严重削弱树势，导致枝干的坚固性和负载能力减弱，树体寿命缩短。为了防止树洞继续扩大和发展，要及时修补树洞。

（一）开放法

如果树洞不深或树洞过大，都可以采用此法。如无填充的必要，可按伤口治疗方法处理。如果树洞能给人以奇特之感，可留下来做观赏，此时可将洞内腐烂木质部彻底清除，刮去洞口边缘的死组织直至露出新的组织为止，用药剂消毒并涂防护剂，同时改变洞形，以利排水。也可以在树洞最下端插入排水管，以后经常检查防水层和排水情况，防护剂每隔半年左右重涂一次。

（二）封闭法

树洞经处理消毒后，在洞口表面钉上板条，以油灰和麻刀灰封闭（油灰是用生石灰和熟桐油以1∶0.35调制，也可以直接用安装玻璃用的油灰，俗称腻子），再涂以白灰乳胶、颜料粉面，以增加美观，还可以在上面压树皮状纹或钉上一层真树皮。

---

① 何方瑶，刘淇．景观建筑艺术与园林绿化工程[M]．延吉：延边大学出版社，2020：104–115.

（三）填充法

填充法修补树洞是用水泥和小石砾的混合物，填充材料必须压实。为便于填充物与植物本质部连接，洞内可钉若干电镀铁钉，并在洞口内两侧挖一道深约4cm的凹槽。填充物从底部开始，每20～25cm为一层，用油毡隔开，每层表面都向外倾斜，以利于排水。填充物边缘不应超出木质部，以便形成层形成的愈伤组织覆盖其上。外层可用石灰、乳胶、颜色粉涂抹。为了增加美观和富有真实感，可在最外面钉一层真树皮。

现在也有用高分子化合材料环氧树脂、固化剂和无水乙醇等物质的聚合物与耐腐朽的木材（如侧柏木材）等材料填补树洞。

三、吊枝和顶枝

顶枝法在园林植物上应用较为普通，尤其是在古树的养护管理中应用最多，而吊枝法在果园中应用较多。大树或古树如倾斜不稳或大枝下垂时，需设立柱支撑，立柱可用金属、木桩、钢筋混凝土材料等做成。支柱的基础要做稳固，上端与树干连接处应有适当形状的托杆和托碗，并加软垫，以免损害树皮。设立的支柱要考虑美观并与环境谐调。如有的公园将立柱漆成绿色，并根据具体情况做成廊架式或篱架式，效果就很好。

四、涂白

园林植物枝干涂白，目的是防治病虫害、延迟萌芽，也可避免日灼危害。如在果树生产管理中，桃树枝干涂白后较对照花期能推迟5天，可有效避开早春的霜冻危害。因此，在早春容易发生霜冻的地区，可以利用此法延迟芽的萌动期，避免霜冻。又如紫薇比较容易发生病虫害，管理中应用涂白，可以有效防治病虫害的发生。再如杨柳树、国槐、合欢易遭蛀虫等树种涂白，可有效防治蛀干害虫。

涂白剂的常用的配方是：水10份，生石灰3份，石硫合剂原液0.5份，食盐0.5份，油脂（动植物油均可）少许。配制时先化开石灰，倒入油脂后充分搅拌，再加水拌成石灰乳，最后放入石硫合剂及盐水。为了延长涂白的有效期，可加黏着剂。

五、桥接与补根

植物在遭受病虫、冻伤、机械损伤后，皮层受到损伤，影响树液上下流通，会导致树势削弱。此时，可用几条长枝连接受损处，使上下连通，有利于恢复生长势。具体做法为：削掉坏死皮层，选枝干上皮层完好处，在枝干连接处（可视为砧木）切开和接穗宽度一致的上下接口，接穗稍长一点，也将上下两端削成同样斜面插入枝干皮层的上下接口中，固定后再涂保护剂，促进愈合。桥接方法多用于受损庭院大树及古树名木的修复与复壮的养护与管理。

补根也是桥接的一种方式，就是将与老树同种的幼树栽植在老树附近，幼树成活后去头，将幼树的主干接在老树的枝干上，以幼树的根系为老树提供营养，达到老树复壮的目的。一些古树名木，在其根系大多功能减迟，生长势减弱时可以用此法对其复壮。

总的来说，园林植物的保护应坚持“防重于治”的原则。平时做好各方面的预防工作，尽量防止各种灾害的发生，同时做好宣传教育工作，避免游客不文明现象的发生。对植物体上已经造成的伤口，应及早治愈，防止伤口扩大。

第五章　园林景观设计发展

第一节　园林景观的发展

一、中国园林景观的发展

园林是人类文明发展到一定阶段的产物。人类从其幼年起，当生存的第一本能得到满足时，便在生存环境的改造实践过程中逐步获得了生理和心理上的美感与愉悦。

中国园林的发展历史悠久，最早可追溯到大约公元前11世纪的奴隶社会末期。在数千年的漫长演进过程中，逐渐形成了极具特点的风景园林体系——中国园林体系。它的演进过程极为缓慢，持续不断，在内容、风格、形式上往往是自我完善的，受外来影响甚微。中国园林可以分为生成期、转折期、全盛期、成熟期四个阶段。

（一）生成期

生成期是园林产生和成长的幼年期，包括商、周、秦、汉。在奴隶社会后期的商末周初，产生了中国园林的雏形，它是一种苑与台相结合的形式。苑是指圈定的一个自然区域，在里面放养众多野兽和鸟类。苑主要作为狩猎、游憩之用，有明显的人工猎物的性质。台是指园林里面的建筑物，是一种人工建造的高台，供观察天文气象和游憩眺望之用。公元前11世纪周文王筑灵台、灵沼、灵囿，可以说是最早的皇家园林。

秦始皇灭诸侯统一全国后，在都城咸阳修建上林苑，苑中建有许多宫殿，最主要的一组宫殿建筑群是阿房宫。苑内森林覆盖，树木繁茂，成为当时最大的一座皇家园林。在汉代，皇家园林是造园活动的主流形式，它继承了秦代皇家园林的传统，既保持其基本特点而又有所发展、充实。这一时期，帝苑的观赏内容明显增多，苑已成为具有居住、娱乐、休息等多种用途的综合性园林。汉武帝时扩建了上林苑，苑内修建了大量的宫、观、楼、台供游赏居住，并种植各种奇花异草，畜养各种珍禽异兽供帝王狩猎。汉武帝听信方士之说，追求长生不老，在最大的宫殿建章宫内开凿太液池，池中堆筑“方丈”“蓬莱”“瀛洲”三岛模仿东海神山，运用了模拟自然山水的造园方法和池中置岛的布局形式。从此以后，“一池三山”成为历来皇家园林的主要模式，一直沿袭到清代。汉武帝以后，贵族、官僚、地主、商人广置田产，拥有大量奴隶，过着奢侈的生活，并出现了私家造园活动。这些私家园林规模宏大，楼台壮丽。在西汉时期，就出现了以大自然景观为师法的对象、人工山水和花草房屋相结合的造园风格。这些已具备中国风景式园林的特点，但尚处于比较原始、粗放的形态。在一些传世和出土的汉代画像砖、画像石和明器上面，我们能看到汉代园林形象的再现，现代旅游景点也纷纷效仿汉代园林景观建筑。

（二）转折期

魏晋南北朝是中国古典园林发展史上的转折期。造园活动普及于民间，园林的经营完全转向于以满足人们物质和精神享受为主，并升华到艺术创作的新境界。魏晋之际，社会动荡不安，士族阶层深感生死无常、贵贱聚变，一些寄情山水、讴歌自然景物和田园风光的诗文涌现于文坛，山水画也开始萌芽。这些都促使知识分子阶层对大自然的再认识，从审美角度去亲近它。人们对自然美的鉴赏，取代了过去对自然所持的神秘、敬畏的态度，从而成为后来中国古典园林美学思想的核心。当时的官僚士大夫虽身居庙堂，但热衷于游山玩水。为了达到避免跋涉之苦，又能长期拥有大自然山水风景的愿望，他们纷纷开始建造自己的私家园林。文人、地主、商人竞相效仿，于是私家园林应运而生。

私家园林特别是依照大城市邸宅而建的宅园，由于地段条件、经济力量和封建礼法的限制，规模不可能太大。那么，在有限的面积里全面体现大自然山水景观，就必须求助于“小中见大”的规划设计。人工山水园的筑山理水不能再像汉代私园那样大规模地运用单纯写实模拟的手法，而应对大自然山水景观适当地加以提炼概括，由此开启了造园艺术写意创作方法的萌芽。例如，在私家园林中，叠石为山的手法较为普遍，并开始出现单块美石的欣赏；园林理水的技巧比较成熟，水体丰富多样，并在园内占有重要位置。这一时期，园林植物种类繁多，并能够与山水配合成为分割园林空间的手段；园林建筑力求与自然环境相协调，一些“借景”“框景”等艺术处理手法频繁使用。总之，园林的规划设计朝着精致细密的方向上发展，造园成为一门真正的艺术。

皇家园林受当时民间造园思潮的影响，典型地再现自然山水的风雅意境取代了单纯地模仿自然界，因而苑囿风格有了明显改变。汉代以前盛行的畋猎苑囿，开始被大量地开池筑山，以表现自然美为目标的园林所代替。

（三）全盛期

唐宋时期的园林在魏晋南北朝所奠定的风景式园林艺术的基础上，随着封建经济、政治和文化的进一步发展而臻于全盛局面。

唐代的私家园林较之魏晋南北朝更为兴盛，普及面更广。当时，首都长安城内的宅园几乎遍布各里坊，城南、城东近郊和远郊的“别业”“山庄”亦不在少数，皇室贵戚的私园大多数崇尚豪华。园林中少不了亭台楼阁、山池花木。这一时期，文人参与造园活动，促成了文人园林的兴起。唐代的皇家园林规模宏大，这反映在园林的总体布局和局部的设计处理上。园林的建筑趋于规范化，大体上形成了大内御苑、行宫御苑和离宫御苑的类别，体现了一种“皇家气派”。

在宋代，由于相对稳定的政治局面和农业手工业的发展，园林也在原有基础上渗入地方城市和社会各阶层的生活，上至帝王，下至庶民，无不大兴土木、广营园林。皇家园林、寺庙园林、城市公共园林大量修建，其数量之多、分布之广，是宋代以前见所未见的。其中，私家造园活动最为突出，文人园林大为兴盛，文人雅士把自己的世界观和欣赏趣味在园林中集中表现，创造出一种简洁、雅致的造园风格。这种风格几乎涵盖了私家造园活动，同时影响到皇家园林。宋代苏州的沧浪亭（文人园），为现存最为悠久的一处园林。宋代的城市公共园林发展迅速，如西湖经南宋的继续开发，已成为当时的风景名胜游览地，建置在环湖一带的众多小园林，既有私家园林又有皇家园林，诸园各抱地势，借景湖山，人工与天然凝为一体。

唐代园林创作写实与写意相结合的手法，到南宋时大体已完成向写意的转化。由于受文人画写意画风的直接影响，园林呈现为“画化”的特征，景题、匾额的运用，又赋予园林“诗化”的特征。它们不仅抽象地体现了园林的诗画情趣，同时深化了园林的意境蕴意，而这正是中国古典园林所追求的境界。唐宋时期的园林艺术深深影响了一衣带水的邻国日本当时的造园风格，日本几乎是模仿中国的造园艺术，出现了盛极一时的园林，如枯山水、书院造庭园、茶庭等。

（四）成熟期

明清园林继承了唐宋的传统并经过长期安定局面下的持续发展，无论是造园艺术还是造园技术都达到了十分成熟的境界，代表了中国造园艺术的最高成就。

与历史相比，明清时期的园林受诗文绘画的影响更深。不少文人画家同时也是造园家，而造园匠师也多能诗善画，造园的手法以写意创作为主导，这种写意风景园林所表现出来的艺术境界也最能体现当时文人所追求的“诗情画意”。这个时期的造园技艺已经成熟，丰富的造园经验经过不断积累，出现了许多理论著作，如明代文人计成所著的

《园冶》。

明清私家园林以江南地区宅园的水平最高，数量也多，主要集中在现在的南京、苏州、扬州、杭州一带。江南是明清时期经济最发达的地区，经济的发达促成地区文化水平不断提高，这里文人辈出，文风之盛居于全国之首。江南一带风景绚丽、河道纵横、湖泊星罗遍布，生产造园用的优质石料，民间的建筑技艺精湛，加之土地肥沃、气候温和湿润、树木花卉易于生长等。这些都为园林发展提供了极有利的物质条件和得天独厚的自然环境。

江南私家园林保存至今有为数甚多的优秀作品，如拙政园、寄畅园、留园、网师园等，这些优秀的园林作品如同人类艺术长河中熠熠生辉的珍珠。江南私家园林以其深厚的文化积淀、高雅的艺术格调和精湛的造园技巧在民间私家园林中占有首席地位，成为中国古典园林发展史上的一个高峰，代表着中国风景式园林艺术的最高水平。

清代皇家园林的建筑规模和艺术造诣都达到了历史上的高峰境地。乾隆皇帝六下江南，对当地私家园林的造园技艺倾慕不已，遂命画师临摹绘制，以作为皇家建园的参考，这在客观上使得皇家园林的造园技艺深受江南私家园林的影响。但皇家园林规模宏大，是绝对君权的集权政治的体现。清代皇家园林造园艺术的精华几乎都集中于大型园林，尤其是大型的离宫御苑，如堪称三大杰作的圆明园、颐和园（清漪园）、承德避暑山庄。

随着封建社会的由盛而衰，园林艺术也从高峰跌落至低谷。清乾隆、嘉庆时期的园林作为中国古典园林的最后一个繁荣时期，它既承袭了过去全部的辉煌成就，也预示着末世衰落的到来。到咸丰、同治以后，外辱频繁、国事衰弱，再没有出现过大规模的造园活动，园林艺术也随着我国沦为半殖民地半封建社会而逐渐进入一个没落、混乱的时期。

二、国外园林景观的发展

就全世界而言，景观设计有三大起源，即中部文明（起源美索不达米亚）、东部文明（起源印度、中国、日本和东南亚）和西部文明（起源埃及）。这些景观设计的风格虽然在一定程度上有些相互借鉴和影响，但从整体上来说都自成体系。虽然从1700年起，各种文明的交流与混杂已十分普遍，文化间的传播与世界大同已成为一种趋势，但建筑设计全球化的过程并不十分迅速，仍较多地保留了各自的文化特征。因此，我们对世界上其他区域园林景观的学习，也成为景观研究的一个重要部分。

（一）古埃及的景观设计

位于西非的古埃及几乎是欧洲文明的发源地。不管是建筑、景观还是其他文化现象，古希腊罗马都在用不同的方式把其本土文化现象融入其中，并与其融合，从而丰富了自己的文化内涵。

古埃及是人类文明最早的发源地，其文明史可上溯至公元前4000多年。贯穿南北的尼罗河是古埃及文明的摇篮，每年定期泛滥的尼罗河，肥沃了下游的平原地区，也孕育了灿烂的古埃及文化。由于地理原因，埃及少有广袤的森林，加之气候的炎热、阳光的暴烈，埃及人很早就开始重视人工种植树木和其他植物，这使得埃及人的园艺技术发展得很早。埃及的本土植物主要有棕榈、无花果、葡萄、芦苇等。

埃及人居住的房屋大多是低矮的平顶屋，富人的住宅周边有精致的庭院。在底比斯第十八王朝的陵墓中，可以看到描绘这种庭院的绘画，庭院中有矩形蓄水池，池旁还有凉亭供人休息，树木大多成行种植，在庭院中心处还有成排的拱形葡萄架。整个庭院基本上采取规则的几何形对称布局，其中水池是庭院中必不可少的，水池中还种有水生植物，饲养着水禽和鱼类，这可能和古埃及炎热的气候有关。在埃及仍然残留的文化遗迹中，最为雄伟壮观的当数金字塔这类大型的人类景观构筑物。在古埃及哲学中，法老的身体中有着永恒和现实之间的精神纽带，在法老的陵墓建设中，巨大的类似山岳的人土砌体便是这种精神纽带的物质体现。

在三角洲和第二大瀑布之间的尼罗河形成了超越自然的连续直线型景观，巨大的人工构筑体和稳定涨落的尼罗河水共同形成了埃及人心目中永恒的秩序，这一切都成为埃及文明存在的最可靠的证据。金字塔多采用简洁的几何体形，其中吉萨金字塔群可以说是最为简洁的。金字塔的入口处理渲染出浓重的神秘气氛，封闭、狭窄、漫长而黑暗，但穿过入口狭道进入阳光灿烂的院子后，巨大的金字塔前端坐着的帝王雕像给人心理感受上的反差极大。

金字塔建筑实际的使用空间是很小的，其真正的艺术感染力在于原始的人造体量和周边环境形成的尼罗河三角洲的独特风光。这种简洁的造型和埃及人对于山岳等自然景观的崇拜有关。从现代景观的设计思维去分析，在这样大尺度的高山大漠之中，巨大的、简洁的体形能够形成独特性和协调性的统一。

（二）两河流域的景观设计

在古代埃及文明发展的同时，幼发拉底与底格里斯两河流域的美索不达米亚文明也在兴起。两河上游山峦重叠，人们在那里学会了驯化动物、栽培植物，并且开始将聚居区从山区迁往两河流域。与埃及的尼罗河周期性地泛滥不同，幼发拉底河与底格里斯河给苏美尔人头脑中留下深刻印象的是洪水泛滥的不确定。自然环境的不安全和不可预见使美索不达米亚人的人生观带有恐惧和悲观的色彩。他们自己试图努力消除这种恐惧和不安全感，汉谟拉比法典是当时最为杰出的一部法典，目的便是让人们在令人不安的自然环境中能够体验到一丝来自社会和人类自身的稳定和秩序。同样，苏美尔人也在不断地改善自然环境，他们组织起来进行水利建设，这种组织超越了原有的家庭或村庄单位，从而促进了城邦的形成。而后分散的城邦又结合成单一的帝国，建都于巴比伦。两河流域的气候及地理条件和埃及不同，对环境的改造方式也有所不同。埃及的自然环境不适于森林生长，很多绿地景观都是人为建设的，形态是规则的。而两河流域的植被相当多样和发达，人们崇拜较为高大的植物。我们从亚述帝国时代的壁画和浮雕上可以看到当时较为盛行的猎苑，这是一种以狩猎为主要目的自然林区。山冈上建有各式各样的建筑——宫殿、神殿等，有成片的松树和柏树。此外，亚述王朝还从国外引进了雪松、黄杨和南洋杉等植物种类。

说到美索不达米亚地区的景观，不得不谈谈巴比伦的空中花园。新巴比伦城是公元前7世纪至公元前6世纪在原巴比伦城基础上扩建而成的。整个城市横跨幼发拉底河，厚实的城墙外是护城河，城内中央干道为南北方向，城门西侧就是被誉为世界七大奇迹之一的空中花园。空中花园的现存资料很少，我们只能从后人的推测和文字记载中对这一奇迹进行了解。空中花园建于公元前3世纪，整个花园是建在一个台地之上，高23m或更高，面积约1.6hm^2，每边为120m左右，台地底部有厚重的挡土墙，厚墙的主要材料是砖，外部涂沥青，可能是为了防止河水泛滥时对墙的破坏。在台地的某些地方采用拱廊作为结构体系，柱廊内部有功能不明的房间。整个台地被林木覆盖，远处看去就像自然的山丘。今天，空中花园的遗址已经无处可寻，但仍可以看到美索不达米亚文明另外一个壮观的文明遗址——乌尔山月台。前面提到两河流域的居民是从山地迁移来的，他们认为雄伟的山岳支撑着天体。山岳台就是这种类似山体的高台建筑，有坡道和阶梯通达台顶。

（三）古希腊的景观设计

1954年，在维也纳召开的世界园林联合会上，英国园林学家杰里科认为：世界园林史上的三大景观原动力是中国、古希腊和西亚。古希腊是欧洲文明的发源地，不仅孕育了古希腊的科学和哲学，其建筑和其他艺术还影响到整个欧洲甚至全世界。古希腊特有的地理条件和人们开放的胸怀，使之兼收古埃及和美索不达米亚的文明，并最终形成以爱琴海文化为核心的古希腊文明。

克里特岛位于地中海东部，是爱琴海文化的典型代表，其地理位置对于商业贸易来说极为理想。公元前3世纪初叶，来自小亚细亚的外来移民迁到了这个盛产鱼、水果和橄榄油的岛屿，并随之带来了两河流域的文化。历史学家认为：“克里特岛人和外界的距离是近的，近到可以受到美索不达米亚和埃及的各种影响；然而同时也是远的，远到可以无忧无虑地保持自己的特点。这使他们获得了极大的成功，也使克里特岛的文明成为古代社会最优美、最有特色的文明。这种特色从建筑中也可看出，克里特岛的建筑是敞开式的，面向景观，并建有美丽的花园，显示出和平时代的特点。科诺索斯城的王宫规模宏大，估计是几个世纪里陆续建成的，除了国王的宫殿、起居室，还有众多仓库和手工业作坊。在城市里，克里特人安装了巧妙的给排水系统。雨季时，雨水顺利地通过下水道流走，下水道的入口很大，足够工匠进去检修。”

与克里特岛相比，爱琴海文化的另一个代表地就是迈锡尼，它更加军事化，其中最多见的建筑形式是军事堡垒。在希腊地区，由于没有丰富的自然资源，也没有肥沃的沉积平原，无法进行高效率的农业生产，地理条件的制约使它不能采取和埃及、中国一样的方式进行农业发展。于是，希腊的发展进程没有将原来的村落形态打破，倒是出于防卫的需要，很多村落建在易于防卫的高地附近。这种村落不断地扩大，就演变成“城邦”。所以，与埃及、西亚完全不同，我们看到的希腊人工景观遗址多是“卫城”。

（四）古罗马的景观设计

古罗马在奴隶制国家历史当中显得格外辉煌，它的城市规划、建筑、景观比起以往有了巨大的发展，所有这些都成为丰富的文化遗产。奥古斯都的军事工程师维特鲁威所著的《建筑十书》是当时建筑技术发展的证明。《建筑十书》总结了罗马共和国之前在建筑设计、工程技术和建筑机械方面的成就和经验，阐述了建筑科学的基本理论，主张一切建筑物都应当恰如其分地考虑“三要素”，即坚固、实用、美观，提出建筑物“均衡”的关键在于它的局部。该书还为后人了解西方古代建筑技术与风格提供了宝贵的资料，也是考古学家的重要参考书。从内容的科学性而言，《建筑十书》提出了建筑科学的基本内涵及其理论，从而奠定了欧洲建筑科学的基本体系。

在罗马全盛期，有数千座城市在其领土上，形成了各种各样的城市景观。古罗马城是帝国时期最伟大的城市，占地2023hm^2。人口一度超过100万，人口密度很大，这样的规模在当时是非常少见的。城市里的贫富差距也极大，穷人居住在拥挤的房屋里，没有任何卫生设备，街道上没有照明设备。富人大多有自己的别墅，有精心设计的庭院。在考勒米拉所著的《林泉杂记》中，描述了他在卡西努姆别墅的情况，有小桥流水，河中有小岛，岸边有整洁的园路，极富自然情趣。建筑物有书斋、禽舍、柱廊等。古罗马庭院植物多用马鞭草、罂粟、水仙等，在庭院中还大量地建有喷泉和设计精巧的雕塑。

兰奇阿里教授认为，奥古斯都对罗马的城市做了初步规划，把罗马分为四个区域：建筑物密集的地区为第一地带；在其外围是建筑物稍少，但有充分余地可供建造庭院的第二地带；能建造更大住宅，地处都市外缘的别墅地带是第三地带；第四地带则是可供建造大型别墅所用的地带。在第四地带，兴建了很多富豪官僚、诗人学者的别墅。

全罗马城共有11条给水管道，大多数是供应有钱人的别墅、公共浴池和喷水池。古罗马诸多给排水工程中最引人注目的是大型输水道，古罗马时期在法国普罗旺斯省境内建起的加尔大桥是三层拱桥形输水道，长274m，水槽高出河面48m，是50km长的输水道的一部分。这座大桥将水以1：3000的坡度引向尼姆斯，整个大桥用方石砌成。虽然体量庞大，但运用了拱券技术，使大桥轻盈地跨过了山谷。尽管这座大桥不能作为主要观赏性的建筑，但其有一种无可比拟的美感。

古罗马时期，广场建筑是城市建筑的一项重要内容。古代罗马广场的发展经历了由单纯开垦到具有完全封闭空间的过程。广场的最初功能是买卖和集众，偶尔也作为体育活动场地。在《城市发展史》中，刘易斯·芒福德曾写道："庙宇无疑是罗马广场最早的起源和最重要的组成部分，因为自由贸易所不可缺少的'市场规则'，是靠该地区本身的圣地性质来维持的。"维特鲁威在《建筑十书》中就已经提出了广场设计的若干准则。例如，广场的尺度需要满足听众的需要，可以将广场设计为长宽比为1∶12的长方形。柱廊、纪功柱、凯旋门将古罗马的广场装扮得富丽堂皇，广场集中体现了那个年代严整的秩序和宏伟的气势。罗马市中心的广场群就是这样一个空间，它充分利用柱廊、纪功柱、凯旋门等元素，塑造了威严的气氛，成为营造帝王个人崇拜的场所。

（五）中世纪欧洲的景观设计

公元330年，罗马皇帝君士坦丁将都城迁至东部的拜占庭，并命名为君士坦丁堡。公元395年，罗马分裂为东西两个帝国，西罗马帝国定都拉文纳（Ravenna），后为日耳曼人所灭；东罗马帝国以君士坦丁堡为中心，几经盛衰，1453年为土耳其人所灭。在漫长的中世纪，不仅人类文明发展的进程受到严重阻碍，而且磨灭了许多古代文明。有人称这个时期为"黑暗的年代"。

因为人类发泄感情的渠道非常狭窄，反而有利于中世纪的城市建设和环境景观的建设。尽管因国、因地而异，但中世纪欧洲的景观设计整体水平仍在不断提高。从单体建筑上看，中世纪的欧洲诞生了两个著名的建筑风格——拜占庭和哥特风格。单就这两种建筑风格，已经足够改变欧洲的城市风貌了。就城市整体环境而言，中世纪的城市形成了与古罗马情趣各异的城市景观，就像阿尔贝蕾所说的："中世纪的街道像河流一样，弯弯曲曲，这样较为美观，避免了街道显得太长，城市也显得更加有特色，而且遇到紧急情况时也是良好的屏障，弯曲的街道使行人每走一步就看到不同外貌的建筑物。这种城市的情趣的确是古希腊和古罗马城市无法比拟的。"这种情景的出现得益于人们把建筑、环境、规划设计作为宣泄个人情感的唯一渠道。同样的情景发生在景观建设之上，则形成了欧洲中世纪自由、和平和宁静的景观风貌。刘易斯·芒福德描述了当时城市绿地和公园中那种惬意的气氛："中世纪城镇可用的公园和开阔地的标准远比后来任何城镇都要高，包括19世纪浪漫色彩的郊区。这些公共绿地保持得很好，像英格兰中部小城莱切斯特，后来就成为能与皇家苑囿媲美的公园……人们在屋外玩球、参加赛跑、练习射箭。"很明显，中世纪的许多小镇都在发展规模与环境质量之间取得了很好的平衡。但不断增长的人口密度与城市扩张，最终打破了这种平衡。

（六）文艺复兴时期的景观设计

文艺复兴运动是14世纪兴起于意大利、15世纪以后遍及欧洲的，资产阶级在思想文化领域中反封建、反宗教神学的运动，16世纪达到巅峰，揭开了近代欧洲历史的序幕，促进了希腊罗马古典美学的再生。人文主义思想是文艺复兴运动的核心，强调维护人的尊严，主张自由、平等和自我价值的实现，在激发人们研究自然现象的热情的同时，也改变了人们对自然和世界的认识。

在人文主义思想、文化、艺术、建筑等影响下，文艺复兴时期意大利风景园林设计的风格也变得更加自由和灵活，追求静谧、隐逸、亲切的生活意趣。16世纪中期，意大利的造园活动兴盛，手法日趋成熟，揭开了西方近代风景园林艺术发展的序幕。文艺复兴时期，意大利园林的空间布局方式和造园要素继承了古罗马时期郊野别墅花园的特征。例如，古罗马哈德良山庄依据地形变化布局建筑和园林的方式，以及轴线控制手法、餐园等水景的表达方式、修剪整齐的植物等。古罗马学者老普林尼在《自然史》中曾有如此表述："柏树经过修剪成为厚厚的墙，或者收拾得整齐、精致，园丁们甚至用柏树表现狩猎的场景或舰队，用它的常绿的细叶模拟真实的对象。"这种对称式的布局，以及喷泉、雕塑、修剪整齐的植物等均在意大利文艺复兴时期的园林中得以继承和发展，以体现古典美学的复兴。

同时，文艺复兴时期的园林也从一个侧面反映了当时人们的审美理想。毕达哥拉斯和亚里士多德均将美等同为和谐，而和谐的内部结构即为对称、均衡和秩序，对称、均衡和秩序可以用简单的数和几何关系来加以确定。古罗马建筑理论家维特鲁威和文艺复兴时期的建筑理论家阿尔伯蒂均将这样的美学观点视为建筑形式美的基本规律，而园林作为建筑构图的延续，其布局自然而然地被几何等数学关系所影响，体现出构图的明确、比例的协调和形式的匀称。

文艺复兴时期的意大利园林还反映了人对自然的态度是积极进取的，是勇于改造的。文艺复兴关于人文主义思想的强调，肯定了人的能动性和创造性，如朗特别墅。朗特别墅的布局规整而方正，依山就势开辟4层台地，中轴明确，严格对称，12块模纹花坛环绕中央方形水池，主体建筑分列中轴线的两侧，空间宽敞而明亮。作为意大利文艺复兴园林发展到鼎盛时期的代表，朗特别墅的造园特征继承了古罗马园林的特点，也体现出了人文主义者的审美意趣，即在均衡秩序下对自然要素的人工化再现。例如，朗特别墅以水景为序列构成了中轴线上的视觉焦点，将山泉汇聚成河并流入大海的过程加以提炼和艺术加工，并再现于园林中。山泉汇集于全园制高点的水源，绿荫环绕，苔藓依附。山泉水自八角形泉池喷涌而出，顺着水阶梯逐级跌落，水声叮咚，宛如高山流水的吟唱，诉说着山林水泽间的神话，也烘托了园中愉悦欢乐的气氛。位于三层台地的"水餐桌"以水渠的形式呈现，象征着自然界的河流，泉水汩汩，杯盏晃动，邀朋唤友，开怀畅饮，吟诗作赋，似有曲水流觞般的诗意，也反映出庄园主人追求自由、隐逸生活的审美意趣。最后，或奔涌、或流淌、或跌宕的流水汇集到底层台地的中心水池，明亮宽敞，光洁而平静，恰似奔流入海，逐渐归于平静，并以“四青年喷泉”作为景观的高潮，结束了这曲自然的乐章。朗特别墅庄园中各种形态的水景动静有致，变化多端又相互呼应，并结合了阶梯及坡道的变化，使得中轴线上的景观既丰富多彩又和谐统一，将隐喻了自然元素的水景优势发挥得淋漓尽致。同时，沿中轴线布置的建筑和修剪整齐的刺绣植坛也体现了文艺复兴时期的人文主义特征，即浪漫的理想必须包含在严谨的、规则的布局形式中。此外，设计师还尝试将自然中的森林景观再现于园林中，使之成为园林的重要组成部分，如朗特别墅中的丛林景观。自然式种植的植物与别墅花园严谨、平整的布局形成了鲜明的对比，成为建筑、园林与自然环境之间的过渡。

总之，文艺复兴时期意大利园林的总体布局是规整且严格对称的，建筑与自然环境通过园林中的廊架、喷泉、植物、丛林等元素相互渗透，既具有人工性又具有自然性。此时的风景园林被视为建筑与自然之间的“折中与妥协”，是协调两者关系的媒介。这一时期的风景园林蕴含的气氛是宁静、祥和的，介于法国古典主义园林与英国自然风景园之间。它不仅为人们的生活及享乐服务，还展现了人们的审美理想，对自然的欣赏与热爱，以及对隐逸生活的渴望。16世纪末17世纪初，人文主义文化逐渐衰退，意大利风景园林设计在经历了“手法主义”的无拘无束、独特新颖的艺术潮流和巴洛克装饰风格的影响之后，逐渐呈现一种追新求异、自由奔放、装饰繁复的倾向。

（七）英国的景观设计

15世纪以前，英国园林风格比较朴实，以大自然草原风光为主。16、17世纪，受意大利文艺复兴的影响，一度流行规整式园林风格。18世纪由于浪漫主义思潮在欧洲兴起，出现了追求自然美，反对规整的人为布局。中国自然式山水园林被威廉·康伯介绍进来后，英国一度出现了崇尚中国式园林的时期。直至产业革命后，牧区荒芜，在城郊提供了大面积造园的用地条件才发展出英国自然式风景园。

英国风景园有自然的水池、略有起伏的大片草地，道路、湖岸、树木边缘线采用自然圆滑的曲线，树木以孤植、丛植为主，植物采用自然式种植，种类繁多，色彩丰富，经常以花卉为主题，并且有小型建筑点缀其间。小路多不铺装，任人在草地上漫步运动，追求田园野趣。园林的界墙均隐蔽处理，过渡手法自然，并且把园林建立在生物科学基础上，发展成主题性园林，如岩石园、高山植物园、水景园、沼泽园，或是以某种植物为主题的蔷薇园、鸢尾园、杜鹃园、百合园、芍药园等。

（八）19世纪的景观设计

19世纪看起来是很复杂的时代。在法国大革命和启蒙运动的影响下，社会发生了变化。一些自然科学，如地质学、生物学和化学飞速发展；大机器的生产开始逐渐给社会结构带来改变；人类与自然之间的关系发生了微妙的变化；一些反叛传统体制的思想也慢慢地滋生。

18世纪后期，随着世界贸易的迅猛发展、旅游热潮的兴起，引起了各国人民对美好生活的向往，同时，在欧洲兴起了一股在园林设计中追求异国情调的潮流。在此之前，无论是意大利的文艺复兴式园林、法国的巴洛克式园林、17世纪英国那些布满大草坪和卵石步道的园林，还是布朗式的经过精心设计的公园，都很少会大量地运用花卉植物。但随着园艺科学发展的成熟，园林里出现了很多形态各异的花卉，这种花园式的景观要求设计者对植物的维护和特性有足够的专业知识。于是，以前大量由建筑师、画家、知识分子等业余爱好者来担任的景观设计师，这时就迫切需要更专业的园艺师去补充。

我们在追寻外国风情时，也要谈到中国园林风格对欧洲的影响。18世纪中叶，英国人威廉·钱伯斯作为赴中国的政府考察团成员，在考察期间被中国的艺术风格深深地折服了。回国后，他写了大量介绍中国艺术的文章，这些文章对后来“中国风”的兴盛起到非常关键的作用。在此之前，另一个英国人威廉·坦普尔爵士在其《伊壁鸠鲁的花园》一书中就曾对中国园林大加赞赏。他这样写道：“在那个国度，人们的思维具有同欧洲人一样的广度……他们嘲笑我们的道路和植物种植就像士兵在操练一样，一个紧挨着一个，并保持严格的间距。他们能将想象力发挥到极致，他们知道哪儿最美，哪儿的形态打眼，根本用不上任何的次序、局部的部署，而且很容易就达成。尽管我们搜尽全部有关美的理论，也不能发现这种美。他们有一句话来表达这种感觉——第一感觉好的东西，其必然有内在的形式……”到了18世纪的英国，中国成了一个幻想名词。在这些建筑中，“中国塔”成为中国风格的象征，钱伯斯本人也曾亲自设计过中国塔。

第二节 景观设计的发展与内容作用

一、现代景观设计的产生与发展

（一）现代景观设计的产生

19世纪，西方城市的工业化进程非常快，也使得城市的居住环境急剧恶化。在《城市发展史》中，刘易斯·芒福德详细地描述了当时欧洲的城市面貌："一个街区挨着一个街区，排列得一模一样。街道也是一模一样，单调而沉闷。胡同里阴沉沉的，到处是垃圾，到处都没有供孩子游戏的场地和公园。当地的居住区也没有各自的特色和内聚力。窗户通常是很窄的，光照明显不足。某些收入较高的人住在较为体面的居住区里，也许住在一排排的住房中，或者住在半独立的住宅里，宅前有一块不太干净的草地，或者在狭窄的后院有一棵树，整个居住区虽然干净，但是有一种使人厌烦的灰色气氛。比这更为严重的是城市的卫生状况极为糟糕，缺乏阳光，缺乏清洁的水，缺乏没有污染的空气，缺乏多样的食物。"

随着都市聚居环境的恶化，郊区和乡间村镇成为人们心中理想的居住环境，在那里可以呼吸新鲜的空气，享受家庭生活，可以钓鱼、聚会、散步。如何改善城市生活环境，防止大批市民涌向农村，真正维持城郊平衡与稳定、持久的结合，已成为城市规划学者们迫切需要解决的难题。

在《明日的花园城市》中，霍华德将"有机体或组织的生长发展都有天然限制"的概念引入了城市规划中。在城市的成长过程中，他认为，要从人口、居住密度、城市面积等多方面进行限制，设置足够多的公园和私家花园，在城市四周形成一圈永久的农田绿带，形成城市与郊区的永久结合，使城市成为生物体一样，可以协调、平衡、独立自重。而在美国，城市开放空间正在减少，郊外的自然景观对城市居民有同样的吸引力。19世纪中期，城市居民到城郊墓园游玩已成为一种时尚。美国园林创立者唐宁说："这些陵园对市民的吸引，就是它们内在的美丽，以及用艺术手段协调地把它们组合在一起……这风景具有一种自然与艺术的统一魅力。"

对于郊外景象的向往，他表示想逃离工业城市，并打破美国城市方格网道路模式。他在新泽西公园规划中设计了自然型的道路，住宅处于植被当中，住宅区中建有公园。这种所谓的城市——乡村连续体，对20世纪现代景观设计产生了很大的影响。

奥姆斯特德是美国现代园林的创立者，他是19世纪自然主义运动的先驱。他的风景园林设计实践，已由试验初步设想阶段转变为有决定性意义的新课题。纽约中央公园，由奥姆斯特德与英国建筑师沃克斯共同设计，100多年来，已经成为纽约城中的一块绿洲，为城市提供了广阔的绿色空间和休闲空间。从那以后，中央公园开始受到公众的欢迎，美国将公园建设作为一项公共服务，以促进城市经济、提供自然景观，并发展了城市公园运动，奥姆斯特德成为该运动的领导者。

从总体上看，欧美城市公园运动是近代园林设计的开端，公园已不再是服务于小众，而成为一种对城市具有重要意义的新景观。这要求景观设计必须考虑更多的因素，包括功能与使用、行为与心理、环境艺术与技术等。对于景观设计的研究也不仅仅是停留在风格、流派以及细部的装饰上，而是更强调其在城市规划和生态系统中的作用。

（二）现代景观设计的发展

国外风景园林学科一直是一门独立的学科，而我国园林学主要是依靠传统园林，处于农林、建筑、规划、文学等学科中，发展缓慢。景观设计含义和研究范围模糊不清，经常被人们误解。仅LandscapeArchitecture一词的译名就有十多种，概念混淆不清。毋庸置疑，现代景观设计是在传统的园林园艺基础上发展而来的，但其与传统园林园艺有很大不同。

现代景观设计是大工业化、城市化和社会化的产物，是在现代科学技术基础上成长发展起来的。它所关注的对象已经扩展到人居环境，甚至是人类的生存问题，其广度和深度远远超出了传统风景园林的范畴。20世纪末，景观生态学、可持续发展的理念被引入景观设计行业，突出说明了人与自然环境之间的矛盾日益紧张。曾经一度，人类一味只想征服自然。但是，在取得辉煌成就的同时，也给自身带来了很多困扰。经济水平提高了，却破坏了自然环境，使生活质量下降，人们开始意识到自然环境的重要性。我们所有的生活资料、生产资料等都来源于自然环境。如果说哪一天自然因破坏而消失，人类也将无法生存。这也从一个方面阐明了景观设计行业在全世界范围内迅速发展的原因。在美国，景观设计被评为21世纪发展最热、人才最紧缺的行业之一。在中国，景观设计行业也有着强大的生命力和发展市场。近年来，中国经济迅猛发展，其建设规模和速度都是前所未有的，但城市化严重、人口密度高、环境污染也成了很明显的负面问题。这些都为景观设计行业提供了新的机遇。

21世纪景观设计涉及国土资源、城市风貌保护、历史文化、生态旅游、休闲度假、大学校园、高技术产业园区、公共园林、城市道路系统、居住区环境等方面，规划建设了一系列环境，社会需求广泛，专业前景十分乐观。但是，我国景观设计学科的发展却让人担忧，概念和学科设置混乱不清，学科理论难以深入，专业实践缺乏让人满意的设计实例。在美国，景观设计师注册制度早已实行。仅在过去的5年中，平均每年就有1000多人获得注册景观设计师资格证。目前，全美的注册景观设计师已近两万人，而景观设计师注册制度现今仍未在中国实施。

二、景观设计的内容

在我国，景观设计所蕴含的内容涉及美术、建筑、园林和城市规划等专业。景观设计最通俗的解释就是美化环境景色。可以说，景观设计是以塑造建筑外部的空间视觉形象为主要内容的艺术设计。这是一个综合性很强的环境系统设计：它的环境系统是以园林专业所涵盖的内容为基础；它的设计概念是以城市规划专业总揽全局的思维方法为主导；它的设计系统是以美术与建筑专业的构成要素为主体。

（一）以园林为基础的环境系统

人类同自然环境和人工环境是相互联系、相互作用的。园林学是研究如何合理运用自然因素（特别是生态因素）、社会因素来创建优美的、生态平衡的人类生活境域的学科。因此，将景观设计建立在以园林学为基础的环境系统上，是符合景观设计基本概念的。园林是通过筑山、叠石、理水、绿化、建筑、道路、雕塑等，在一定的地理境域内，运用工程技术和艺术手段创造美丽的环境。园林的环境系统是以土地、水体、植物、建筑这四种基本要素构成的。在这四种要素中，前三种原本属于自然环境的范畴，在经过人为的处理后，形成了造园的专门技艺，从而使其转化为人工环境。而后一种要素，即建筑，本身就是人工环境的主体。

园林有其悠久的历史，作为一门专门研究园林技术与艺术的学科，园林学在近代才产生。由于社会环境的影响，东西方的文化传统呈现出不同的形态。园林也由此产生出东西方的差异。东方古典园林以中国为代表，崇尚自然，讲究意境，从而发展出山水园；西方古典园林则以意大利台地园和法国园林为代表，以建筑的概念出发追求几何图案美，从而发展出规整园。

近现代城市化步伐的加快，人工建筑对自然环境的破坏，使人们越来越注重自然与人工环境的平衡，园林因其自然要素占有绝对优势，迅速成为城市规划体系的一部分。在现代城市规划和设计中，以绿化为主导，协调城乡发展的大地景观理念，使之能够有计划地进行城市园林绿地系统的建设。

我们在这里所讲的景观设计，也正是建立在城市规划体系之上的。它的设计虽然涉及建筑、园林、美术等艺术门类，但其基本的环境系统要素却是构成园林专业的基础要素，只不过景观设计的特定区域性更强。一般来讲，景观设计是以建筑组成的特定环境为背景（如广场、街区、庭院），有一个标识性强的主体艺术品作为该环境的中心，而形成的具有一定审美意趣可供观赏的人工风景。因此，景观设计是以协调主体观赏点与所处环境的关系为主旨的。它研究的内容并不是环境系统本身，而只是以园林专业的基础要素作为自己的环境系统。

（二）以城市规划为主导的设计概念

景观设计既然是一门涉及面极广的设计学科，那么它的设计必然是建立在自己环境系统之上的总体综合性系统概念。要树立起这样的设计概念，显然不能以一般造型艺术的设计方法作为立意的出发点。由于园林设计中具有高度标识性的主体性艺术作品，往往以协调环境中实体和虚形的关系为砝码。只有单体造型能力，但缺乏总体环境意识，是很难做好景观设计的。因此，了解城市规划专业的一般知识，以城市规划设计的概念去主导景观设计，就成为设计概念确立的重要环节。

城市的发展是人类居住环境不断演化的过程，是人类有意识、无意识，有计划、无计划地安排生活环境的过程。在古代也有不少城市规划的典范，如古罗马的罗马城、中国明清的北京城。但是，城市规划学科的形成则是在工业革命之后。大工业的建立使农业人口迅速向城市集中。城市的规模在盲目的发展中不断扩大，由于缺乏统一的规划，使得城市居住环境日益恶化。在这样的形势下，人们开始从各方面研究对策，从而形成了现代的城市规划学科。城市规划理论、城市规划实践、城市建设立法成为构成现代城市规划学科的三个部分。

就建筑学科的各个范畴来看，城市规划是一门比较宏观的专业，也是一个发展中较年轻的专业，许多问题在学术界还没有定论，尤其是在出现了超大城市集团群落的当代。城市规划专业更多的是探讨研究课题，以求能够解决实际问题。于是，城市布局模式、邻里和社会理论、城市交通规划、城市美化和城市设计、城市绿化、自然环境保护与城市规划、文化遗产保护与城市规划等课题，就成为构成现代城市规划设计的全部内容。

从城市规划所包含的内容来看，更多的是属于总体性的战略宏观设计问题，虽然也有涉及实物的具体详细规划，但从城市规划设计的具体运作方式来看，规划设计部门所扮演的主要是政府的政策性宏观调控作用，很难直接影响到对建筑物、街道、广场、绿化、雕塑等具体要素的造型设计协调。这类工作往往由建筑师、园艺师、市政工程师承担，由于现代城市的庞大尺度以及城市功能、建筑功能的日趋复杂，这些专业设计师往往自顾不暇，远不能深入具体的环境景观设计中。建筑内外、建筑与建筑、建筑与道路、建筑与绿化、建筑与装饰之间的空间过渡部分几乎处于设计的空白。在环境景观设计中，只有将城市规划理念作为主要设计理念，才有可能承担起环境美化的责任，将那些缺失的边缘空间加以处理。

（三）以美术和建筑作品为主体的设计系统

景观设计往往把具有强烈识别力的造型实体作为设计的主体。因此，在某一特定环境区域，常常是把艺术品和建筑的构成元素作为环境的主体，同时在环境系统的空间构图、尺度比例尺、色彩肌理等方面注重与周围景观的协调。这样就形成了完整的景观设计体系。

美术和建筑同属于空间造型艺术。美术亦称“造型艺术”，通常指绘画、雕塑、工艺美术、建筑艺术等。它的特点是通过可视形象创造作品，可见建筑艺术属于美术的范畴。但是，建筑艺术又有着自身的特殊性。建筑是建筑物和构筑物的通称，工程技术和建筑艺术的综合创作。建筑学在研究人类改造自然的技术方面和其他工程技术学科相似。但是，建筑物又是反映一定时代人们的审美观念和社会艺术思潮的艺术品，建筑学有很强的艺术性质，在这一点上和其他工程技术学科又不相同。建筑在提供了人们社会生活的种种使用功能之外，又以其自身空间和实体所构成的艺术形象，在构图、比例、尺度、色彩、质感、装饰等方面，通过视觉给人以美的感受。

在以往的建筑和园林设计系统中，虽然也应用绘画和雕塑，但往往由于美术创作者的个性太强，缺乏环境整体意识，最后完成的作品不能形成完美的景观。这与景观设计以美术和建筑作品为主体的设计系统有着本质的区别。因为在景观设计中，主体与环境的关系是互为依存的，它的设计系统是建立在景观艺术设计概念之上的。这个设计系统非常强调设计的整体意识。

整体意识同样也是景观设计创作最基本的法则。因为设计本身就是艺术与科学的统一体，审美因素和技术因素综合体现在同一件作品上，使美观实用成为衡量艺术设计成败的标准。艺术审美的创作主要依据感性的形象思维，科学技术的设计主要依据理性的逻辑思维，而艺术设计恰恰需要融合两种思维形式于一体。如果没有整体意识，以美术和建筑作品为主体的设计系统是很难进入景观设计创作思维的。

在单项的艺术和艺术设计创作中具有整体意识，并不意味着具备景观设计的环境整体意识。由于创新和个性是艺术创作的生命，每个艺术家和设计师在进行创作时总是尽可能地标新立异。尽管在完成的每一件作品中创作的整体意识很强，却不一定能与所处的环境相融合。一件具象的古典主义雕塑，尽管本身的艺术性很强，造型的整体感也不错，而且人物的面部表情塑造得非常丰富，细部处理也很精致，但如果把它安放在高速公路边的草坪里，人们坐在飞驰的汽车里一晃而过，根本就不可能有时间细心地观赏。一件很好的艺术品放错了地方，说明公路规划的设计者缺乏设计的环境整体意识。城市街道两旁的绿地经常可以看到用铸铁件做成的栅栏，往往要被设计成梅兰竹菊之类具有一定主题的图案。

如果单看图案本身也许很漂亮，但安装在赏心悦目生机勃勃的绿色植物周围，难免喧宾夺主大煞风景。诸如此类不但不为环境生色反而影响环境整体效果的例子还很多。所有这些都是缺乏环境整体意识的表现。

确立环境整体意识的设计概念，关键在于设计思维方式的改变。在很长一段时间里，艺术家和设计师总是比较在意自己作品的个性表现，注重于作品本身的整体性，而忽视其在所处环境中的作用。以主观到客观的思维方式进行创作，期冀环境客体成为作品主体的陪衬，而不是将作品主体融合于环境客体之中。是艺术作品和设计实体服从于环境，还是凌驾于环境之上，成为时代衡量单项艺术和艺术设计创作成败的尺子。因此，具备环境意识，具备环境整体意识的设计概念，处理好美术和建筑作品主体与环境系统客体之间的关系，就成为景观设计的关键。

三、景观设计的地位与作用

（一）景观设计的地位

19世纪以来，科技的发展在促使人类生活水平、生活方式发生前所未有的巨大变化的同时，也对人类赖以生存的环境造成了极大的破坏。随着人类认识能力的不断提高，环境意识的不断觉醒，人们开始重新审视日趋恶化的生活环境，并越来越意识到环境与人类的紧密关系和维护环境的重要性。解决社会发展和环境生态之间的关系，使各种现代环境设计更好地满足当代人的精神文化需求和物质需求成为当前人类最迫切的需求。如何解决环境与人类的平衡关系，合理使用土地等方面的问题，成为人类社会的重要议题。在这个时候，景观设计的出现对改善人居环境建设是可能的。它的形成与发展，推动了人类居住环境质量的提高，改善了人与自然环境之间的平衡，在社会发展史上具有重要地位。

（二）景观设计的作用

景观设计的终极目标，就是美化环境，提高人类居住空间的品质，营造人与自然、人与人之间的和谐。景观设计具有美化环境的功能，而优美的环境能够促进人和自然以及人和人之间的和谐相处，从而创造可持续发展的环境文化。合理的空间尺度、完善的环境设施、喜闻乐见的景观形式，让人更加贴近生活，缩短心理距离。这不仅能决定某个地区的品位和发展潜力，还很好地体现了一个地区的精神状态和文明程度。

景观设计的另一个作用则是给人类带来最大限度的美的享受。优良的景观设计，可以使杂乱无章的生活环境变得井井有条、舒适宜人，给人以美好的精神享受，并提供人们娱乐休闲、广泛交流的开敞空间。大量的绿化种植、水池设置，可以创造一个健康、舒适、安全，具有长久发展潜力的自然生态良性循环的生活环境。因此，景观设计可以调节人的情感与行为，幽雅、充满生机的环境使人愉悦、欣慰、充满生气。

景观设计的另一个作用是让生活在喧闹城市中的人们亲近自然、走进自然。景观是衔接都市生活与自然的桥梁，同时可以给城市提供回归自然的场所，给农村提供某种城市的精神和使用的空间职能，满足人们多元化的需求，使人们的生活活动空间更为广阔、更加自由、更加完善。

第三节　人体工程学、环境心理学与景观设计

一、人体工程学与景观设计

人体工程学是研究人、机械及工作环境之间相互作用的学科，它主要研究在人类活动过程中，环境是否符合并满足行为主体的需求，以及如何符合并满足行为主体的需求。在园林景观设计和规划活动中，它可提供人体活动（如人体尺度、行为习惯等）的特征参数，也可根据人的知觉系统（如视觉、听觉及触觉等）的机能特征，分析人对各种工作环境的适应能力，确保环境的安全、舒适和有效。

（一）景观设计涉及的人体基础数据

1.人体构造

人体构造与景观设计有密切的关系。例如，人体关节的位置、脊柱的自然弯曲、臀部的自然曲线等构造，是设计与人体密切接触的景观设施的重要依据。

2.人体静态尺度

人体静态尺度是人体处于不同标准状态下不同部位的静态尺度，它直接影响与人体关系密切的景观设施的尺寸，如桌椅、栏杆、踏步等尺寸。

常用的人体静态尺寸有：身高、视高、坐高、臀部至膝盖长度、臀部的宽度、膝盖高度、膝弯高度、大腿厚度、臀部至膝弯长度。人体静态尺寸，受很多因素影响，存在许多差异，如个人差异、群体差异、种族差异、世代差异、年龄差异、性别差异、正常人与残障人的差异等。针对不同人，设计者需要具体了解各种差异，合理选择使用不同人体静态尺寸。

3.人体动作域

人体动作域，是指人体动态尺寸，是人各种活动范围的大小。它与活动情景状态有关，并直接影响空间范围尺寸、位置高低等，是人体工程学研究的基础数据。

景观设计中尺度的选用，我们应考虑在不同空间与状态下多数人的适宜尺寸，强调人们动作和活动的安全性和舒适性要求。例如，门和廊的净高、栏杆扶手高度等，应取男性人体高度的上限，并适当考虑增加人体动态时的余量进行设计。

（二）人的感知特征

人们在景观空间中受到视觉、听觉、触觉、嗅觉等多种感知叠加，刺激强度加大，会形成深刻的印象，并激发出某种联想与情感。需要注意的是，长时间的过度刺激会使反应迟钝，出现感知疲劳。

1.视觉

自古以来，人们主要是通过视觉感知进行自然美景欣赏的，而以往的园林景观设计主要集中在视觉景观设计表达上。在视觉景观设计的表达与探索中，国内外园林景观设计积累了大量的成果。

（1）视距、视错觉

人们动态游览时，视点是活动的，视野不断变化。对同一景物，观赏视距与景物高度的比例，俯视、仰视、平视等不同的视角观赏，会产生不同效果。因此，设计者适当地调整各游赏段落视距、转换视角，可丰富游人对景观的体验。此外，设计者也可利用视错觉（包括透视错觉和遮挡错觉等），缩短或延长距离，给人造成强烈的期待感。视距越大，则人们对距离的变化越迟钝。如在距离30m处观察位置变化，只有当变化大于0.65m时才能感觉到；变化小于0.65m，则感觉不出其变化，景物的立体感大受影响。

（2）视角

不必转动眼睛的最舒适的视角：水平视角30°，俯角则为15°；需要转动眼睛的舒适视角：水平视角为60°，俯角为30°，超过此范围则会引起不舒适感。

（3）视线特性

景区的视线和路线一样，有其独特类型。中国古典园林，讲求步移景易的无限流动空间和动态的无灭点的透视；日本枯山水庭园，则倾向于静态的、低视点的，在水平视线上组织景观；西方古典园林，则追求强烈的透视感、连续贯穿的视景通廊。游览视线，可以使注意力散漫，也可以使注意力集中，可远观，或近赏，其中远观，又有平远、深远、高远等不同……路线网络应引导组织观赏视线与景区的景物契合。

（4）视线预览

在路线设计的基础上，叠加视线设计，在拟定路线上做视线预览，可动态研究“景观”与“观景”间的协调统一。可追随路线网络，深入研究连续的游览过程中沿线景观的综合效果，深入研究整体游览过程的视觉体验。

2.听觉

耳朵作为园林景观环境中感知性之一的听觉系统，能够感受到景观活动过程中身边所发生的所有声音。在景观环境的营造中，设计者应该对听觉景观进行设计。

（1）创建景观中自然声来体验听觉世界

自然环境中“声音”是无处不在的，是环境中各系统内所有事物发出的声音共同组合在一起所形成的综合体。我们所听到的声音大致可以分为以下两大类：自然声，从名称就可以看出，主要是包括自然界中的自然现象产生的声音，如风吹过树林产生是声音，水流经过溪谷产生的水声等；人工声是通过人为创造产生的声音，比如汽车喇叭产生是鸣笛声，音响播放的优美歌曲。我们通过聆听自然界所产生的各种各样、千变万化的声音，能够“听”到时间的序列。平常人们说时间其实是无形的无法琢磨，看不见也摸不着。但这种自然听觉体验不仅能强烈地冲击人们的听觉感官，而且对于景观设计也有很强的指导作用。只有这样，景观设计师所设计的园林景观环境才能打动城市居民的参与者，也能同时达到兼顾有障碍人士通用性的效果。

（2）人工声带来听觉感知的意境

我们所说的人工声就是与自然声相对而言的，现实中很多人工声的来源都产生于自然声。例如，人类通过模仿自然而创造出的各种各样的乐器等。

3.嗅觉

人体嗅觉感官能够使人产生记忆。微气候指的是小范围内气候环境的细微变化，人与环境之间的关系通常是非常密切的，人体身体的各个组成部分都要与周围的环境相互作用。

园景环境空间所产生的气味能直接影响到环境空间参与者的嗅觉感受。假如我们闭上双眼，进入空间后所能感知的第一种感受，应该是嗅觉。通过嗅觉，我们能感知到空间是新鲜的，芳香的还是有异味的。一处好的景观空间，其微气候环境也必须令人舒适，其环境温度、环境湿度均可达到受试者身体舒适性指数。在嗅觉主导下，人们更愿意去探索设计好的景观空间。

人的嗅觉很灵敏，能识别各种不同的香味，对判断气味是由哪个植物所释放十分敏感。例如，在景观环境中，欧美可以种植一些香水百合、桂花等植物，这些都能使人感到非常愉快。芳香植物是营造园林环境中嗅觉环境的主要元素，在园林空间设计中，将芳香植物与嗅觉环境相结合，可以营造出身心愉悦的氛围。

4.味觉

人们经常发现很难抵制食物的诱惑。在食物诱惑驱动的情况下，旅行的人可能会去爬树采摘植物果实。大部分人会在景观游览中被引诱去寻找周边美味的食物。植物的果实等器官是景观中食物的最主要来源，也是景观环境设计不可或缺的重要元素。在我国有些植物树种在景观环境中既是设计要素也是美味的食物，景观中的带有果实的植物不仅是一种视觉上的盛宴，更是一场舌尖味觉上的美妙盛宴。

通常景观环境中的味觉体验的营造主要通过两个方面进行：一方面是在景观环境中设计用于人们品尝美味的体验区；另一方面是在景观环境中种植一些果树。我们喜欢苹果花，我们想象苹果花从苹果树花蕾中生长出来，然后想到美味的苹果；蔬菜生长的时候，我们通常会想到蔬菜。这是一个从“无”到“是”的过程。这种体验生动地展示了“品味”。

5.触觉

触觉把各种各样的环境信息传达给人们。与此同时，景观空间中的微气候也令皮肤感觉非常敏感。周围环境的温度、湿度和风向都对人的皮肤感觉有轻微的影响。

（1）用“手”的触感构建肤觉环境

与视觉和感知相比，皮肤感觉在空间范围有一定的局限性。它无法感知到遥远的事物或声音，它只能在我们的手接触物质或接近触碰的物体的时候才会产生知觉。当然，这种对事物触碰的感觉肯定是不能通过眼睛产生的视觉和耳朵产生的听觉来实现。感觉皮肤的感觉会直接引导人们产生各种生理反应，如温暖的握手和拥抱等。

手在皮肤的景观空间体验中占据了主要位置，植物的质地、质感等都需要通过“手”的接触感觉。

（2）用“脚”的触感营造肤觉环境

脚在景观空间体验上的感受也占据着重要的位置。它主要感觉地面的路面，不同的材料给人的感觉是不同的，材料加工技术和皮肤感觉感知是不可分割的联系。

（3）用“躯干”的触感构建肤觉环境

人能够通过皮肤对环境的感知来产生对今后行为的条件反应。例如，当皮肤接触锋利产生刺痛的事物如尖刺等之后会对今后的行为产生影响。这种心理感觉会在记忆中停留很长一段时间。皮肤感觉是一种感官系统，它融合了我们对世界和自我的体验。与视觉或听觉相比，人的皮肤感觉是一种复杂的感觉，与人体器官的感觉相对应。

（三）人体工程学在景观设计中的应用原则

（1）根据人体尺度、动作域、心理空间以及人际交往的空间等，确定空间范围。

（2）根据人体构造、尺度确定景观设施的形体、尺度及其使用范围。空间越小，停留时间越长，要求越高。

（3）提供适应人体的物理环境：热环境、声环境、光环境、辐射环境、电磁环境等。

（4）人眼的视力、视野、光觉、色觉等视觉的要素，为光照设计、色彩设计、视觉最佳区域等提供科学依据。

（四）人体工程学与景观家具

1.桌台类

设计中，站立使用的桌台类高度设计，以人的立位基准点为准；坐着使用的桌台、座椅等以座位（坐骨结节点）基准点为准，高度常在390～420mm之间，高度小于380mm，人的膝盖会拱起，会感觉不适，且站立困难。桌台类高度大于人体下肢长度500mm时，体重分散至大腿部分，大腿后部受压，易引起下腿肿胀麻木。另外，坐面的宽度、深度、倾斜度、背弯曲度都充分考虑人体尺度及各部位的活动规律。桌台的高度及容腿空间、坐垫的弹性等方面也需要从人的生理构造与尺度出发。在景观桌台类家具的设计中，设计者应该遵循以下原则。

（1）桌台高度：取决于人使用时身体姿势等重要因素。不正确的桌台高度会影响人的姿势，引起身体的不适，降低使用效率。为有效提高使用速度和精确度，考虑“疲劳”和“单调”等人性因素，最佳的桌台面高度应根据使用效率和使用者的生理情况两个方面因素确定。

（2）桌台面高度应由人体肘部高度来确定，该高度设定根据具体使用者的尺寸而定。

（3）桌台面的最佳高度略低于人的肘部，一般在人的肘下50mm。

（4）桌台面的高度应按主要使用姿势设计：站立使用，或坐姿使用，或交替使用。

2.座椅类

不正确的坐姿和不适的座椅都会影响人体健康。座椅设计应满足以下要求：减轻腿部肌肉负担；防止不自然的躯体姿势；降低人体能耗；减轻血液循环的负担。

座椅的尺寸设计：人与人的尺寸、比例互不相同，座椅的尺寸设计应根据不同的用途采用不同的取值。

椅子设计常用尺度：需适合两种姿势：直立坐姿和放松坐姿；椅座前缘距地面390～420mm，距桌面290mm；从座椅前端到桌面的垂直高度最好为230～305mm；坐面前后的深度尺寸为406～478mm；椅子的宽度为406～560mm；坐曲弓水平面的夹角为0°～15°；靠背与水平面的夹角可为90°～105°；腰部支撑的中心高于坐面240mm；椅背高为635mm，能支撑肩膀；为915mm，可以支撑头部。扶手间距483mm，扶手宽51～89mm。

（五）人体工程学与建筑构配件

1.安全楼梯的设计原则

（1）梯段净宽一般按每股人流宽为0.55+（0～0.15）m确定，一般不少于两股人流。0～0.15m为人流在行进中人体的摆幅，公共场所人流众多的场所应取上限值。

（2）梯段改变方向时，平台扶手处的最小宽度不应小于梯段净宽，设有搬运大物件需要时应再适量加宽。每个梯段的踏步一般不应超过18级，亦不应少于3级。楼梯平台上部及下部过道处的净高不应小于2m，梯段净高不应小于2.20m。

（3）楼梯应至少于一侧设扶手，梯段净宽达两股人流时应两侧设扶手，达四股人流时应加设中间扶手，踏步前缘部分宜有防滑措施。有儿童经常使用的楼梯的梯井净宽大于0.20m时，必须采取安全措施。

2.室外台阶的设计原则

（1）踏步宽度不宜小于0.30m，踏步高度不宜大于0.15m。

（2）踏步数不应少于两级。

（3）人流密集场所台阶高度超过1m时，宜有护栏设施。

3.室外坡道的设计原则

（1）坡道应用防滑地面。

（2）坡度不宜大于1：10。

（3）供轮椅使用时，坡度不应大于1：12。

（4）坡道两侧应设高度为0.65m的扶手。

4.栏杆的设计原则

在园林建筑小品中，栏杆能丰富园林景致，起到分隔园林空间、组织疏导人流及划分活动范围的作用。一般来说，高栏杆在1.5m以上，中栏杆0.8～1.2m，低栏杆（示意性护栏）高0.4m以下。

5.卫生间

（1）洗脸盆或盥洗槽水嘴中心与侧墙面净距不应小于0.55m。

（2）并列洗脸盆或盥洗槽水嘴中心距不应小于0.70m。

（3）单侧并列洗脸盆或盥洗槽外沿至对面墙的净距不应小于1.25m。

（4）双侧并列洗脸盆或盥洗槽外沿之间的净距不应小于1.80m。

（5）浴盆长边至对面墙面的净距不应小于0.65m。

（6）并列小便器的中心距离不应小于0.65m。

（7）单侧隔间至对面墙面的净距及双侧隔间之间的净距：当采用内开门时不应小于1.10m，当采用外开门时不应小于1.30m；单侧厕所隔间至对面小便器或小便槽的外沿之净距：当采用内开门时不应小于1.10m，当采用外开门时不应小于1.30m。

6.儿童活动场

儿童活动场宜有集中绿化用地面积，并严禁种植有毒、带刺的植物。

综上所述，一个景观规划设计的成败、水平的高低以及吸引人的程度，归根到底就看其在多大程度上满足了人类户外环境活动的需要，是否符合人类的户外行为需求。人体工程学正是一门能够将人类与自然环境联系起来的综合学科，在园林景观设计和规划活动中，更应该突出其“以人为本”的基本原则，在保障安全、舒适和有效的基础上，为人们提供安全、舒适的室外空间。

二、环境心理学与景观设计

环境心理学是一门新兴的学科，旨在研究环境与人的心理和行为之间的关系，即用心理学方法分析人类活动与社会环境，特别是与物理环境之间的相互关系和影响。就现代景观设计而言，研究环境心理学有利于了解人对环境的心理判断，遵循人的心理活动规律，充分发挥人的创造性和主观能动性；有利于把握景观空间的意象，塑造舒适、真实、以人为本、可持续发展的多层次户外空间，以适应现代社会的发展。

（一）人的环境心理与行为

人的环境心理与行为存在个体间的差异与总体的共性，其共性一般指人们在心理上都有安全、归属、友爱、尊重和自我实现等方面的基本需求。在景观设计中，设计者应为人们提供满足这些基本需求的自然环境、休闲领域、交往和自我实现的空间。这些空间存在以下主要特点。

1.人际距离与领域性

领域性：人们在环境中的各种活动，不希望被干扰或妨碍，需要必需的生理和心理空间范围与领域。环境中的个人空间，常需根据人际交流、接触时所需的距离考虑。

人际距离因不同的对象和场合而异，一般可划分为六种：密切距离：亲昵距离，0 ~ 0.5m，如情侣间的距离，双方有嗅觉和热辐射的感觉；个人距离：0.5 ~ 1.2m，如朋友间的距离，双方可接触握手；社会距离：1.2 ~ 2m，如普通同事间的距离；公众距离：4.5 ~ 12m，如陌生人间的距离；视觉距离：2 ~ 20m，视距的有效性最高，可认清人物身份；感觉距离：明视距在30m内，能看清楚人的细微动作和表情，可辨别人体的姿态，这是因联想而产生的效果。

人眼的最大视距：可看到人的最大视距。人们通常并未意识到，但在行为上却习惯于这些距离。不同民族、信仰、性别、职业和文化程度的人际距离会有所不同。景观环境应充分保护“个人空间”及“人际距离”不受侵犯，否则会引起彼此间的互相反感。

2.私密性、安全感

私密性涉及空间内视线、声音等方面的隔绝。私密性在静态空间中要求更为突出。空间尽端，没有人流频繁通过，相对地较少受干扰，人们总愿意选择于此停留，形成尽端趋向。从心理感受来说，空间并不是越开阔、越宽广越好，人们通常在大空间中不愿停留在空旷暴露的中心处，并适当地与人流通道保持距离，而更愿停留在有安全感和有依托的地方，如柱边、墙边等。

3.密度与从众

一些公共场所内，人们总喜欢会聚到人多的地方，以满足人看人的好奇心理。一定的人群密度，让人感觉亲切、融洽、易于交往。但过于密集却感觉拥挤，令人不快。

4.趋光心理

人们在空间中有从暗处向亮处流动的趋向，喜欢停留在亮的地方，而不待在黑暗处。

5.空间形状的心理感受

空间的不同形状特征常会使在其中活动的人产生不同的心理感受。例如，方形空间有稳定感，三角锥形空间有向上的动感，圆形空间有向心力，而自由曲线形空间有变幻莫测的感受。

（二）环境心理学在景观设计中的应用

1.景观设计应符合人们的行为模式和心理特征

景观设计应符合人们的行为模式和心理特征。例如，娱乐性环境里，人们轻松随意，愉快兴奋；纪念性环境中，人们庄重严肃。颜色可使人产生冷暖、大小、轻重的感觉，空间安排可使人产生开阔或拥挤的感觉，设施安排应符合人际距离，不同的空间距离引起不同的交往和友谊模式。高层公寓和四合院的不同布局产生不同的人际关系，已引起人们注意。通常距离近的人交往频率高，容易建立友谊。

2.考虑使用者的个性与环境的相互关系

设计者应充分考虑不同年龄、性别、民族、背景等的使用者的行为与个性要求。在塑造环境时，设计者应予以尊重，也可以适当地利用环境对人的行为进行“引导”与影响。

第六章　景观设计的基础理念

园林景观设计是一门历史悠久，融合艺术和科学为一体的应用学科。它强调艺术性、科学性、文化历史性，强调设计问题的解决方案和解决途径。它与建筑学、城市规划、环境艺术、市政工程设计等学科有密切的联系，它要求从事景观设计的人不仅要有广博的专业知识和较强的实践能力，而且还要求有较强的草图绘制、计算机辅助设计等技能。

目前，景观设计的内容包括公园景观设计、商业及居住用地的景观设计、单位用地景观设计、度假村景观设计、校园景观设计、风景名胜区规划、休疗养胜地规划设计、区域景观规划设计、景观改造和恢复、历史遗产保护等。

现今，随着生活水平的提高，人们越来越追求环境生活的质量。这对我们景观设计专业来讲，既是一个极大的机遇，也是一个极大的挑战。

第一节　景观的含义

不同的专业、不同的学者对景观有着不同的看法。哈佛大学景观设计学博士、北京大学俞孔坚教授从景观的艺术性、科学性、场所性及符号性入手，揭示了景观的多层含义。

一、景观的视觉美含义

如果从视觉这一层面来看，景观是视觉审美的对象。同时，它传达出人的审美态度，反映出特定的社会背景。

景观作为视觉美的感知对象，因此，那些特具形式美感的事物往往能引起人的视觉共鸣。如桂林山水天色合一的景象，令人叹为观止；皖南宏村村落依山傍水而建，建筑高低起伏，给人以极强的美感。

同时，视觉审美又传达出人类的审美态度。不同的文化体系、不同的社会阶段、不同的群体，对景观的审美态度是不同的。如17世纪在法国建造的凡尔赛宫，它基于透视学，遵循严格的比例关系，是几何的、规则的，这是路易十四及其贵族们的审美态度和标准。而中国的古代帝王和士大夫以另一种标准——“虽由人作，宛自天开”来建造园林颐和园，它表达出封建帝王们对自然的占有欲望。

二、景观作为栖居场所的含义

从哲学家海德格尔的栖居的概念，我们得知：栖居的过程实际上是人与自然、人与人相互作用，以取得和谐的过程。因此，作为栖居场所的景观，是人与自然的关系、人与人的关系在大地上的反映。如湘西侗寨，俨然一片世外桃源。它是人与这片大地的自然山水环境，以及人与人之间经过长期的相互作用过程而形成的。要深刻地理解景观，一定到解读其作为内在人的生活场所的含义。下面首先来认识场所。

场所由空间的形式以及空间内的物质元素这两部分构成，这可以说是场所的物理属性。因此，场所的特色是由空间的形式特色以及空间内物质元素的特色所决定的。

内在人和外在人对待场所是不一样的。从外在人的角度来看，它是景观的印象；如果从生活在场所中的内在人的角度来看，他们的生活场所表达的是他们的一种环境理想。

场所具有定位和认同两大功能。定位就是找出在场所中的位置。如果空间的形式特色鲜明，物质元素也很有特色和个性，那么它的定位功能就强。认同就是使自己归属于某一场所，只有当你适应场所的特征，与场所中的其他人取得和谐，你才能产生场所归属感、认同感，否则便会无所适从。

场所是随着时间而变化的，也就是说场所具有时间性。它主要有两个方面的影响因素：一是由于自然力的影响，例如，四季的更替、昼夜的变化、光照、风向、云雨雾雪露等气候条件；二是人通过技术而进行的、有意识地改造活动。①

三、景观作为生态系统的含义

从生态学的角度来看，在一个景观系统中，至少存在五个层次上的生态关系：第一是景观与外部系统的关系；第二是景观内部各元素之间的生态关系；第三是景观单元内部的结构与功能的关系；第四种生态关系存在于生命与环境之间；第五种生态关系则存在于人类与其环境之间的物质、营养及能量的关系。

① 刘娜．传统园林对现代景观设计的影响 [M]. 北京：北京理工大学出版社，2019：23-30.

四、景观作为符号的含义

从符号学的角度来看，景观具有符号的含义。

符号学是由西方语言学发展起来的一门学科，是一种分析的科学。现代的符号学研究最早是在20世纪初由瑞士语言学家索绪尔、美国哲学家和实用主义哲学创始人皮尔士提出的。1969年，在巴黎成立了国际符号学联盟。从此，符号学成为心理、哲学、艺术、建筑、城市等领域的重要主题。

符号包括符号本体和符号所指。符号本体指的是充当符号的这个物体，通常用形态、色彩、大小、比例、质感等来描述；而符号所指讲的是符号所传达出来的意义。

景观同文字语言一样，也可以用来说、读和书写，它借助的符号跟文字符号不同，它借助的是植物、水体、地形、景观建筑、雕塑和小品、山石这些实体符号，再通过对这些符号单体的组合，结合这些符号所传达的意义来组成一个更大的符号系统，便构成了“句子”“文章”和充满意味的“书”。

第二节　景观设计学与相关学科的关系

景观设计学的产生及发展有着相当深厚和宽广的知识底蕴，如哲学中人们对人与自然之间关系（或人地关系）的认识，景观在艺术和技能方面的发展，一定程度上还得益于美术（画家）、建筑、城市规划等相关专业。因此，谈到景观设计学时，首先有必要理清它和其他相近专业之间的关系，或者说明确其他专业所解决的问题和景观设计所解决的问题之间的差异，这样才可能更清楚地认识景观设计学。

一、建筑学

建筑活动是人类最早改善生存条件的尝试之一。人们在经历了上百万年的尝试、摸索之后，积淀了丰富的经验，为建筑学的诞生、人类的进步做出了巨大的贡献。

建筑作品的主持完成，开始是由工匠或艺术家来负责的。在欧洲，随着城市的发展，这些工匠和艺术家完成了许多具有代表性的建筑和广场设计，形成了不同风格的建筑流派。那时，由于城市规模较小，城市建设在某种意义上就是完成一定数量的建筑。建筑与城市规划是融合在一起的。工业化以后，由于环境问题的凸现以及后来如20世纪的两次世界大战，人们开始对城市建设进行重新审视，出现了霍华德的“花园城市”、法国建筑大师勒·柯布西埃的“阳光城市”和他主持完成的印度城市昌迪加尔。直到建筑与城市规划逐渐相互分离，各自有所侧重，建筑师的主要职责才转向专注于设计居于特定功能的建筑物，如住宅、公共建筑、学校和工厂等。

二、城市规划

城市规划虽然早期是和建筑结合在一起的，但无论是欧洲国家还是亚洲国家，都有关于城市规划思想的研究。如比较原始形式的居民点选址和布局问题，中国的“体国经野”区域发展的观念和影响中国城市建设发展方向的“营国制度”的出现。但现代城市规划考虑的是为整个城市或区域的发展制订总体规划，更偏向于社会经济发展的层面。①

三、市政工程学

市政工程主要包括城市给排水工程、城市电力系统、城市供热系统、城市管线工程等内容。相应的市政工程师则为这些市政功用设施的建设提供科学依据。

四、环境艺术

环境艺术更多的是强调环境设计的艺术性，注重设计师的艺术灵感和艺术创造。

第三节　中外园林景观发展史

人类从树栖穴息、捕鱼狩猎、采集聚落开始，直到建立城市、公园的今天，经历了数千年的悠悠岁月。在这漫长的历史长河中，人类写下了来自自然、索取自然、保护自然，最终回归自然的文明史，也谱写了灿烂的园林史。

一、中国园林景观概述

中国是世界文明古国，有着悠久的历史、灿烂的文化，也积淀了深厚的中华民族优秀的造园遗产，从而使中国园林从粗放的自然风景苑囿，发展到以现代人文美与自然美相结

① 蒋卫平 . 景观设计基础 [M]. 武汉：华中科技大学出版社，2018：21-23.

合的城市园林绿地。中国优秀的造园艺术及造园文化传统，以东方园林体系之渊源而被誉为世界“园林之母”。学习园林规划设计，必先了解中国园林的发展历史，汲取其成果与优良传统，才能继承、创新和发展。

（一）中国古代园林

从有关记载可知，中国园林的出现与游猎、观天象、种植有关。从生产发展来看，随着农业的出现，产生了种植园、圃；由人群围猎的原始生产到选择山林圈定游猎范围，从而产生了粗放的自然山林苑囿；为观天象、了解气候变化而堆土筑台，产生了以台为主体的台囿或台苑。从文化技术发展来看，园林应该比文字与音乐产生更早，而与建筑同时产生。殷墟出土的甲骨文中，就有园、圃、囿、庭等象形字。从时代、社会发展来看，在夏、商奴隶社会时就先后出现苑、囿、台。据《史记集解·夏本纪》注：夏桀有“宫室无常，池囿广大”之说，公元前16世纪之前夏代已有池囿。

中国园林的发展历史，大多按朝代、历史时期来阐述。本节则从园林绿地规划角度，按中国园林的主要构成要素、风格来简述中国古代园林的发展过程。大致分为：自然风景苑囿、以建筑为主的山水宫苑、自然山水园、写意山水园、寺观园林、陵墓园、府园等。

1.自然风景苑囿——中国园林的雏形

苑囿，起初有区别，分别为两种园。苑，以自然山林或山水草木为主体，畜养禽兽，比囿规模大，有墙围着；帝皇在城郊外所造规模大的园均称为“苑”，如秦汉上林苑，内容丰富，以人工风景为主，已非仅有的自然风景。囿，以动物为主体，乃后世动物园之滥觞，初比苑小，无墙。后据《毛传》注《诗经·灵台》篇称：“囿，所以养禽兽也。天子百里，诸侯四十里。”可见当时囿与苑已无大小之别。到了汉代，将苑囿合为一词，专指帝皇所造的园。

自然风景苑囿是中国园林的雏形，以自然风景为主体，配以少量的人工景观，有一定的范围或设施。苑囿内山水、台沼、动植物、建筑物等园林的基本要素都已初步具备。其功能是专供天子或诸侯游猎、娱乐等。

2.以建筑为主的山水宫苑

山水宫苑是以宫廷建筑为主体，结合人工山水、动植物而建成的园，初称离宫别馆，后称宫苑（禁苑）、御园、行宫等。而建筑逐渐与山水（人工山水）景观结合，发展为山水宫苑，与写意山水园仅有建筑物多少的差别。一般造园史将其称作皇家园林，单以“皇家”所属分类，似过宽泛而失园之本体。山水宫苑，按园址处都城内外，又分为内苑、外苑。宫苑及部分御园均为内苑，离宫别馆、行宫均为外苑。

以建筑为主的山水宫苑是历代帝王园林经历漫长的发展的产物。春秋战国时各诸侯国都有宫苑，最有名的是春秋时（公元前433年之前）吴王夫差在今江苏苏州市吴中区灵岩山所建姑夫台与离宫。之后有战国末期秦惠文王及秦始皇在上林苑所建的阿房宫，始皇所扩建及增建的咸阳宫、新宫、信宫等。而后，有汉代所建的上林苑、建章宫。曹魏建邺城铜雀园（西园）、芳林苑；魏文帝于洛阳建芳林苑。东晋时期，南京（建康）造华林园。隋炀帝登基后于洛阳建西苑，于扬州建行宫、迷宫等。唐于长安建内三苑（西内苑、东内苑、南内苑）与禁苑，并在城外东南隅建曲江池、芙蓉园、乐游园，在洛阳将隋炀帝西苑改建为神都苑等。北宋时，都城内园池不下20余座，更有大内后苑。南宋都城建于江南临安，民族灾难深重，而各代帝皇仍大兴宫殿、苑囿建设，宫城内建有南内苑、北内苑，其外亦建诸多御园。明清时期园林分两支，其中一支为皇家山水宫苑，以三海西苑、故宫、圆明园、颐和园、承德避暑山庄为代表。

3.写意山水园

写意山水园的出现比其他园林较晚，是我国造园发展到完全创造阶段而出现的审美境界最高的一类园林。一般为文人所造的私宅园，也有帝王所造的宫苑。南朝梁元帝以后的湘东，宋、齐、梁增建、扩建的南京华林园，北魏洛阳的西游园、芳林（华林）等都是写意山水园成熟的代表。唐代宫苑及诸多文人园大加发展，形成我国写意山水园的主流。宋代开封的艮岳为写意山水园发展到一定水平的典型代表。明清时期，我国江南文人写意山水园发展到了高峰。如南京的瞻园，扬州的个园、何园，上海的豫园、彝山园，苏州的拙政园、留园、网师园、沧浪亭等，这些文人写意山水园不仅具有极高的造园艺术水平，而且至今还完整地或有遗迹保存着。

4.陵墓园

陵墓园是为埋葬已死去之人的祭扫之地，是具有祭祀性质建筑的园林。陵墓园又分陵园、墓园。陵都为园，墓不一定都为园。也有仅有建筑而无园的。称园者，必有自然、人文景观布置在周围。

（1）陵园

陵园指帝王的墓地。自传说中的上古帝王至清代的帝王都建有墓地，多在各代都城近郊山明水清的风水宝地而建。其基本构成要素有：坟丘、地面建筑、神道、石碑、雕塑像与树林等。现存古代陵园由地下建筑发掘出来的，则有墓室、室内墙壁、顶、地面的绘画、浮雕及文物等。凡今存古代著名的陵园，现代大多数辟为风景、名胜区，多为旅游胜地。如陕西黄陵县黄帝陵、浙江绍兴禹陵、陕西临潼秦始皇陵、陕西咸阳汉武帝茂陵、礼泉县唐太宗昭陵、乾县唐高宗与武则天乾陵、南京南唐二陵、明太祖明孝陵、北京明十三陵等。

（2）墓园

墓园是除帝王之外的大臣、名人的墓地。今存古代墓园多为名胜区。如河南永城陈胜墓，墓岿然屹立，庄严肃穆，周围松柏成林，郁郁葱葱。墓前立郭沫若题“秦末农民起义领袖陈胜之墓”碑。

今存古代最大的墓园是山东曲阜孔林，即孔子的墓园，又称“至圣林”。起初墓地不过一顷，而历代帝王不断增修、扩大，孔子后裔及孔氏族人也多埋葬于此，至清代墓地已3000亩，林墙周长7公里余。相传孔子弟子各持其乡异种来植，树种繁多，今有古树20000余株，如楷树、松、柏、桧、女贞等，是我国最古老的人造园林。

5.庭园和府园

庭园、府园，又称宅园、府第园，原为私人所建，将住宅与园林景观合为一体，具有栖息与游观功能。一般常住为主的称宅园、府园或山庄，而另外建造的称别业、别墅，或称庄园；游观为主的，则称花园、园池或小园。

庭园、府园始于何时，已不可考，但最初与“五亩之宅树之以桑”的菜园、果圃、林园必有密切关联。有史料记载、墓壁画图像的，汉代住宅已有回廊、阁道、望楼及园林等，宅与园已合为一体，如西汉梁王的兔园（又称梁园、梁苑），巨商袁广汉所建园（袁广汉园）等。魏晋南北朝时，庭园、府园已经兴盛，如东晋石崇（季伦）的金谷园，南朝谢灵运的会稽山庄（又叫山居），而北朝时的洛阳，更是“争修园宅，互相竞夸”，除建筑外，高台芳树，花林曲池，“家家而筑”，“园园而有”，“莫不桃李夏绿，竹柏冬青”。唐以后至清代，庭园、府园发展更快、更普遍，而且以人文景观、写意山水为主流，名园众多，园诗、园记等作品浩繁，蔚为中国古代文化艺术的又一大观。

庭园、府园的风格与艺术特色多种多样，多数庭园、府园的构景与总体风格属写意山水园，以人工景观、创造诗情画意为主，山庄或庄园基本属自然山水园或乡村田园。按地区风格、特色，大体分为北京宅园、江南庭园、岭南庭园、川西园林。

（二）中国近、现代公园

中国公共园林出现较晚，自清末才开始有几处所谓的公园，也仅局限于租借地，为外国人所有。北京虽在皇家园林中开辟出一部分为市民游览，也只是古园林而已。杭州西湖虽有广阔的山水，但也主要为禁园、私园。全国各地因受国外城市公共绿地的启发和影响，有兴建公园和改善城市绿地的意图。但在民国前期，由于军阀连年混战以及帝国主义列强的侵略，社会处于黑暗之中，经济遭到严重破坏，国家不仅无力振兴公共园林，而且明清旧有园林也难以保存下来。真正的现代园林和城市绿化只有在新中国成立以后才开始快速地发展。清末至新中国成立之前半个多世纪，虽然不是我国园林的发展阶段，但却是一个关键性的转折时期。无论是外国输入或自建的，或者就其形式内容上看呈现着古今中外相混合的园林形式，但终究有了公园这类新型园林的出现，园林有了新的发展方向。此时也有官僚军阀或富商巨贾兴建私园别墅，然而此时这种私园别墅已到了尾声阶段，公共园林正逐渐成为主流。①

1.中国近代公园

（1）租借地中的公园

这些公园为外商或外国官府所建，主要对洋人开放，已在20世纪初陆续被收为国有。目前还保存的主要有如下几处：上海滩公园亦称外滩花园，在黄浦江畔，建于1868年；上海法国公园，建于1908年，又称顾家宅院，现为复兴公园；虹口公园，建于1900年，在上海北部江湾路，现为鲁迅纪念公园；天津英国公园，建于1887年，现为解放公园；天津法国公园，建于1917年，现为中山公园。

（2）中国政府或商团自建的公园

1906年，无锡地方乡绅筹资在惠山建起了第一个由中国人自己所建的公园，称“锡金公花园”。随后，由中国政府或商团在全国各地相继自建了很多公园。如1910年所建的成都少城公风现为人民公园；1911年所建的南京玄武湖公园；1909年所建的南京江宁公园；1918年所建的广州中央公园，现为人民公园；1918年所建的广州黄花岗公园；1924年所建的四川万县西山公园；1926年所建的重庆中央公园，现为人民公园；还有南京的中山陵等中国人自己所建的公园。

（3）利用皇家苑园、庙宇或官署园林经过改造的公园

这一时期，在公园和单位专用性园林的兴建上开始有所突破，在引入西洋园林风格上有所贡献，对古典苑园或宅园向市民开放开始迈出一步，这些在园林发展史上是一次关键性的转折。如农坛，1912年开放，现为北京城南公园；社稷坛，1914年开放，现为中山公园；颐和园1924年开放；北海公园1925年开放；还有1927年开放的上海文庙公园等。此类园林绿地都是利用皇家苑园、庙宇或官署园林改造后向公众开放的。抗日战争前夕，全国大致有数百处此类公园，尽管在形式和内容上极其繁杂，但都面向市民。

2.现代公园、城市园林绿化

中华人民共和国成立后，党和政府非常重视城市建设事业，在各市建立了园林绿化管理部门，担负起园林事业的建设工作。第一个五年计划期间，提出“普遍绿化，重点美化”方针，并将园林绿化纳入城市建设总体规划之中。在旧城改造和新工业城镇建设中，园林绿化工作初见成效，各种形式的公共绿地有了迅速发展。几乎所有大城市都建成了设施完善的综合性文化休息公园或植物园、动物园、儿童公园和体育公园等公共园林绿地。如北京的紫竹院公园、杭州的花港观鱼公园、上海的长风公园都是新中国成立初期营建起来的综合性公园。

① 李群，裴兵，康静．园林景观设计简史[M]．武汉：华中科技大学出版社，2019：9-37.

二、外国园林景观概述

国外园林起源最早的应该是古埃及和西亚园林。本节主要介绍古埃及墓园、园圃，以阿拉伯地区的叙利亚、伊拉克为代表的西亚园林，以西班牙、法国、英国为代表的欧洲系园林和以日本园林为代表的东方园林。

（一）古埃及墓园、园圃

埃及的尼罗河流域与西亚的幼发拉底河、底格里斯河流域同为人类文明的两个发源地，其园林出现也最早。

埃及早在公元前4000年就跨入了奴隶制社会，到公元前28至23世纪，形成法老政体的中央集权制。法老（埃及国王）死后，都兴建金字塔作王陵，成为墓园。金字塔浩大壮观，反映出当时埃及科学与工程技术已很发达。金字塔四周布置规则对称的林木，中轴为笔直的祭道，控制两侧均衡，塔前留有广场，与正门对应，造成庄严、肃穆的气氛。

古埃及奴隶主为坐享奴隶们创造的劳动果实，一味追求荒诞的享乐方式，大肆营造私园。尼罗河谷的园艺一向是很发达的，树木园、葡萄园、蔬菜园等遍布谷地，到公元前16世纪时都演变为祭司重臣之类所建的具有审美价值的私园。这些私园周围有垣，内中除种植有果树、蔬菜之外，还有各种观赏树木和花草，甚至还养殖动物。这种形式和内容已超出了实用价值，具有观赏和游息的性质。奴隶主的私园把绿荫和湿润的小气候作为追求的主要目标，把树木和水池作为主要内容。他们在园中栽植许多树木或藤本棚架植物，搭配鲜花美草，又在园中挖有池塘渠道，特别还利用机械工具进行人工灌溉。这种私园大部分设在奴隶主私宅的附近或者就在私宅的周围，其面积延伸很大。私宅附近范围还有特意进行艺术加工的庭园，公元前1375—1253年间的埃及古墓壁画上就有园庭平面布置图。

（二）西亚地区的园林

位于亚洲西端的叙利亚和伊拉克也是人类文明发祥地之一。幼发拉底河和底格里斯河流贯境内向南注入波斯湾，两河流域形成美索不达米亚大平原。美索不达米亚在公元前3500年时，已经出现了高度发展的古代文化，形成了许多城市国家，实行奴隶制。奴隶主为了追求物质和精神的享受，在私宅附近建造各式花园，作为游息观赏的乐园。奴隶主的私宅和花园一般都建在幼发拉底河沿岸的谷地平原上，引水注园。花园内筑有水池或水渠，道路纵横方直，花草树木充满其间，布置非常整齐美观。基督教圣经中记载的伊甸园被称为“天国乐园”，就在叙利亚首都大马士革城的附近。在公元前2000年的巴比伦、亚述或大马士革等西亚广大地区有许多美丽的花园。尤其距今3000年前新巴比伦王国宏大的都城中有五组宫殿，不仅异常华丽壮观，而且尼不甲撒国王为王妃在宫殿上建造了“空中花园”。据说王妃生于山区，为解思乡之苦，特意在宫殿屋顶之上建造花园，以象征山林之胜。远看该园悬于空中，近赏可入游，如同仙境。被誉为世界七大奇观之一。

（三）欧洲古代园林

古希腊是欧洲文化的发源地。古希腊的建筑、园林开欧洲建筑与园林之先河，直接影响着罗马、意大利及法国、英国等国的建筑与园林风格。后来，英国吸收了中国山水园的意境，融入造园之中，对欧洲造园也有很大影响。

1.古希腊庭园和柱廊园

希腊庭园的产生相当古老。公元前9世纪时，希腊有位盲诗人名叫荷马，留下了两部史诗。史诗中歌咏了400年间的庭园状况，从中可以了解到古希腊庭园，大的约1.5公顷，周边有围篱，中间为领主的私宅。庭园内花草树木栽植很规整，有终年开花或结实累累的植物，树木有梨、栗、苹果、葡萄、无花果、石榴和橄榄树等。园中还配以喷泉，留有种植蔬菜的地方。特别在院落中间，设置喷水池或喷水。其水法创作，对当时及以后世界造园工程产生了极大的影响，尤其对意大利、法国利用水景造园的影响更为明显。

公元前3世纪，希腊哲学家伊壁鸠鲁在雅典建造了历史最早的文人園，利用此园对男女门徒进行讲学。5世纪，曾有人渡海东游，从波斯学到了西亚的造园艺术。从此，希腊庭园由果菜园改造成装饰性的庭园。住宅方正规则，内中整齐地栽植花木，最终发展成了柱廊园。

希腊的柱廊园改进了波斯在造园布局上结合自然的形式，而变成了喷水池占据中心位置，使自然符合人的意志，形成了有秩序的整形园。把西亚和欧洲两个系统的早期庭园形式与造园艺术联系起来，起到了桥梁作用。

意大利南部的那不勒斯湾海滨庞贝城，早在公元前6世纪已有希腊商人居住，并带来了希腊文明。在公元前3世纪，此城已发展为2万居民的商业城市。变成罗马属地之后，又有很多富豪文人来此闲居，建造了大批住宅群。这些住宅群之间都设置了柱廊园。从1784年发掘的庞贝城中，可清楚地看到柱廊园的布局形式。柱廊园有明显的轴线，方正规则。每个家族的住宅都围成方正的院落，沿周排列居室，中心为庭园。围绕庭园的边是一排柱廊，柱廊后边和居室连在一起。园内中间有喷泉和雕像，四处有规整的花树和葡萄篱架。廊内墙面上绘有逼真的林泉或花鸟，利用人的幻觉使空间产生扩大的效果。有的在柱廊园外设置林荫道小院，称之为绿廊。

2.古罗马庄园

意大利东海岸，强大的城邦罗马征服了庞贝等各处广大地区，建立了奴隶制罗马大帝国。罗马的奴隶主贵族又兴起了建造庄园的风气。意大利是伸入地中海的半岛，半岛多山岭溪泉，并有曲长的海滨和谷地，气候湿润，植被繁茂，自然风光极为优胜。罗马贵族占有大量的土地、人力和财富，极尽奢华享受。他们除在城市里建有豪华的宅第之外，还在郊外选择风景极美的山阜营宅造园，在很长的一个时期里，古代罗马山庄式的园林遍布各地。罗马山庄的造园艺术吸取了西亚、西班牙和希腊的传统形式，特别对水法的创造更为奇妙。罗马庄园又充分地结合原有山地和溪泉，逐渐发展成具有罗马特点的台地柱廊园。

117年，哈德良大帝在罗马东郊梯沃里建造的哈德良山庄最为典型。哈德良山庄广袤18km²，由一系列馆阁庭院所组成。还把山庄作为施政中心，其中有处理政务的殿堂、起居用的房舍、健身用的厅室、娱乐用的测场等，层台柱廊罗列，气势十分壮观。特别是皇帝巡幸全国时，在全疆所见到的名迹都仿造于山庄之内，形成了罗马历史上首次出现的最壮丽的建筑群，同时也是最大的苑园，如同一座小城市，堪称“小罗马”。

罗马大演说家西塞罗的私家园宅有两处，一处在罗马南郊海滨，另一处在罗马东南郊。还有罗马学者蒲林尼在罗林建的别业。这类山庄别业文人园在当时很有盛名。至公元5世纪时，罗马帝国造园达到极盛时期。据当时记载，罗马附近有大小园庭宅第1780所。《林泉杂记》（考勒米拉著）曾记述公元前40年罗马园庭的概况，发展到400年后，更达到兴盛的顶峰。罗马的山庄或园庭都是很规整的，如图案式的花坛，修饰成形的树木，更有迷阵式绿篱，绿地装饰已有很大的发展，园中水池更为普遍。从5世纪以后的800多年里，欧洲处于黑暗时代，造园也处于低潮。但是，由于带来了东方植物以及回教造园艺术，修道院的寺园则有所发展。寺园四周环绕着传统的罗马廊柱，内中修成方庭，方庭分区或分庭里外栽植着玫瑰、紫罗兰、金盏草等，还专有药草园和蔬菜园设置在医院和食堂的附近。

3.西班牙红堡园、园丁园

西班牙处于地中海的门户，面临大西洋。多山多水，气候温和。从6世纪起，希腊移民来此定居，因此带来了希腊的文化，后来被罗马征服，西班牙成了罗马的属地，因此又接受了罗马的文化。这一时期的西班牙造园是模仿罗马的中庭式样。8世纪，西班牙又被阿拉伯人征服，回教造园传统又进入了西班牙，承袭了巴格达和大马士革的造园风格。976年，出现了礼拜寺园。

西班牙格拉那达红堡园自1248年始，前后经营100余年。园墙堡楼全用红土夯成，因此得名。由大小6个庭院和7个厅堂组成，其中的“狮庭”（1377年建）最为精美。狮庭中心是一座大喷泉，下边由12只石狮围成一周，狮庭之名由此而得。庭内开出十字形水渠，象征天堂。绿地只栽橘树。各庭之间都以洞门联通，还有漏窗相隔，似隔非隔，借以扩大空间效果。布局工整严谨，气氛悠闲肃静。其他各庭栽植有松柏、石榴、玉兰、月桂，以及各种香花等。回教式的建筑雕饰极其精致，色彩纹样丰富，与花木明暗对比很强烈，在欧洲独具风格。园庭内不置草坪花坛，而代之以五色石子铺地，斑斓洁净十分透亮。园丁园在红堡园东南200m处，在内容和形式上，两者极为相似，方正的园庭中按图案形式布置，尤其用五色石子铺地，纹样更加美观。15世纪末，阿拉伯统治被推翻之后，西班牙造园转向意大利和英、法风格。

4.法兰西园林

15—16世纪，法国和意大利曾发生三次大规模的战争。意大利文艺复兴时期的文化，特别是意大利建筑师和文艺复兴期间的建筑形式传入了法国。

（1）城堡园

16世纪时，法兰西贵族和封建领主都有自己的领地，中间建有领主城堡，佃户经营周围的土地。领主不仅收租税，还掌管司法治安等地方政权，实际上是小独立王国。城堡如同小宫殿，城堡和庄园结合在一起，周围多是森林式栽植，并且尽量利用河流或湖泊造成宽阔的水景。法兰西多广阔的平原地带，森林茂密，水草丰盛，贵族或领主具有狩猎游玩的传统。狩猎地常常开出直线道路，有纵横或放射状组成的道路系统。这样既方便游猎，也可成为良好的透景线。文艺复兴时期以前的法兰西庄园是城堡式的，在地形、理水或植树等方面都比意大利简朴得多。

16世纪以后，法兰西宫廷建筑中心由劳来河沿岸迁移到巴黎附近。巴黎附近地区一时出现了很多新的宫邸和庄园，贵族们更加追求穷欢极乐的宴舞声歌新生活方式，而古典式的城堡建筑就无太大必要了。意大利文艺复兴式的庄园被接受过来，形成平地几何式庄园。

（2）凡尔赛宫苑

17世纪后半叶，法王路易十三战胜各个封建诸侯，统一了法兰西全国，并且远征欧洲大陆。到路易十四时（1661—1715）夺取将近一百块领土，建立起君主专治的联邦国家。法国成了生产和贸易大国，开始有了与英国争夺世界霸权的能力。此时，法兰西帝国处于极盛时期。路易十四为了表示他至尊无上的权威，建立了凡尔赛宫苑。凡尔赛宫苑是西方造园史上最光辉的成就，由勒诺特大师设计建造，勒诺特是一位富有广泛绘画和园林艺术知识的建筑师。凡尔赛宫原是路易十三的狩猎场，只有一座三合院式砖砌猎庄，在巴黎西南。1661年，路易十四决定在此建宫苑，历经不断规划设计、改建、增建，至1758年路易十五时期才最后完成，共历时90余年。主要设计师有法国著名造园家勒诺特、建筑师勒沃、学院派古典主义建筑代表孟萨等。路易十四有意保留原三合院式猎庄作为全宫区的中心，将墙面改为大理石，称“大理石院”。勒沃在其南、西、北扩建，延长南北两翼，成为御院。御院前建辅助房、铁栅，为前院。前院之前建为扇形练兵广场，广场上筑三条放射形大道。1678—1688年，孟萨设计凡尔赛宫南北两翼，总长度达402m。南翼为王子、亲王住处，北翼为中央政府办公处、教堂、剧院等。宫内有陈列厅，很宽阔；有大理石大楼梯、壁画与各种雕像。中央西南为宫中主大厅（称镜廊），宫西为勒诺特设计、建造的花园，面积约6.7km^2。园分南、北、中三部分。南、北两部分都为绣花式花坛，再南为橘园、人工湖；北面花坛由密林包围，景色幽雅，有一条林荫路向北穿过密林，尽头为大水池、海神喷泉。园中央开一对水池。3km长的中轴向西穿过林园，达小林园、大林园（合称十二丛林）。穿小林园的称王家大道，中央设草地，两侧排雕刻。道东为池，池内立阿波罗母亲塑像：道西端池内立阿波罗驾车冲出水面的塑像。两组塑像象征路易十四“太阳王”与表明王家大道歌颂太阳神的主题。中轴线进入大林园后与大运河相接，大运河为十字形，两条水渠成十字相交构成，纵长1500m，横长1013m，宽为120m，使空间具有更为开阔的意境。大运河南端为动物园，北端为特里阿农殿。因由勒诺特设计、建造，故称此园为勒诺特艺术园林，为欧洲造园的典范，一些国家争相模仿。

1670年，路易十四在大运河横臂北端为其贵妇蒙泰斯潘建一中国茶室，小巧别致，室内装饰、陈设均按中国传统样式布置，开外国引进中式建筑风格之先例。

凡尔赛宫苑是法国古典建筑与山水、丛林相结合的规模宏大的一座宫苑园林，在欧洲影响很大。一些国家纷纷效法，但多为生搬硬套，反成了庸俗怪异、华而不实、不伦不类的东西，幸好此风为时不长即销声匿迹。可见艺术的借鉴是必要的，而模仿是无出路的，借鉴只是为了创造出新的成果。

5.英国园林

英格兰是海洋包围的岛国，气候潮湿，国土基本平坦或缓丘地带多。古代英国长期受意大利政治、文化的影响，受罗马教皇的严格控制。但其地理条件得天独厚，民族传统观念较稳固，有其自己的审美传统与兴趣、观念，尤其对大自然的热爱与追求，形成了英国独特的园林风格。17世纪之前，英国造园主要模仿意大利的别墅、庄园，园林多为封闭的环境，构成古典城堡式的官邸，以防御功能为主。14世纪起，英国所建庄园转向追求大自然风景形式。17世纪，英国模仿法国凡尔赛宫苑，将官邸庄园改建为法国式的整形苑园。18世纪，英国工业与商业发达，成为世界强国，其造园吸取中国园林、绘画与欧洲风景画的特色，探求本国的新园林形式，出现了自然风景园。

（1）英格兰传统庄园

英国从14世纪开始，改变了古典城堡式庄园而成与自然结合的新庄园，对其后园林传统影响深远。新庄园基本上分布在两处：一是庄园主的领地内丘阜南坡之上，一是城市近郊。前者称“杜特式”庄园，利用丘阜起伏的地形与稀疏的树林、绿茵草地，以及河流或湖沼，构成秀丽、开阔的自然景观，在显朗处布置建筑群，使其处于疏林、草地之中。这类庄园，一般称为“疏林草地风光”，概括其自然风景的特色。庄园的细部处理，也极尽自然格调。

城市近郊庄园，外围设隔离高墙，但高度以利借景为宜。园中央或轴线上筑一土山，称“台丘”，有的台丘上建亭。台丘一般为多层，设台阶，盘曲蹬道相通。园中也常设模仿意大利、法国的绿丛植坛、花坛，并以黄杨等植篱围，植坛、花坛组成几何图案，或修剪成各种样式。

（2）英格兰整形园

17世纪60年代起，英国模仿法国凡尔赛宫苑，刻意追求几何图形的整齐植坛，而使造园出现了明显的人工雕饰，破坏了自然景观，丧失了自己优秀的园林传统。如伊丽莎白皇家宫苑、汉普顿园等。这些园一律将树木灌丛修剪成各种建筑物形状、鸟兽物像、模纹花坛等，而乔木、树丛、绿地的自然形态却遭到严重破坏。培根在其《论园苑》中指出：这些园林充满了人为意味，只可供孩子们玩赏。1685年，外交官W.坦普尔在《论伊壁鸠鲁式的园林》一文中说："完全不规则的中国园林可能比其他形式的园林更美。"18世纪初，作家J.艾迪生也指出："我们英国的园林师不是顺应自然，而是喜欢尽量违背自然……每一棵树上都有刀剪的痕迹。"英国的教训，实为后世之鉴，也为英国自然风景园的出现创造了条件。

（3）英格兰的自然风景园

18世纪英国产业革命使其成为世界上头号工业大国，国土面貌大为改观，人们更为重视自然保护，热爱自然。当时英国生物学家也大力提倡造林，文学家、画家发表了较多颂扬自然园林的作品，并出现了浪漫主义思潮，而且庄园主们对刻板的整形园也感厌倦，加上受中国园林等的启迪，英国园林师注意从自然风景中汲取营养，逐渐形成了自然风景园的新风格。

园林师W.肯特在园林设计中大量运用自然手法，改造了白金汉郡的斯托乌府邸园。园中有形状自然的河流、湖泊，起伏的草地，自然生长的树木，弯曲的小径。其后，他的助手L.布朗又加以彻底改造，除去一切规则式痕迹，全园呈现出牧歌式的自然景色。此园一成，人们为之耳目一新，争相效法，形成了"自然风景学派"，自然风景园相继出现。

18世纪末，布朗的继承者雷普顿改进了风景园的设计。他将原有庄园的林荫路、台地保留下来，高耸建筑物前布置整形的树冠，如圆形、扁圆形树冠，使建筑线条与树形相互映衬。运用花坛、棚架、栅栏、台阶作为建筑物向自然环境的过渡，把自然风景作为各种装饰性布置的背景。这样做迎合了一些庄园主对传统庄园的怀念，而且将自然景观与人工整形景观结合起来，可说是一种艺术综合的表现。但他的处理艺术并不理想，正如有人指出的：走进园中看不到生动、惊异的东西。

1757年、1772年，英国建筑师、园林师W.钱伯斯利用他到中国考察所得，先后出版了《中国建筑设计》《东方造园泛论》两本著作，主张英国园林中要引进中国情调的建筑小品。受他的影响，英国出现了英中园林，但与中国造园风格结合得并不理想，并未达到一种自然、和谐的完美境界，与中国的自然山水园相距甚远。

（四）日本古代园林

日本早期园林是为防御、防灾或实用而建的宫苑，周围开濠筑城，内掘池建岛，宫殿为主体，其间列植树木。而后学习中国汉唐宫苑，加强了游观设置，以观赏游乐为主要设景、布局原则，创造了崇尚自然的朴素园林特色。

1.日本古代宫苑

日本8世纪的《古事记》和《日本书记》中记述了日本900余年间古代传说、神话和皇室诸事等，也反映了有关宫苑园庭的一些情况。如在3—4世纪时，孝照天皇建有掖上池心宫、崇神天皇建有矶城瑞篱宫、乐仁天皇建有缠向珠城宫、正天皇建有紫篱宫、武烈天皇建有泊濑列城宫。这些宫苑外围有壕沟或筑土城环绕周边，只留可供进出的桥或门，内中有列植的灌木和用植物材料编制的墙篱，宫苑里都开有泉池，以作游赏和养殖。

6世纪中叶，佛教东传日本，钦明天皇的宫苑中开始筑有须弥山，以应佛国仙境之说，一池中架设吴桥以仿中国苑园的特点。6世纪末，推古天皇受佛教的启发，在宫苑的河边池畔或寺院之间，除筑须弥山外，还广布石造。一时间，山石成为造园的主件。这是模仿中国汉代以来“一池三山”的做法，从皇家宫苑遍及各个贵族私宅庭园之中。

日本古代的宫苑园庭全面接受了中国汉唐以来的宫苑风格，多在水上做文章，掘池以象征海洋，起岛以象征仙境，布石植篱瀑布细流以点化自然，并将亭阁、滨台（钓殿）置于湖畔绿荫之下以享人间美景。奈良时代的后期即天平时代，圣武天皇的平城宫内南苑西池宫、松林苑、鸟池塘等苑园都具有这个特点。

8世纪末，恒武天皇迁都平安京后，充分利用本地的天然池塘、涌泉、丘陵、山川、树木及石材等优良条件，进行广泛的造园活动。建筑物仿唐制，苑园以汉代上林苑为楷模，建神泉苑。另外，还建有嵯峨院（大觉寺）。平安时代近400年期间，日本把“一池三山”的格局进一步发展成为具有自己特点的“水石庭”，而且总结了前代造园经验，写出了日本第一部造庭法秘传书，取名为《作庭记》，全面地论述了庭园形态类别形状，立石方法、缩景表现、水景题材、山水意匠以及石事、树事、泉事、杂事等。这个时期的造园还是尽量表现自然，呈现不规则状态，建筑布局也不要求左右对称，寝殿之前都有南池，并有礼拜广庭，池中设数岛，其中最大的岛称为中岛，庭前近水处架设石桥或平桥。到平安时代（794—1192）后期，“一池三山”式的水石庭布局有明确的定式，池中三岛，池后假山设有溪流，各种石组（浅石、遗水石、岛式石）分布都有定位，草木种植都有定法，而且说明中指出处理手法及利弊关系等。

2.日本中期的寺园、枯山水及茶庭

幕府时期（1338—1573）是将军执政，特别重视佛教的作用。佛教推行净土真宗和宿命轮回的精神境界，深受幕府和御人的崇敬。此时，从中国宋朝传入的禅宗思想更受欢迎，大兴寺院造园之风。14—15世纪的日本，幕府御人家花园和禅宗寺院庭园比前代又有新的演变。中国宋代饮茶风气传入日本之后，在日本形成茶道。封建上层人家以茶道仪式为清高之举，茶道和禅宗净土结合之后更带有一种神秘色彩。根据茶道净土的环境要求，造庭形式出现了茶庭的创作。

随着幕府、禅宗和茶道的发展，造庭又一度形成高峰，适应这种形势的需要，造庭师和造庭书籍不断涌现，并且在造庭式样上也有所创新。日本造园史里最著名的梦窗国师创造了许多名园，如西方寺、临川寺、天龙寺等。梦窗国师是枯山水式庭园的先驱，他所做的庭园具有广大的水池，曲折多变的池岸，池面呈“心”字形，从置单石发展迭组石，还进一步叠成假山设有洗石，植树远近大小与山水建筑相配合，利用夸张和缩写的手法创造出残山剩水形式的枯山水风格。

室町时代（1338—1573）到桃山时代（1573—1600），日本茶庭逐渐遍及各地，成为一种新式园林，同时也产生了许多流派。此时又出一本《嵯峨流庭古法秘传》之书，书中有“地割法”“庭坪地形取图”等内容，对水池、山岛等都确定了位置和比例。标明水池居中而呈“心”字形，池后为守护石及浅，守护石前右为主人岛，前左为客人岛，池中心为中岛，池前为礼拜石和平滨。室町时代后期，由于贸易发达财政富裕，促使此间产生了“金阁”“银阁”式庭园。特别是鹿苑寺金阁和慈照寺银阁最为出名。

枯山水式庭园以京都龙安寺方丈南庭、大仙院方丈北东庭最为著名。寺园内以白沙和拳石象征海洋波涛和岛屿。龙安寺方丈庭园全用白沙敷设，其掇石五处共15块（分为五、二、三、二、三），将白沙绕石耙出波纹状，以此想象海中山岛。

3.日本后期的茶庭及离宫书院式庭园

室町末期至桃山初期，日本国内处于群雄割据的乱世局面，豪强诸侯争雄夺势各据一方，建造高大而坚固的城堡以作防御，建造宏伟华丽的宅邸庭园以作享受。因此，武士家的书院式庭园竞相兴盛。比较突出的有两条城、安士城、聚乐第、大阪城、伏见城等，其中主题仍以蓬莱山水或枯山水为主流。石组多用大块石料，借以形成宏大凝重的气派。树木多整形修剪，还把成片的植物修剪成自由起伏的不规则状态，使总体构成大书院、大石组的特点。

茶庭形式到了桃山时代则更加兴盛起来。茶道仪式从上层社会已普及到一般民间，成为社会生活中的流行风尚。权臣富户有大的宅园，一般富户有小的庭院。宅园庭院以居室和茶室相属相分，与茶室相对的庭园即是茶园。茶庭是自然式的宅园，截取自然美景的一个片段再现茶庭之中，以供人们举行茶道仪式时在茶室里边向外欣赏，更有利于凝思默想以助雅兴。茶道往往把茶、画和庭三者合起来品赏，更辅有石灯笼。洗手钵和飞石敷石等陈设，增加了幽雅的气息，甚至阶苔生露、翠草洗尘，有如禅宗净土的妙境。这些都成为桃山江户时代茶庭园的特点。此期茶庭造园家首推小堀远州，由他建立的这一流派后来称为远州派。

江户时代开始兴盛起来的离宫书院式庭园也是独具民族风格的一种形式，这种形式的代表作品是桂离宫庭园。桂离宫庭园的中心有个大水池，池心有三岛，并且有桥相连。园中道路曲折回环联系各处，池岸曲绕。山岛有亭，水边有桥，轩阁庭院有树木掩映，石灯笼、蹲配石组布置其间。花草树木极其丰富多彩。桂离宫廷园内的主要建筑古书院、中书院和新书院三大组建筑群排列自然，错落有致。类似桂离宫的还有蓬莱园、小石川后乐园、纪洲公西园（赤坂离官）、飞大久保侯的乐寿园（旧芝离宫）、滨御殿等。

日本庭园受中国苑园的启发，形成东方系的自然山水园，而日本庭园的发展变化又根据本国的地理环境、社会历史和民族感情创造出了独特的日本风格。日本庭园的传统风格具有悠久的历史，后来逐渐形成规范化。日本庭园对世界造园活动也产生了很大影响，直到明治维新以后才随着西方文化的输入，开始有了新的转折，增添了西式造园的形式和技艺。

（五）外国近代、现代园林绿化

外国近代、现代园林沿着公园、私园两条线发展，而以城市公园、私园为主体，并且与城市绿化、生态平衡、环境保护逐渐结合起来，扩大了传统园林学的范围，提出了一些新的造园理论艺术。园林规划、设计与建造也与城市总体规划、建设紧密结合起来，并纳入其中，园林绿化业获得了空前规模的迅速发展。

1.公园的出现与发展

公园是公众游观、娱乐的一种园，也是城市公共绿地的一种类型。最早的公园多由政府将私园收为公有而对外开放形成的。西方从17世纪开始，英国就将贵族私园开辟为公园，如伦敦的海德公园；欧洲其他国家也相继仿效，公园遂普遍成为一种园林形式。19世纪中叶，欧洲及美国、日本开始规划设计与建造公园，标志近代公园的产生。如19世纪50年代美国纽约的中央公园，70年代日本大阪市的住吉公园，美国的黄石国家公园等。

现代世界各国公园，除开辟新园、古典园林、宫苑外，主要是由国家在城市或市郊、名胜区等专门建造的国家公园或自然保护区。美国1872年建立的黄石国家公园是世界上第一座国家公园，面积为89万公顷以上，开辟了保护自然环境、满足公众游观需要的新途径。而后世界各国相继效法，建立国家公园。有些国家还制定了自然公园法令，以保证国土绿化与城市美化。国家公园一般都选天然状态下具有独特代表性自然环境的地区进行规划、建造，以保护自然生态系统、自然地貌的原始状态。其功能多种多样，有科学研究、科学普及教育的，有公众旅游、观赏大自然奇景的等。目前，全世界已有100多个国家建立了各具特色的国家公园1200多座。美国有48座，日本有27座，加拿大有31座，法国有7000个自然保护区、3500个风景保护区，英国有131个自然保护区、25个风景名胜区，坦桑尼亚有7座国家动物园、11个野生动物保护区等。

2.城市绿地

城市绿地指公园、林荫路、街心花园、绿岛、广场草坪、赛场或游乐场、居住区小公园、居住环境及工矿区等，统称为城市园林绿地系统。

西方产业革命后，随着工业的发展，工业国家的城市人口不断增加，工业对城市环境、交通对城市环境的污染日益严重。1858年，美国建立纽约中央公园后，多方面的专家纷纷从事改造城市环境的活动，把发展城市园林绿地作为改造城市物质环境的手段。1892年，美国风景建筑师F.L.奥姆斯特德编制了波士顿城市园林绿地系统方案，将公园、滨河绿地、林荫道连接为绿地系统。而后一些国家也相继重视公共绿地的建设，国家公园就是其中规模最大的一项建设工程。近几十年来，各国新建城市或改造老城，都把绿地系统规划纳入城市总体规划之中，并且制定了绿地率、绿地规范一类的标准，以确保城市有适宜的绿色环境。

3.私园的新发展

西方资产阶级为追求物质、文化享受，比过去的剥削者更重视园林建设，而且除继承园林传统外，特别注重园林的色彩与造型，造景讲究自然活泼，丰富多彩。随着自然科学技术的发展，通过驯化、繁育良种、人工育种、无性繁殖等方法不断涌现出适应性强，应用广泛的园林植物，为园林绿化建设提供了取之不尽的资源，也促进了以花卉、植物为主的私园迅速发展，产生了近现代诸多专类花园，如芍药园、蔷薇园、百合园、大丽花园、玫瑰园及植物园等。

私园以大资本家、富豪者为多，有的大资本家、富豪拥有多处或多座私园，在城市里建有华贵富丽的宅馆与花园，或工厂宾馆的园林绿地，在郊外选风景区建别墅，甚至于异乡建休养别馆。英国19世纪后，私人的自然风景园发展较快，而且不再是单色调的绿色深浅变化，而注重建植华丽色彩的花坛栽植新鲜花木，建筑造型、色彩也富有变化，舒适美观。除花坛外，私园多铺开阔草地，周植各种形态的灌木丛，边隅以花丛点缀；另有露浴池、球场、饰瓶、雕塑之类。英国的这类私园是近现代西方私园的典型，对欧美各国影响极大；欧美私园基本仿英国建造。

现代城市中、小资产者与富裕市民也掀起建小庭园的热潮。以花木或花丛、小峰石、花坛、小水池及盆花、盆景装饰庭院，改善与美化住宅小环境。这类园虽小，无定格，但也不乏精品，而且人数众多，普及面广交流频繁，对园林绿化的发展具有不可忽视的促进作用。

总之，东西方民族对自然的观察和概括方法不同，以及工程条件、自然风景资源、风俗习惯、审美观念之差异，加上文化技术发展阶段的不同，因此而形成了园林风格之差异，但又因东西方造园均取材于自然，使之也有共同之处，因此才保持了东西方园林艺术的多样与统一。

第四节　现代景观设计的理论基础

景观设计的主要目的是规划设计出适宜的人居环境，既要考虑到人的行为心理、精神感受，又要考虑到人的视觉审美感受，还要考虑人的生理感受，也就是要注重生态环境的构建和保护。因此，景观设计离不开对生态学和人类行为、美学等方面的研究。

一、生态学及景观生态学

（一）生态学

1866年，德国科学家海克尔首次将生态学定义为：研究有机体与其周围环境（包括非生物环境和生物环境）相互关系的科学。

麦克哈格在《设计结合自然》一书中强调介词“结合”的重要性，他认为，一个人性化的城市设计必须表达人类与其他生命的“合作与伙伴关系”，应充分利用自然提供的潜力。而麦克哈格认为设计的目的只有两个，即“生存与成功”，应以生态学的视角去重新发掘我们日常生活场所的内在品质和特征。

作为环境与生态理论发展史上重要的代表人物，麦克哈格把土壤学、气象学、地质学和资源学等学科综合起来，并应用到景观规划中，提出了“设计遵从自然”的生态规划模式。这一模式突出各项土地利用的生态适宜性和自然资源的固有属性，重视人类对自然的影响，强调人类、生物和环境之间的伙伴关系。这个生态模式对后来的生态规划影响很大，成为20世纪70年代以来生态规划的一个基本思路。

（二）景观生态学

1969年，克罗率先提出景观的规划设计应注重“创造性保护”工作，即既要最佳组织调配地域内的有限资源，又要保护该地域内的美景和生态自然，这标志着“景观生态学”理论的诞生。它强调景观空间格局对区域生态环境的影响与控制，并试图通过格局的改变来维持景观功能流的健康与安全，从而把景观客体和“人”看作一个生态系统来设计。[①]

① 陆娟，赖茜.景观设计与园林规划[M].延吉：延边大学出版社，2020：7-8.

按照德国学者福尔曼和戈德罗恩的观点，景观生态学的研究重点在于：景观要素或生态系统的分布格局；这些景观要素中的动物、植物、能量、矿质养分和水分的流动；景观镶嵌体随时间的动态变化。他们引入了3个基本的景观要素，即斑块、廊道和基质，用来描述景观的空间格局。进入20世纪80年代以来，遥感技术、地理信息系统和计算机辅助制图技术的广泛应用，为景观生态规划的进一步发展提供了有力的工具，使景观规划逐渐走向系统化和实用化。1995年，哈佛大学著名景观生态学家福尔曼强调景观格局对过程的控制和影响作用，通过格局的改变来维持景观功能、物质流和能量流的安全，这表明景观的生态规划已经开始从静态格局向动态格局转变。

二、环境行为心理学

环境行为心理学兴起于20世纪60年代，经过20余年的研究与实践的积累之后，至20世纪80年代逐渐成熟。环境行为心理学开始以研究“环境对人行为的影响”为重点，后来发展为研究“人的行为与构造和自然环境之间相互关系”的交叉学科。环境行为心理学的研究主要集中在以下几个方面。

（一）环境对人的心理和行为的影响

包括特定环境下公共与私密行为的方式、特征，安全感、舒适感等各种生理和心理需求的实现以及如何获得一种有意义的行为环境等。

（二）环境因素对人的生活质量的影响

涉及拥挤、噪声、气温、空气污染等。

（三）人的行为对周围环境与生态系统的影响

涉及环保行为和环境保护的心理学研究。

此外，在环境行为学科下属还有一个场所结构分析理论，是研究城市环境中的社会文化内涵和人性化特征的理论。它以现代社会生活和人为根本出发点，注重并寻求人与环境有机共存。这个理论认为城市设计思想首先应强调一种以人为核心的人际结合、聚落的必要性，设计必须以人的行为方式为基础，城市形态必须从生活本身结构发展而来。与功能派大师注重建筑与环境关系不同，该理论关心的是人与环境的关系。

三、景观美学理论

不同的学者有不同的美学理论，对美有不同的阐释。柏拉图认为“美是理式”，亚里士多德认为“美是秩序、匀称和明确”，黑格尔认为“美是理念的感性显现”，蔡仪认为“美是典型”，朱光潜认为“美是主客观的统一”，李泽厚认为“美是自由的形式”，等等。

王长俊先生的景观美学理论认为，景观是立体的多维的存在，要求审美主体从各个不同形象、不同侧面、不同层次之间的内在联系系统中，从不同层面相互作用的折射中，去探索和挖掘景观的美学意蕴。其将景观美看作一种人类价值，但并不是一种超历史的、凝固不变的价值，它总是要随着历史的演进，只有从历史学的角度，才有可能把握景观美的本质。

四、可持续发展观念

可持续发展是20世纪80年代提出的一个新概念。1987年，世界环境与发展委员会在《我们共同的未来》报告中第一次阐述了可持续发展的概念，得到了国际社会的广泛共识。“可持续发展”是指在不危及后代、满足其需要的前提下，满足当代人的现实需要的一种发展。其基本原则是寻求经济、社会、人口、资源和环境等系统的平衡与协调。在城市化迅速发展的今天，为保证城市健康持续发展指明了道路。

第七章　园林景观组景手法与园林景观工程

第一节　园林景观组景手法

园林景观美学构成要素有很多种，景物作用于人的感官而形成美学观念，园林景观通过空间结构的变化，运用各种组织手法把各种景观的美学要素展现在人的面前，通过一系列视觉刺激、听觉刺激及其他感官刺激，使人产生美的感受。园林景观组景涉及景园总体布局、结构方式、空间形态，景观要素的几何因素（点、线、面形式等）、物理因素（色彩、肌理、质感等）、人文因素（性状、情感、风格等）等诸多方面，因此，其组景的手法亦非常丰富。本章将根据园林景观各要素的特点，以中国古典园林景观组景为背景，对山石、植物、综合性等园林景观组景手法进行介绍。

一、园林景观组景手法综述

（一）园林景观环境及用地选择

中国传统园林、庭园的总体设计，首先重视利用天然环境、现状环境，不仅为了节省工料，重要的是得到富有自然景色的庭园总体空间。明代计成在《园冶》相地篇中说："相地合宜，构园得体。"用地环境选择得合适，施工用料方案得法，才能为庭园空间设计、具体组景创造优美的自然与人工景色提供前提。其次，选地要遵循因地制宜的原则。古时的环境及用地分为山林、城市、村庄、郊野、宅旁、江湖等。近现代也仍然是这些，只是城市中的园林类型增多，城市用地的自然环境条件越来越差，人工工程环境越来越多。在这种条件下如何创造和发展自然式庭园风格，需要在研究传统庭园理论的同时，寻求适应城市条件的新的设计方法。人们会认识到在现今城市设计中，保护已有自然环境（水面、树林、丘陵地）和尚存的历史园林庭园的重要。因为自然山林、河湖水面、平岗丘陵地势、溪流、古树等都是发展自然式园林和取得“构园得体”的有利条件。具体设计时，可将上述问题概括为以下三点。[①]

1.选择适合构园的自然环境，在保护自然景色的前提下去构园

构园之所以把山林地、江湖地、郊野地、村庄地等列为佳胜，是体现中国自然式庭园始终提倡的“自成天然之趣，不烦人事之工”的重要设计思想。这种设计思想对于资金建设力量雄厚、到处充塞着人工建筑的今日园林景观环境有很现实的借鉴意义。如山林郊野地，有高有凹、有曲有深、有峻而悬、有平而坦，加之树木成林，已具有了60%的自然景观，再按功能铺砌园路磴道，设置必要的小建筑等人工组景设计，园林景观即可大体构成。如江湖、水面、溪流环境，经整砌岸边、修整或设计水面湖型，再按组景方法布局，以水面为主体的景园则可自然构成。我国很多传统景园就是按此思想构园的。但现在面临的问题是不重视保护自然景观、过量地动用人工工程，应引以为戒。

2.利用自然环境，进行人工构园的方法

相地合宜和构园得体，两者关系非常紧密。或者说，构园得体，大部分源于相地合宜。但构园创作的程度，从来不是单一直线的，而是综合交错的。建筑师、造园师的头脑里常常储存着大量的，并经过典型化了的自然山水景观形象，同时还掌握许多诗人、画家的词意和画谱。因此，他们相地的时候，除了因势成章、随宜得景之外，还要借鉴名景和画谱，以达到构园得体。如计成在相地构园中，曾借鉴过关同（五代）、荆浩（后梁）的笔意、画风，谢朓（南北朝）的登览题词之风，以及模仿李昭道（唐朝）的环窗小幅、黄公望（元代）的半壁山水等。这体现了设计创作中利用自然构园过程的实践与理论的关系和方法。

3.人工环境占主体时的构园途径和方法

在城市中心尚中层建筑密集区、建筑广场、中层住宅街坊、小区和建筑庭院街道上构园是最困难的，但它们也是最渴望得到绿地庭园的地方。在建筑空间中构园或平地构园应注意运用以下人工造园的方法。

（1）建筑空间与园林空间互为陪衬的手法

可以绿树为主，也可以建筑群为主。前者种植乔木，后者可为草坪。根据功能和城市景观效果确定。

（2）用人工工程仿效自然景观的构园方法

凿池筑山是常法（北京圆明园、承德避暑山庄都是挖池堆山，取得自然山水效果），但要节工惜材，山池景物宜自然幽雅，不可矫揉造作。做假山时，要注意山体尺度，山小者易工，避免以人工气魄取胜。

---

① 胡平，侯阳，张思．园林景观设计 [M]. 哈尔滨：哈尔滨工程大学出版社，2018：58-67.

（3）划分空间与互为因借的方法

平地条件和封闭的建筑空间内构园，要做出舒展、深奥的空间效果，需多借助划分空间和互为因借的手法，并注意建筑形式、尺度以及庭园小筑的作用，如窗景、门景、对景的组景等。

（二）园林景观结构与布局

园林景观的使用性质、使用功能、内容组成，以及自然环境基础等，都要表现到总体结构和布局方案上。由于性质、功能、组成、自然环境条件的不同，结构布局也各具特点，并分为各种类型，但它的总体空间构园理论是有共性的。

1.总体结构的几种类型

有自然风景园林和建筑园林。建筑园林、庭园中又可分为以山为主体，以水面为主体，山水建筑混合，以草坪、种植为主体的生态园林景观。

（1）自然风景园林布局的特征

如自然环境中的远山峰峦起伏呈现出节奏感的轮廓线，由地形变化所带来的人的仰、俯、平视构成的空间变化，开阔的水面或蛇曲所带来的水体空间和曲折多变的岸际线，以及自然树群所形成的平缓延续的绿色树冠线等。巧于运用这些自然景观因素，再随地势高下，体形之端正，比例尺度的匀称等人工景物布置，是构成自然风景园林结构的基础，并体现出景物性状的特点。

（2）建筑园林景观布局的特征

中国城市型或成建筑功能为主的庭园，常以厅堂建筑为主划分院宇，延续院廊，随势起伏；路则曲径通幽；低处凿池，面水筑榭；高处堆山，居高建亭；小院植树叠石，高阜因势建阁，再铺以时花种竹。

2.总体空间布局

（1）景区空间的划分与组合

把单一空间划分为复合空间，或把一个大空间划分为若干个不同的空间，其目的是在总体结构上，为庭园展开功能布局、艺术布局打下基础。划分空间的手段离不开庭园组成物质要素，在中国庭园中的屋宇、廊、墙、假山、叠石、树木、桥台、石雕、小筑等，都是划分空间所涉及的实体构件。景区空间一般可划分为主景区、次景区。每一景区内都应有各自的主题景物，空间布局上要研究每一空间的形式、大小、开合、高低、明暗的变化，还要注意空间之间的对比。如采取“欲扬先抑”，是收敛视觉尺度感的手法，先曲折、狭窄、幽暗，然后过渡到较大和开朗的空间，这样可以达到丰富园景，扩大空间感的效果。

（2）景区空间的序列与景深

人们沿着观赏路线和园路行进时（动态），或接触园内某一体型环境空间时（静态），客观上它是存在空间程序的。若想获得某种功能或园林艺术效果，必须使人的视觉、心理和行进速度、停留的空间，按节奏、功能、艺术的规律性去排列程序，简称空间序列。早在1100年前，中国唐代诗人灵一诗中“青峰瞰门，绿水周舍，长廊步屧，幽径寻真，景变序迁……”，就已提出了景变序迁的理论，也就是现在西方现代建筑流行的空间序列理论。中国传统景园组景手法之一，步移景异，通过观赏路线使园景逐步展开。如登高—下降—过桥—越涧—开朗—封闭—远眺—俯瞰—室内—室外——使景物成序列曲折展开，将园内景区空间一环扣一环连续展开。如小径迂回曲折，既延长其长度，又增加景深。景深要依靠空间展开的层次，如一组组景要有近、中、远和左、中、右三个层次构成，只有一个层次的对景是不会产生层次感和景深的。

景区空间依随序列的展开，必然带来景深的伸延。展开或伸延不能平铺直叙地进行，而要结合具体园内环境和景物布局的设想，自然地安排“起景”“高潮”“尾景”，并按艺术规律和节奏，确定每条观赏线路上的序列节奏和景深延续程度。如一段式的景物安排，即序景—起景—发展—转折—高潮—尾景；二段式即序景—起景—发展—转折—高潮—转折—收缩—尾景。

（3）观赏点和观赏路线

观赏点一般包括入口广场、园内的各种功能建筑、场地，如厅堂、馆轩、亭、榭、台、山巅、水际、眺望点等。观赏路线依园景类型，分为一般园路、湖岸环路、山上游路、连续进深的庭院线路、林间小径等。总之，是以人的动、静和相对停留空间为条件来有效地展开视野和布置各种主题景物的。小的庭园可有1～2个点和线；大、中园林交错复杂，网点线路常常构成全园结构的骨架，甚至从网点线路的形式特征可以区分自然式、几何式、混合式园。观赏路线同园内景区、景点除了保持功能上方便和组织景物外，对全园用地又起着划分作用。一般应注意下列四点：①路网与园内面积在密度和形式上应保持分布均衡，防止奇疏奇密；②线路网点的宽度和面积、出入口数目应符合园内的容量，以及疏散方便、安全的要求；③园入口的设置，对外应考虑位置明显、顺合人流流向，对内要结合导游路线；④每条线路总长和导游时间应适应游人的体力和心理要求。

3.运用轴线布局和组景的方法

人们在一块大面积或体型环境复杂的空间内设计园林时，初学者常感到不知从何入手。历史传统为我们提供两种方法：一是依环境、功能做自由式分区和环状布局；二是依环境、功能做轴线式分区和点线状布局。轴线式布局或依轴线方法布局有三个特点：以轴线明确功能联系，两点空间距离最短，并可用主次轴线明确不同功能的联系和分布；依轴线施工定位，简单、准确、方便；沿轴线伸延方向，利用轴线两侧、轴线结点、轴线端点、轴线转点等组织街道、广场、尽端等主题景物，地位明显、效果突出。

西方整形式（几何式）园林景观结构布局和运用轴线布局的传统是有直接联系的。通常采用笔直的道路与各功能活动区、点相连接，有时采用全园沿一条轴线做干道或风景线。

（三）园林景观造景艺术手法

中国造园艺术的特点之一是创意与工程技艺的融合以及造景技艺的丰富多彩。归纳起来，包括主景与配（次）景、抑景与扬景、对景与障景、夹景与框景、前景与背景、俯景与仰景、实景与虚景、内景与借景、季相造景等。

1.主景与配景（次景）

造园必须有主景区和配（次）景区。堆山有主、次、宾、配，园林景观建筑要主次分明，植物配植也要主体树和次要树种搭配，处理好主次关系就起到了提纲挈领的作用。突出主景的方法有主景升高或降低，主景体量加大或增多，视线交点、动势集中、轴线对应、色彩突出、占据重心等。配景对主景起陪衬作用，不能喧宾夺主，在园林景观中是主景的延伸和补充。

2.抑景与扬景

传统造园历来就有欲扬先抑的做法。在入口区段设障景、对景和隔景，引导游人通过封闭、半封闭、开敞相间、明暗交替的空间转折，再通过透景引导，终于豁然开朗，到达开阔景园空间，如苏州留园。也可利用建筑、地形、植物、假山台地在入口区设隔景小空间，经过婉转通道逐渐放开，到达开敞空间，如北京颐和园入口区。

3.实景与虚景

园林景观或建筑景观往往通过空间围合状况、视面虚实程度形成人们观赏视觉清晰与模糊，并通过虚实对比、虚实交替、虚实过渡创造丰富的视觉感受。如无门窗的建筑和围墙为实，门窗较多或开敞的亭廊为虚；植物群落密集为实，疏林草地为虚；山崖为实，流水为虚；喷泉中水柱为实，喷雾为虚；园中山峦为实，林木为虚；青天观景为实，烟雾中观景为虚，即朦胧美、烟景美，所以虚实乃相对而言。如北京北海有“烟云尽志”景点，承德避暑山庄有“烟雨楼”，都设在水雾烟云之中，是朦胧美的创造。

4.夹景与框景

在人的观景视线前，设障碍左右夹峙为夹景，四方围框为框景。常利用山石峡谷、林木树干、门窗洞口等限定视景点和赏景范围，从而达到深远层次的美感，也是在大环境中摘取局部景点加以观赏的手法。

5.前景与背景

任何园林景观空间都是由多种景观要素组成的，为了突出表现某种景物，常把主景适当集中，并在其背后或周围利用建筑墙面、山石、林丛或者草地、水面、天空等作为背景，用色彩、体量、质地、虚实等因素衬托主景、突出景观效果。在流动的连续空间中表现不同的主景，配以不同的背景，则可以产生明确的景观转换效果。如园林景观规划与设计白色雕塑易用深绿色林木背景，水面、草地衬景；而古铜色雕塑则采用天空与白色建筑墙面作为背景；一片春梅或碧桃用松柏林或竹林作为背景；一片红叶林用灰色近山和蓝紫色远山作为背景，都是利用背景突出表现前景的手法。在实践中，前景也可能是不同距离多层次的，但都不能喧宾夺主，这些处于次要地位的前景常称为添景。

6.俯景与仰景

园林景观利用改变地形建筑高低的方法，改变游人视点的位置，必然出现各种仰视或俯视视觉效果。如创造峡谷迫使游人仰视山崖而得到高耸感，创造制高点给人的俯视机会则产生凌空感，从而达到小中见大和大中见小的视觉效果。

7.内景与借景

园林景观空间或建筑以内部观赏为主的称内景，作为外部观赏为主的为外景。如亭桥跨水，既是游人驻足休息处，又是外部观赏点，起到内、外景观的双重作用。

园林景观具有一定范围，造景必有一定限度。造园家充分意识到景观之不足，于是创造条件，有意识地把游人的目光引向外界去猎取景观信息，借外景来丰富赏景内容。如北京颐和园西借玉、泉山，山光塔影尽收眼底；无锡寄畅园远借龙光塔，塔身倒影收入园地。故借景法可取得事半功倍的景观效果。

8.季相造景

利用四季变化创造四时景观，在园林景观设计中被广泛应用。用花表现季相变化的有春桃、夏荷、秋菊、冬梅；树有春柳、夏槐、秋枫、冬柏；山石有春用石笋、夏用湖石、秋用黄石、冬用宣石（英石）。如扬州个园的四季假山；西湖造景春有柳浪闻莺、夏有曲院风荷、秋有平湖秋月、冬有断桥残雪；南京四季郊游，春游梅花山、夏游清凉山、秋游栖霞山、冬游覆舟山。用大环境造景名的有杏花邮、消夏湾、红叶岑、松柏坡等。其他造景手法还有烟景、分景、隔景、引景与导景等。

（四）园林景观空间艺术布局

园林景观空间艺术布局是在景园艺术理论指导下对所有空间进行巧妙、合理、协调、系统安排的艺术，目的在于构成一个既完整又变化的美好境界，常从静态、动态两个方面进行空间艺术布局（构图）。

1.静态空间艺术构图

静态空间艺术是指相对固定空间范围内的审美感受。按照活动内容，分为生活居住空间、游览观光空间、安静休息空间、体育活动空间等；按照地域特征，分为山岳空间、台地空间、谷地空间、平地空间等；按照开朗程度，分为开朗空间、半开朗空间和闭锁空间等；按照构成要素，分为绿色空间、建筑空间、山石空间、水域空间等；按照空间的大小，分为超人空间、自然空间和亲密空间；依其形式，分为规则空间、半规则空间和自然空间；根据空间的多少，又分为单一空间和复合空间等。在一个相对独立的环境中，有意识地进行构图处理就会产生丰富多彩的艺术效果。

（1）风景界面与空间感

局部空间与大环境的交接面就是风景界面。

风景界面是由天地及四周景物构成的。以平地（或水面）和天空构成的空间，有旷达感，所谓心旷神怡；以峭壁或高树夹持，其高宽比为6：1～8：1的空间有峡谷或夹景感；由六面山石围合的空间，则有洞府感；以树丛和草坪构成的大于或等于1：3空间，有明亮亲切感；以大片高乔木和矮地被组成的空间，给人以荫浓景深的感觉。一个山环水绕、泉瀑直下的围合空间则给人清凉世界之感；一组山环树抱、庙宇林立的复合空间，给人以人间仙境的神秘感；一处四面环山、中部低凹的山林空间，给人以深奥幽静感；以烟云水域为主体的洲岛空间，给人以仙山琼阁的联想。还有，中国古典景园的咫尺山林，给人以小中见大的空间感。大环境中的园中园，给人以大中见小（巧）的感受。

由此可见，巧妙地利用不同的风景界面组成关系，进行园林景观空间造景，将给人们带来静态空间的多种艺术魅力。

（2）静态空间的视觉规律

利用人的视觉规律，可以创造出预想的艺术效果。

①最宜视距。正常人的清晰视距为25～30m，明确看到景物细部的视野为30～50m，能识别景物类型的视距为150～270m，能辨认景物轮廓的视距为500m，能明确发现物体的视距为1200～2000m，但这已经没有最佳的观赏效果。至于远观山峦、俯瞰大地、仰望太空等，则是畅观与联想的综合感受。

②最佳视阈。人的正常静观视场，垂直视角为130°，水平视角为160°。但按照人的视网膜鉴别率，最佳垂直视角小于30°、水平视角小于45°，即人们静观景物的最佳视距为景物高度的2倍或宽度的1.2倍，以此定位设景则景观效果最佳。但是，即使在静态空间内，也要允许游人在不同部位赏景。建筑师认为，对景物观赏的最佳视点有三个位置，即垂直视角为18°（景物高的3倍距离）、27°（景物高的2倍距离）、45°（景物高的1倍距离）。如果是纪念雕塑，则可以在上述三个视点距离位置为游人创造较开阔平坦的休息欣赏场地。

③远视景。除了正常的静物对视外，还要为游人创造更丰富的视景条件，以满足游赏需要。借鉴画论三远法，即仰视高远、俯视深远、中视平远，可以取得一定的效果。

一是仰视高远。一般认为视景仰角分别大于45°、60°、90°时，由于视线的不同消失程度可以产生高大感、宏伟感、崇高感和威严感。若小于90°，则产生下压的危机感。中国皇家宫苑中常用此法突出皇权，或在山水园中创造群峰万壑、小中见大的意境。如北京颐和园中的中心建筑群，在山下德辉殿后看佛香阁仰角为62°，产生宏伟感，也产生自我渺小感。

二是俯视深远。居高临下，俯瞰大地，为人们的一大乐趣。景园中也常利用地形或人工造景，创造制高点以供人俯视：绘画中称之为鸟瞰，俯视也有远视、中视和近视的不同效果。一般俯视角小于45°、30°、10°时，则分别产生深远、深渊、凌空感。当小于0°时，则产生欲坠危机感。登泰山而一览众山小，居天都而有升仙神游之感，也产生人定胜天感。

三是中视平远。以视平线为中心的30°夹角视场，可向远方平视。利用创造平视观景的机会，将给人以广阔宁静的感受，坦荡开朗的胸怀。因此，园林中常要创造宽阔的水面、平缓的草坪、开敞的视野和远望的条件，这就把天边的水色云光、远方的山廓塔影借来身边，一饱眼福。

远视景都能产生良好的借景效果，根据“佳则收之，俗则屏之”的原则，对远景的观赏应有选择，但这往往没有近景那么严格，因为远景给人的是抽象概括的朦胧美，而近景才给人以形象细微的质地美。

2.动态序列的艺术布局及创作手法

园林景观对于游人来说是一个流动空间，一方面表现为自然风景的时空转换，另一方面表现在游人步移景异的过程中。不同的空间类型组成有机整体，并对游人构成丰富的连续景观，就是园林景观的动态序列。

景观序列的形成要运用各种艺术手法，如风景景观序列的主调、基调、配调和转调。风景序列是由多种风景要素有机组合，逐步展现出来的，在统一基础上求变化，又在变化之中见统一，这是创造风景序列的重要手法。以植物景观要素为例，作为整体背景或底色的树林可谓基调，作为某序列前景和主景的树种为主调，配合主景的植物为配调，处于空间序列转折区段的过渡树种为转调；过渡到新的空间序列区段时，又可能出现新的基调、主调和配调，如此逐渐展开就形成了风景序列的调子变化，从而产生不断变化的观赏效果。

（1）风景序列的起结开合

作为风景序列的构成，可以是地形起伏，水系。以水体为例，水之来源为起，水之去脉为结，水面扩大或分支为开，水之溪流又为合。这和写文章相似，用来龙去脉表现水体空间之活跃，以收、放变换而创造水之情趣。如北京颐和园的后湖，承德避暑山庄的分合水系，杭州西湖的聚散水面。

（2）风景序列的断续起伏

这是利用地形地势变化而创造风景序列的手法之一，多用于风景区或郊野公园。一般风景区山水起伏，游程较远，我们将多种景区、景点拉开距离，分区段设置，在游步道的引导下，景序断续发展游程起伏高下，从而取得引人入胜、渐入佳境的效果。如泰山风景区从山门开始，路经斗母宫、柏洞、回马岭来到中天门就是第一阶段的断续起伏序列；从中天门经快活三里、步云桥、对松亭、异仙坊、十八盘到南天门是第二阶段的断续起伏序列；又经过天街、碧霞祠，直达玉皇顶，再去后石坞等，这是第三阶段的断续起伏序列。

（3）园林景观植物景观序列的季相与色彩布局

园林景观植物是景观的主体，然而植物又有其独特的生态规律。在不同的土地条件下，利用植物个体与群落在不同季节的外形与色彩变化，再配以山石水景、建筑道路等，必将出现绚丽多姿的景观效果和展示序列。如扬州个园内春植翠竹配以石笋，夏种广玉兰配太湖石，秋种枫树、梧桐配以黄石，冬植蜡梅、南天竹配以白色英石，并把四景分别布置在游览线的四个角落，在咫尺庭院中创造了四时季相景序。一般园林中，常以桃红柳绿表春，浓荫白花主夏，红叶金果属秋，松竹梅花为冬。

（4）园林景观建筑群组的动态序列布局

园林景观建筑在景园中只占有1%～2%的面积，但往往它是某景区的构图中心，起到画龙点睛的作用。由于使用功能和建筑艺术的需要，对建筑群体组合的本身，以及对整个园林景观中的建筑布置，均应有动态序列的安排。

对一个建筑群组而言，应该有入口、门庭、过道、次要建筑、主体建筑的序列安排。对整个园林景观而言，从大门入口区到次要景区，最后到主景区，都有必要将不同功能的景区，有计划地排列在景区序列轴线上，形成一个既有统一展示层次，又有多样变化的组合形式，以达到应用与造景之间的完美统一。

二、传统山石组景手法

（一）山石组景渊源及分类

据史载，唐懿宗时期（860—874），曾造庭园，取石造山，并取终南山草木植之，1958年于西安市西郊土门地区出土的唐三彩庭园假山水陶土模型，说明了唐长安城内庭园假山水已很流行，但由于历代战争及年久失修，这种庭园假山水景物已荡然无存，但市区旧园中却留下来大量的南山庭石。

唐长安时期选南山石布石之法，多做横纹立砌以示瀑布溪流，平卧水中以呈多年水冲浪涮古石之景，两者均呈流势动态景观，加之石形浑圆、皴纹清秀，布局疏密谐调，景致清新高雅，达到互相媲美，壁山石选蓝田青石为之。依其石形、石性及皴纹走势，借鉴中国山水画及山石结构原理，将石分为以下几类。①

1.峰石

轮廓浑圆，山石嶙峋变化丰富。

2.峭壁石

又称悬壁石，有穷崖绝壑之势，且有水流之皴纹理路。

3.石盘

平卧似板，有承接滴水之峰洞。

4.蹲石

浑圆柱，即蹲石，可立于水中。

5.流水石

石形如舟，有强烈的流水皴纹，卧于水中，可示水流动向，再辅以散点及步石等。

选用上述各类山石，以山水画理论及笔意，概括组合成山，依不对称均衡的构图原理，主山呈峰峦参差错落，主峰嶙峋峻峭，中有悬崖峭壁，瀑布溪流，下有承落水之石盘，滴水叮咚，山水相互成景；次峰及散点山石，构成壁山，群体主次分明，轮廓参差错落，富有节奏变化，加之石面质感光润、皴纹的多变，壁山壮丽、风格古朴，再于洞中植萝兰垂吊，景观格外宜人。

（二）山石组景基本手法

山水园是中国传统园林景观和东方体系园林景观主要特征之一。自然式园林景观常常离不开自然山石与自然水面，即所说的“石令人古，水令人远”。

1.布石

布石组景又称点石成景，日本称石组。根据地方山石的石性、皴纹并按形体分类，用一定数量的各种不同形体的山石与植物配合，布置成构图完美的各种组景。

（1）岸石

岸石参差错落，要注意平面交错，保持钝角原则；注意立面参差，保持平、卧、立，有不同标高的变化；注意主题和节奏感。

（2）阜冈、坡脚布石

运用多变的不对称的均衡手法布石，以得到自然效果。“石必一丛数块，大石间小石，须相互联络，大小顾盼，石下宜平，或在水中，或从土出，要有着落。”中国画画石强调布石与画石、组石的关系，池畔大石间小石的组合，“石分三面，分则全在皴擦勾

① 肇丹丹，赵丽薇，王云平．园林景观设计与表现研究 [M]. 北京：中国书籍出版社，2021：97-112.

勒。画石在于不圆、不扁、不长、不方之间。倘一成形，即失画石之意。”说明要自然石形，而不要图案石形。

（3）石性与皴法有关，又与布石有关

“画石则大小磊叠，山则络脉分支，然后皴之。”中国山水画技法构图与庭园布石构图有密切联系，如唐长安时期的庭园布石多用终南山石、北山石。石性呈横纹理、浑圆形，资质秀丽，宜作立石、卧石；宜土载石，宜石树组景，而不宜磊叠，不宜堆砌高山。唐长安时期有作盆景假山，是采取了横纹立砌手法，得到成功。

2.假山

中国园林景观自古就流传有造山之法，假山的结构发展至今日，仍以四大类为主。

其一，土山。

其二，土多石少的山。沿山脚包砌石块，再于盈纡曲折的磴道两侧，垒石如堤以固土，或土石相间略成台状。

其三，石多土少的山。三种构造方法，即山的四周与内部洞窟用石；山顶与山背的土层转厚；四周与山顶全部用石，成为整个的石包土。

其四，石山。全部用石垒起，其体形较小。

以上各种构造方法，均要因地制宜，注意经济，注意安全（如干土的侧压力为1时，遇水浸透后湿土的侧压力则为3～4，所以泥土易崩塌），一般仍以土石相间法为好。

三、传统园林景观植物组景手法

（一）植物组景基本原则

1.植物种植的生态要求

植物姿态长势自然优美，需有良好的水土，充足的日照、通风条件及宽敞的生长空间。

2.植物配植的艺术要求

在严格遵守植物生态要求条件下，运用构图艺术原理，可以配置出多种组景。中国园林景观喜欢自然式布局，在构图上提倡“多变的，不对称的均衡”的手法。中国也用对称式布局，四合院或院落组群的对称布局的庭院，植物配植多趋于对称。但中国景园建筑传统，在庄严规整庭院条件下也避免绝对对称（如故宫轴线上太和殿院内的小品建筑布置，东侧为日晷，西侧则为嘉量）。植物配植注意比例尺度，要以树木成年后的尺度、形态为标准。在历史名园中的植物品种，配置也是构成各个景园特色的主要因素之一。如凤翔东湖是柳、杨，张良庙北花园是古柏、凌霄，轩辕陵园是侧柏，颐和园的油松，拙政园的枫杨，网师园的古柏，沧浪亭的若竹，小雁塔园的国槐等，都自成特色，具有地方风格。

（二）植物配植的方式

现代植物配植总结为，香色姿，大小高低，常绿落叶，明暗疏密，花木与树群，花木与房屋，花木与山池等的多种因素的组合。常用的配置方式有以下几种。①

1.孤植（独立树）

具有色、香、姿特点，作对景、主题景物、视线上的对景，如屋、桥、路旁、水池等转点处。

2.同一树种的群植

有自然丛生风格，如柿子林、黄伊林等。

3.多种树种的群植

错落有致，大小搭配，常绿与落叶配合，高低配合，前后左右、近中远层次配植得当。

4.小空间内配植

近距离以观赏为主，色香姿较好的花木，如竹、天竹、蜡梅、山茶、海棠、海桐等，或配植成树石组景，空间尺度要合适。

5.大空间内配植

可用乔木划分空间，注意最佳视距和视域，D=3H～3.5H，并与房屋配合成组景。

6.窗景配植

绿意满窗，沟通内外扩大空间，配植成各种主题景物，如小枝横生、一叶芭蕉、几竿修竹。

7.房屋周围的花木配植

根据房屋的使用功能要求，兼顾植物本身的生态要求来决定花木配植的方式。处理好树与房屋基础、管沟之间的界限；处理好日照、采光、通风的关系。栽植乔木时，夏日能遮阴，冬天不影响室内日照。主要的房间窗口和露台前要有观景的良好的视距及扩散角度。在处理房屋立面与植物配景关系时，要注意房屋和庭园是个统一体，花木配植不能只看成配景。

8.山池的花木配植

假山与花木配植，要尺度合适。低山与乔木在比例上不是山，而是阜阪、岗丘。假山上只适合栽植体量小的花木或垂萝，以显示山的尺度。不少历史名园中，由于对花木的成年体量估计不足，到后来大多失去良好比例。岸边的花木与池形、池的水面大小有关；岸边花木多与池滨环路结合，属游人欣赏的近景。它的布局与效果最引人注意，需要做到株距参差，岸形曲折变化。以石砌岸时，花木亦随之错落相间而有致。池中倒影是构成优美

---

① 蓝颖，廖小敏．园林景观设计基础 [M]. 长春：吉林大学出版社，2019：134-147.

生动画面的一景，所以在山崖、桥侧、亭榭等临水建筑的附近，不宜植过多的荷花，以免妨碍水面清澈晶莹的特征。如北京颐和园的谐趣园，由于荷花过多，加之高出水面而失去谐趣的景致。睡莲的花叶娟秀，超出水面不高，适于较小的水景，如北京故宫内御花园小池浮莲的效果。

第二节　园林景观工程

园林景观工程广义指园林景观建筑设施与室外工程，它包括山石工程、水景工程、交通设施、建筑设施工程、建筑小品、植物绿化及施工构造技术等，是完成园林景观设计意图的必要物质和技术手段，也是构筑景观的重要组成部分。

一、园林景观工程分类简述

园林景观工程包括山石工程、水景工程、交通设施、建筑设施工程、建筑小品、植物绿化及施工构造技术等。①

（一）山石工程

园林景观的修造多选择有一定自然景观优势的地形，但有时在平原无法满足。因此，改造地形，人工堆山置石就显得很有必要。按照假山的构成材料，可分为石山、土石山、土山三类，每一类都有自己的特点，如石山的峻奇、土山的苍翠等。利用山石可堆叠多种形式的山体形态，如峰、峦、岭、崮、岗、岩、坞、谷丘、壑、蝴、洞、麓、台、栈道、磴道等。此外，还常用孤石来造景，如著名的苏州冠云峰、瑞云峰，杭州邹云峰，上海玉玲珑等。

堆山置石的材料，应因地制宜、就地取材，常用的石材有湖石类（南湖石、北湖石）、黄石类、青石类、卵石类（南方为蜡石、花岗石）、剑石类（斧劈石、瓜子石、白果石等）、砂斤石类和吸水石类。选用时可拓宽思路，灵活选用，所谓“遍山可取，是石堪堆”。传统的选石标准讲究透、漏、瘦、皱、丑。

① 陆娟，赖茜．景观设计与园林规划 [M]. 延吉：延边大学出版社，2020：69-73.

（二）水景工程

水景工程在景观中有调剂枯燥、衬托深远的作用。中国传统景园常用凿池筑山的手法而一举两得，既有了山又有了水。“山得水而活，水得山而媚”，合理布局山水是园林景观工程的一个重要方面。

水景工程包括驳岸、闸坎、落水、跌水、喷泉等的处理，在平面上，水面的形式和驳岸的做法是决定水体景观效果的关键，在自然山水园林设计中，应仿效自然形式，忌将池岸砌成工程挡土墙，人工手法过重，失去景物的自然美。

（三）交通设施

园林景观工程中的交通设施主要包括道路、桥梁、汀步等，是联系各景区、景点的纽带，是构成园林最观的重要因素。它有组织交通、引导游览、划分空间、构成序列，为水电工程创造条件等作用，有时桥、路本身也是景点。

园林景观中道路形式有很多，按功能分，有主、次干道和游憩小路；按材质分，有土草路、碎石路、块石路、地砖路、混凝土路、柏油路等。水面上交通主要有桥梁、汀步等。桥梁往往做景观处理，有时还辅以建筑，如扬州瘦西湖上的五亭桥。汀步多做趣味处理，与水面、水生植物互为辉映，聚散不一，凌水而行，别有风趣。

（四）建筑小品

园林景观建筑小品一般体形小、数量多、分布广，具有较强的装饰性，对景观影响很大，同园林景观融为一个整体，共同来展现园林景观的艺术风采。主要有墙垣、室外家具、展览、宣传导向牌、门窗洞、花格、栏杆、博古架、雕塑、花池台、盆景等类型。

（五）植物绿化

植物绿化是园林景观工程的主体，是园林发挥其景观作用、社会和环境效益的最重要的部分，同时也是景园布局、形成景观层次与景深，体现园林景观意境的物质基础。

植物绿化的种植涉及植物生态特性及栽培技术，设计时应尊重植物的生态习性，根据当地土壤、气候等条件合理选择和搭配植物绿化品种，必须采用合理的构造做法和技术措施来实现。

（六）园林景观工程技术与措施

园林景观工程还涉及防洪、消防、给排水、供电等专业技术。对于其本身来说，园林景观建筑景观的建造也不同于一般建筑工程的施工，植物绿化的栽植除艺术方面的要求外，也需一些特殊的技术措施作保障。

二、园林景观的灌溉系统

灌溉系统是园林景观工程最重要的设施。实际上，对于所有的园艺生产，尤其是鲜切花生产，采取何种灌溉方式直接关系到产品的生产成本和作物质量，进而关系到生产者的经济利益。

目前，在切花生产中普遍使用的灌溉方式大致有三种，即漫灌、喷灌和滴灌。近年来，国外又发展了“渗灌”。[①]

（一）漫灌

这是一种传统的灌溉方式。目前，我国大部分花卉生产者均采用这种方式。漫灌系统主要由水源、动力设备和水渠组成。首先，由水泵将水自水源送至主水渠；然后，分配到各级支渠；最后，送入种植畦内。一般浇水量以漫过畦面为止。也有的生产者用水管直接将水灌入畦中。

漫灌是水资源利用率最差的一种灌溉方式。因为用这种方式灌溉，无法准确控制灌水量，不能根据作物的需水量灌水。此外，一般水渠，尤其是支渠，均是人工开挖的土渠，当水在渠中流过时，就有相当一部分水通过水渠底部及两壁渗漏损失掉了；由于灌水时，水漫过整个畦面并浸透表土层，全部土壤孔隙均被水所充满而将其中的空气挤除，植物根系在一定时期内就会处在缺氧状态，无法正常呼吸，必然影响植物整体的生长发育；在连续多次的漫灌以后，畦内的表土层会因沉积作用而变得越来越“紧实”，这就破坏了表土层的物理结构，使土壤的透气、透水性越来越差。

总之，漫灌是效果差、效率低、耗水量大的一种较陈旧的灌溉方式，随着现代农业科学技术的发展，将逐渐被淘汰。

（二）喷灌

喷灌系统可分为移动式喷灌和固定式喷灌两种。用于切花生产的保护地内的移动式喷灌系统。这种“可行走”的喷灌装置能完全自动控制，可调节喷水量、灌溉时间、灌溉次数等众多因素。这种系统价格高，安装较复杂，使用这种系统将增加生产成本，但效果好。

根据栽培作物的种类和生产目的不同，喷灌装置有着很大变化。如在通过扦插繁殖的各种作物的插条生产中，一般都要求通过喷雾来控制环境湿度，以使插条不萎蔫，这样

① 康志林．园林景观设计与应用研究 [M]. 长春：吉林美术出版社，2019：124-135.

有利于尽快生根。在这种情况下，需要喷出的水呈雾状，水滴越细越好，而且喷雾间隔时间较短，每次喷雾的时间为十几秒或几十秒。如切花菊插条的生产，在刚刚扦插时，每隔3min喷雾12s以保持插条不失水。有时还在水中加入少量肥分，以使插条生根健壮，称为“营养雾”。但在生产切花时，则不要求水滴很细，只要喷洒均匀，水量合适即可。

一个喷灌系统的设计和操作，首先应注意使喷水速率略低于土壤或基质的渗水速率；其次，每次灌溉的喷水量应等于或稍小于土壤（或基质）的最大持水力。只有这样，才能避免地面积水和破坏土壤的物理结构。

喷灌较之漫灌有很多优越性：①喷水量可以人为控制，使生产者对于灌溉情况心中有数；②避免了水的浪费，同时使土壤或基质灌水均匀，不致局部过湿，对作物生长有利；③在炎热季节或干热地区，喷灌可以增加环境湿度，降低温度，从而改善作物的局部生长环境。所以，有人称之为“人工降雨”。

（三）滴灌

一个典型的滴灌系统由贮水池（槽）、过滤器、水泵、肥料注入器、输入管线、滴头和控制器等组成。

一般利用河水、井水等滴灌系统都应设贮水池，但如果使用量大或时间过长，则供水网内易产生水垢及杂质堵塞现象。因此，在滴灌系统运行中，清洗和维护过滤器是一项十分重要的工作。

使用滴灌系统进行灌溉时，水分在土壤及根系周围的分布情况与漫灌时大不相同。漫灌使所有灌水区的表土层及作物根区都充满了水分。这些水并不能全部被作物吸收，其中相当一部分因渗漏和蒸发而损失掉。除浪费水外，还造成一段时间内土壤孔隙堵塞，缺乏气体交换，进而影响作物根系的呼吸。而滴灌系统直接将水分送到作物的根区，其供水范围如同一个“大水滴”，将作物的根系“包围”起来。这样的集中供水，大大提高了水的利用率，减少了灌溉水的用量，同时又不影响作物根系周围土壤的气体交换。除此之外，使用滴灌技术的优越性还有：①可维持较稳定的土壤水分状况，有利于作物生长，进而可提高农产品的产量和品质；②可有效地避免土壤板结；③由于大大地减少了水分通过土壤表面的蒸发，所以，土壤表层的盐分积累明显减少；④滴灌通常与施肥结合起来进行，施入的肥料只集中在根区周围，这在很大程度上提高了化肥的使用效率，减少了化肥用量，不但可以降低作物的生产成本，而且减少了环境污染的可能性。

从目前中国的水资源状况以及人口和经济发展前景来看，有必要大力提倡在农业生产中首先是在园艺生产中使用滴灌技术。在我国很多大中城市及其周围地区，地下水位下降的趋势已相当严重。如果在这些地区的蔬菜和花卉等园艺生产中都推广使用滴灌技术，将会有效地节约其农业生产用水。这无疑会有利于保护这些地区的地下水资源。

三、屋顶花园及构造措施

（一）种植设计形式

屋顶花园设计形式有地毯式、花圃式、自然式、点线式和庭院式。[①]

1.地毯式

地毯式为整个屋顶或屋顶绝大部分密集种植各种草坪地被或小灌木，屋顶犹如被一层绿色地毯所覆盖。草坪与地被植物在10～20cm厚的土层上都能生长发育。因此，地毯式种植对屋顶所加荷重较小，一般屋顶均可应用。

2.花圃式

花圃式为整个屋顶布满规整的种植池或种植床，结合生产种植各种果树、花木、蔬菜或药材，屋顶种植注重经济效益。因此，其植物种植多按生产要求进行布局和管理。

3.自然式

自然式类似地面自然式造园种植，整个屋顶表面设计有微地形变化的自由种植区，种植各种地被、花卉、草坪、灌木或小乔木等植物，创造多层次结构和色彩丰富、形态各异的植物自然景观。

4.点线式

点线式是采用花坛、树坛、花池、花箱、花盆等形式分散布置，同时沿建筑屋顶周边布置种植池或种植台。这是屋顶花园中采用最多的种植设计形式，能提供较多的活动空间。

5.庭院式

庭院式类似地面造园。种植结合水池、花架、置石、假山、凉亭等园林建筑小品，精心设计布置，创造优美的“空中庭园”环境。

（二）种植床（台）设计

1.土层厚度

屋顶花园营造需要种植各种植物，不同类型的植物对土层厚度的要求各不一样。草坪及草本花卉多为须根性，较浅的土壤就能生长。灌木生长所需的土层要比草坪厚得多，而乔木对土层厚度要求更高，有时要达到1m以上，才能满足其生长发育的需要。

2.种植床（台）布局

种植床（台）的高度、材料及所种植物的类型不同，对屋顶施加的荷重也不一样。高大的种植台或种植乔木所需的高起地形必须与屋顶承重结构的柱、梁的位置相结合，土层

① 李雯雯.园林建筑与景观设计[M].北京：中国建材工业出版社，2019：99-114.

较薄的草坪地被种植区则布置的范围较宽。

3.屋顶花园种植床构造

屋顶花园种植床与地面种植区有所不同。在屋顶花园上种植植物，不但要考虑植物生长的需要，还要考虑荷载量、过滤、排水、防水、防风保护等因素。

4.屋顶种植床排水坡度与管道排水系统

建筑屋顶一般都设计一定的排水坡度，以便尽快将屋面积水排向下水管口，并通过落水管派出屋顶。屋顶花园种植床设计应遵照原屋顶排水方向和坡度，包括自然式微地形处理，排水坡朝向主要排水通道和出水口，使屋顶遇大雨时，地表水快速排向出水口。另外，为了进一步加快排水，防止屋面积水，在排水层中还可加设排水花管。排水花管材料有 PVC 管、陶管、弹簧纤维软管等。管径视具体排水距离与要求而定，一般采用 50 ~ 100 毫米圆管。排水管道的出水端应与屋顶出水口相配合，并保持一定坡度，使种植床内多余的水分能够顺畅地排出屋顶。

（三）屋顶花园植物选择要求

屋顶花园植物种植有别于地面花园，其小气候条件、土壤深度与成分、空气污染、排水情况、浇灌条件及养护管理等因素各有差异。因此，选择植物必须适合屋顶环境特点。一般要求植物生长健壮、抗性强，能抵抗极端气候；对土壤深度要求不严，须根发达，适应土层浅薄和少肥条件；耐干旱或潮湿，喜光或耐阴；耐高热风，耐寒；抗冻，抗风，抗空气污染；容易移植成活，耐修剪，生长较慢；耐粗放管理，养护要求低等。

第八章　园林景观小品、地形及公共设施设计

第一节　园林景观中的小品设计

一、园林小品的概述

（一）园林小品的定义

园林小品是园林中供休息、装饰、照明、展示及为园林管理和方便游人之用的小型建筑设施，一般设有内部空间，体量小巧，造型别致。园林小品既能美化环境，丰富园趣，为游人提供休息和公共活动的方便，又能使游人从中获得美的感受和良好的教益。

（二）园林小品的功能

1.造景功能（美化功能）

园林景观小品具有较强的造型艺术性和观赏价值，所以能在环境景观中发挥重要的艺术造景功能。在整体环境中，园林小品虽然体量不大，却往往起着画龙点睛的作用。

2.使用功能（实用功能）

许多小品具有使用功能，可以直接满足人们的需要。如亭、廊、榭、椅凳等小品，可供人们休息、纳凉和赏景；园灯可以提供夜间照明；儿童游乐设施小品可为儿童提供游戏、娱乐所使用。

3.信息传达功能（标志区域特点）

一些园林小品还具有文化宣传教育的作用，如宣传廊、宣传牌可以向人们介绍各种文化知识以及进行法律法规教育等。道路标志牌可以给人提供有关城市及交通方位上的信息。优秀的小品具有特定区域的特征，是该地文化历史、民风民情以及发展轨迹的反映，

通过景观中的设施与小品可以提高区域的识别性。

4.安全防护功能

一些园林小品具有安全防护功能，保证人们游览、休息或活动时的人身安全和管理秩序，并协调划分不同空间功能，如各种安全护栏、围墙、挡土墙等。

5.提高整体环境品质功能

通过园林小品来表现景观主题，可以引起人们对环境和生态以及各种社会问题的关注，产生一定的社会文化意义，改良景观的生态环境，提高环境艺术品位和思想境界，提升整体环境品质。

（三）景观小品的设计原则

1.个体设计方面

景观小品作为三维的主题艺术塑造。它的个体设计十分重要。它是一个独立的物质实体，具有一定功能的艺术实体；在设计中运用时，一定要牢记它的功能性、技术性和艺术性，掌握这三点才能设计塑造出最佳的景观小品。

（1）功能性

有些景观小品除了装饰性外，还具有一定的使用功能。景观小品是物质生活更加丰富后产生的新事物，必须适应城市发展的需要，设计出符合功能需要的景观小品才是设计者的职责所在。

（2）技术性

设计是关键，技术是保障，只有良好的技术，才能把设计师的意图完整地表达出来。技术性必须做到合理地选用景观小品的建造材料，注意景观小品的尺寸和大小，为景观小品的施工提供有利依据。

（3）艺术性

艺术性是景观小品设计中较高层次的追求，有着一定的艺术内涵，应反映时代精神面貌，体现特定的历史时期的文化积淀。景观小品是立体的空间艺术塑造，要科学地应用现代材料、色彩等诸多因素，造成一个具有艺术特色和艺术个性的景观小品。

2.和谐设计方面

景观环境中各元素应该相互照应、相互协调。每一种元素都应与环境相融。景观小品是环境综合设计的补充和点睛之笔，和谐设计十分必要。在设计中要注意以下几点要求。

（1）具有地方性色彩

地方性色彩是指要符合当地的气候条件、地形地貌、民俗风情等因素的表达方式，而景观小品正是体现这些因素的表达方式之一。因此，合理地运用景观小品是景观设计中体现城市文化内涵的重点。

（2）考虑社会性需要

在现代社会中，优美的城市环境和优秀的景观小品具有很重要的社会效益。在设计时，要充分考虑社会的需要、城市的特点以及市民的需求，才会使景观小品实现其社会价值。

（3）注重生态环境的保护

景观小品一般多与水体、植物、山石等景观元素共同来造景，在体现景观小品自身功能外，不能破坏其周围的其他环境，使自然生态环境与社会生态环境得到最大的和谐改善。

（4）具有良好的景观性效果

景观小品的景观性包括两个方面：一方面是景观小品的造型、色彩等形成的个性装饰性；另一方面是景观小品与环境中其他元素共同形成的景观功能性。各种景观因素相互协调，搭配得体，互相衬托，才能使景观小品在景观环境中成为良好的设计因素。

3.以人为本设计方面

园林小品作为环境景观中重要的一个因素，以人为本，充分考虑使用者、观赏者及各个层面的需要，时刻想着大众，处处为大众所服务。

（1）满足人们的行为需求

人是环境的主体，园林小品的服务对象是人，所以人的行为、习惯、性格、爱好等各种状态是园林小品设计的重要参考依据。尤其是公共设施的艺术设计，要以人为本，满足各种人群的需求，尤其是残障人士的需求，体现人文关怀。园林小品设计时还要考虑人的尺度，如座椅的高度、花坛的高度等，只有对这些因素有充分的了解，才能设计出真正符合人类需要的园林小品。

（2）满足人们的心理需求

园林小品的设计要考虑人类心理需求的空间，如私密性、舒适性等，比如座椅的布置方式会对人的行为产生什么样的影响、供几个人坐较为合适等。这些问题涉及对人们心理的考虑和适应。

（3）满足人们的审美要求

园林小品的设计首先应具有较高的视觉美感，必须符合美学原理和人们的审美需求。对其整体形态和局部形态、比例和造型、材料和色彩的美感进行合理的设计，从而形成内容健康、形式完美的园林景观小品。

（4）满足人们的文化认同感

一个成功的园林小品不仅具有艺术性，而且还应有深厚的文化内涵。通过园林小品可以反映它所处的时代精神面貌，体现特定城市、特定历史时期的文化传统积淀。所以园林小品的设计要尽量满足文化的认同，使园林景观小品真正成为反映历史文化的媒体。园林小品设计与周围的环境和人的关系是多方面的。通俗一点说，如果把环境和人比喻为汤，那园林小品就是汤中之盐。所以园林小品的设计是功能、技术与艺术相结合的产物，要符合适用、坚固、经济、美观的要求。

（四）园林小品的创作要求

园林小品的创作要满足以下几点要求：立其意趣，根据自然景观和人文风情，构思景点中的小品；合其体宜，选择合理的位置和布局，做到巧而得体，精而合宜；取其特色，充分反映建筑小品的特色，把它巧妙地融在园林造型之中；顺其自然，不破坏原有风貌，做到得景随形；求其因借，通过对自然景物形象的取舍，使造型简练的小品获得景象丰满充实的效应；饰其空间，充分利用建筑小品的灵活性、多样性以丰富园林空间；巧其点缀，把需要突出表现的景物强化出来，把影响景物的角落巧妙地转化为游赏的对象；寻其对比，把两种明显差异的素材巧妙地结合起来，相互烘托，凸显双方的特点。

二、单一装饰类园林小品设计

装饰类园林小品作为一种艺术现象，是人类社会文明的产物，它的装饰性不仅表现在形式语言上，更表现了社会的艺术内涵，也就是人们对装饰性园林艺术概念的理解和表现。

（一）设计要点

1.特征

作为空间外环境装饰的一部分，装饰类园林小品具有精美、灵活和多样化的特点，凭借自身的艺术造型，结合人们的审美意识，激发起一种美的情趣。装饰类园林小品设计着重考虑其艺术造型和空间组合上的美感要求，使其新颖独特，千姿百态，具有很强的吸引力和装饰性能。

2.设计要素

（1）立意

装饰类园林小品艺术化是外在的表现，立意则是内在的，使其有较高的艺术境界，寓情于景，情景交融。意境的塑造离不开小品设计的色彩、质地、造型等基本要素，通过这些要素的结合才能表达出一定的意境，营造环境氛围；同时可以利用人的感官特征来表达某种意境，如通过小品中水流冲击材质的特殊声音来营造一定的自然情趣，或通过植物的自然芳香、季节转变带来的色彩变化营造生命的感悟等。

（2）形象设计

色彩：色彩具有鲜明的个性，有冷暖、浓淡之分，对颜色的联想及其象征作用可给人不同的感受。暖色调热烈，让人兴奋，冷色调优雅、明快；明朗的色调使人轻松愉快，灰暗的色调更为沉稳宁静。园林小品色彩处理得当，会使园林空间有很强的艺术表现力。如在休息、私密的区域需要稳重、自然、随和的色彩，与环境相协调，容易给人自然、宁静、亲切的感受；以娱乐、休闲、商业为主的场地则可以选用色彩鲜明、醒目、欢快，容易让人感到兴奋的颜色。

造型：装饰类园体小品的造型更强调艺术装饰性，这类小品的造型设计很难用一定标准来规范，但仍然有一定的设计线索可以追寻，一般的艺术造型有具象和抽象两种基本形式，无论是平面化表达还是立面效果都是如此。无论是雕塑、构筑物还是植物都可以通过点、线、面和体的统一造型设计创造其独特的艺术装饰效果，同时造型的设计不能脱离意境的传达，要与周围环境统一考虑，塑造出合理的外部艺术场景。

（3）与环境的关系

装饰小品要与周围环境相融合，可以体现地区特征，在场景中更具自身特点。在相应的地方安排布置小品，布局也要与场景相呼应，如在城市节点、边界、标志、功能区域内、道路等场地合理安排。例如我国传统园林中的亭子，因地制宜、巧妙地配植山石、水景、植物等，使其构成各具特色的空间，需要考虑的环境因素有：

①气候、地理因素

根据气候、地理位置不同所选择设计的小品也有差异，如材料的选取，遵循就地取材和耐用的原则，部分城市出现有远距离输送材料的现象，既不经济，材料又容易遭到不适宜的气候的破坏。这种做法不宜提倡。地区气候特征不同，色彩使用也有明显差异，如阴雨连绵的地区，多采用色彩鲜明、易于分辨、醒目的颜色，而干旱少雨的地区则使用接近自然、清爽的颜色，运用不易吸收太阳热能的材料，防止使人产生眩晕、闷热的感觉。

②文化背景

以历史文脉为背景，提取素材可以营造浓郁的文化场景。小品的设计依据历史、传说、地方习俗等的形式为组成元素，塑造具有浓郁文化背景的小品。

（二）类别

1.园林建筑小品

这类建筑小品大多形式多样，奇妙而独特，具有很强的艺术性和观赏性，同时也具备一定的使用功能，在园林中可谓是“风景的观赏，观赏的风景”。对园林景观的创造起着重要的作用。比如点缀风景、作为观赏景观、围合划分空间、组织游览路线等，包括入口、景门及景墙、花架、大体量构筑物等。

2.园林植物小品

植物小品要突出植物的自身特点，起到美化装点环境的作用，它与一般的城市绿化植物不同。园林植物小品具有特定的设计内涵，经过一定的修剪、布置后赋予场景一定的功能。植物是构园要素中唯一具有生命的，一年四季均能呈现出各种亮丽的色彩，表现出各种不同的形态，展现出无穷的艺术美。

设计可以用植物的色、香、形态作为造景主题，创造出生机盎然的画面，也可利用植物的不同特性和配植塑造具有不同情感的植物空间，如热烈欢快、淡雅宁静、简洁明快、轻松悠闲、疏朗开敞的意境空间。因此，设计时应从不同园林植物特有的观赏性去考虑园林植物配植，以便创造优美的风景。园林植物小品的设计要注意以下两个方面：一方面是各种植物相互之间的配植，考虑植物种类的选择，树丛的组合，平面和立面的构图、色彩、季相以及园林意境；另一方面是园林植物与其他园林要素如山石、水体、建筑、园路等相互之间的配植。

（1）植物单体人工造型

通过人工剪切、编扎、修剪等手法，塑造手工制作痕迹明显、具有艺术性的植物单体小品。这类小品具有较强的观赏性。

（2）植物与其他装饰元素相结合的造型

如与雕塑结合；与亭廊、花架结合；与建筑（墙体、窗户、门）结合。

（3）植物具有功能性造型

如具有围墙、大门、窗、亭、儿童游戏、阶梯、围合或界定空间等功能性形式。

3.园林雕塑小品

雕塑小品是环境装饰艺术的重要构成要素之一，是历史文化的瑰宝，也是现代城市文明的重要标志，不论是城市广场、街头游园，还是公共建筑内外，都设置有形象生动、寓意深刻的雕塑。

装饰性景观雕塑是现在使用最为广泛的雕塑类型，它们在环境中虽不一定要表达鲜明的思想，但具有极强的装饰性和观赏性。雕塑作为环境景观主要的组成要素，非常强调环境视觉美感。

雕塑小品是环境中最常用也是运用最多的小品形式。随着环境景观类型的丰富，雕塑的类型也越来越多，无论是形态、功能、材料、色彩都更灵活、多样，主要可以分为以下几种类型。

（1）主题性、纪念性雕塑

通过雕塑在特定环境中提示某个或某些主题。主题性景观雕塑与环境的有机结合，可以弥补一般环境无法或不易具体表达某些思想的特点；或以雕塑的形式来纪念人与事，它在景观中处于中心或主导地位，起着控制和统帅全局的作用。形式可大可小，并无限制。

（2）传统风格雕塑

历来习惯使用的雕塑风格，沿袭传统固定的雕塑模式，有一定传统思想的渗入，特别是传统习俗中的人物或神兽等，多使用在建筑楼前。有的雕塑成为不可缺少的场地标志，如银行、商场前的石雕。

（3）体现时代特征的雕塑

雕塑融合现代艺术元素，体现前卫、现代化气息，或色彩艳丽、造型独特、不拘一格，或生动幽默、寓意丰富。

（4）具有风土民情的雕塑

传统、民族、地方特色的小品，以现代艺术形式为表达途径映射民族风情、地方文化。

三、综合类园林小品

综合类园林小品是由多种设计元素组合而成的，在景观上形成相互呼应、统一的“亲缘关系”，在造型上内容丰富、功能多样，所处场景协调而具有内聚力。

（一）设计要点

1.特征

综合类园林小品是利用小品的各种性能特征，综合起来形成复合性能更为突出、装饰效果更强大的一个小品类型；可以根据环境需要，将本是传统中的几种小品才能表达的装饰效果融合于一体，使场景空间更具内聚力，同时增强了小品的自身价值。综合类小品是现代景观发展中新兴的一类“小品家族”，这类小品甚至还结合了公共设施的使用需求，具有装饰和使用的多重性能。小品设计综合了艺术、科技、人性化等多种设计手法，体现着人类的智慧结晶。

2.设计要素

（1）立意

小品设计的形式出现在人文生活环境之中，具有艺术审美价值，也是意识形态的表现，并在一定程度上成为再现和进一步提升人类艺术观念、意识和情感的重要手段；同时它与环境的结合更为密切，要求根据环境的特征和场景需要来设计小品的形态，体现小品各种恰到好处的复合性能。因此，该类小品的立意要与场景、主题一致。

（2）形象设计

造型上风格要求统一，在结构形式、色彩、材料以及工艺手段等方面与环境融合得当，具备一定的功能，体现场所的思想，有空间围合感，又与周围其他环境有所区别。综合类小品在形象设计风格上会受到不同程度的制约，必须在形式语言的多样化和合理性角度分析其存在的艺术价值，不同的形象设计可以塑造不同的场景特征。

（3）与环境的关系

综合类小品的具体表现形式受不同区域的建筑主体环境以及景观环境的影响及制约，譬如在某一特定的建筑主体环境、街道、社区和广场中，综合类小品必须在与这些特定功能环境相适应的基础上，巧妙处理各种制约因素，发挥其综合性能，使之与环境功能互为补充，提升其存在的价值。综合类小品的布置根据场地的性质变化，如场地的面积、空间大小、类型决定相应的组合关系，主要包括聚合、分散、对位等布置形式。

（二）类别

综合类园林小品的设计最能体现设计者的智慧，同时可以弥补场景功能、性质的局限性。例如：在生硬的环境隔离墙上绘制与环境功能及风格协调的图案，不仅保持了其划分空间功能的特点，更使其成为一件亮丽的景观小品。

1.装饰与功能的重合

小品本身的性质已经模糊，特别是在人的参与下，装饰与功能重合，它既具备服务于场地的功能性，又是不可忽视的作为展现场地独特个性、装点环境的艺术品。

2.多种装饰类复合小品

多种装饰类复合小品是针对装饰性能的多重性而言的，包括采用多种装饰材料、装饰手法等组合，各种装饰性能融合于一体独立形成的小品类型。例如构筑物中的廊架与水体、植物复合；山石与植物的复合；植物与雕塑的复合等。这些元素共同组合成多种装饰类复合小品，以强化场景的装饰性能，使其更生动、更形象地表达场景的特征。

小品在以装饰为主要功能的前提下，同时具有多功能性，具体表现在性能的复合上，在同一空间中小品造型丰富程度的提高导致场所具有多种功能特征。这类小品的出现往往与城市公共设施相结合，除了具有装饰效果外，同样具备公共设施的功能特征，是现在小品发展的一个趋势。

四、创新类园林小品

创新类园林小品是在现今已经成熟小品类型的基础上延伸出的时代产物，是伴随科学技术、社会精神文明的进步、人性化的发展而在城市环境景观中形成的一批具有独特魅力、全新功能和具有浓郁时代气息的小品。这类小品会随时代的演变、社会的接纳程度而退化或转化为成熟的小品类型，它自身具有追赶时代潮流的不稳定性。

（一）设计要点

1.特征

创新小品是体现时代思想、潮流的一类新型小品，多通过小品传达新时代的科技、艺术、环保、生态等信息。创新类园林小品的个性化是建立在充分尊重建筑以及景观环境的整体特征基础之上的。

2.设计要点

受限制因素少，更多的是利用新科技、新思想、新动向来服务于大众，或是以吸引大众的注意力为目的，甚至是为了表达某种思想而划定特定的区域来设计并集中安排此类小品。

（1）立意

设计立意要从大局观念入手，从整体景观理念塑造的高度去把握自身的独特性。此类小品多体现新潮思想，涵盖一定现代艺术、科技的成分。由于此类小品融合了新思想、新技术，设计要求功能更为人性化，全面体现各方面可能存在的使用需求，突破传统观念的局限性，打造更为合理的小品形式。

（2）形象设计

这类小品常常具有强烈的色彩、夸张的造型特征。现代材料的应用、丰富的艺术内涵、独特的形象塑造，使得这类小品除了具有个性之外，还要求自身具有公共性。

（3）与环境的关系

创新类园林小品的特殊性与艺术性无疑是与建筑以及景观环境的功能和风格等因素分不开的。设计要求特定的小品形式对特定环境区域的整体设计能产生积极的推动作用。

（二）类别

1.生态型

生态型小品的设计遵循改良环境、节约能源、就地取材、尊重自然地形、充分利用气候优势等原则。采取各种途径，尽可能地增加绿色空间。目前生态型小品的设计，在国外有很好的发展趋势，特别是德国，通过对废弃的材料更新、加工、利用，甚至直接利用废弃物来设计小品。例如：在废弃工厂兴建的公园，就直接将废弃铁轨、碎砖石等组合加工成造型独特新颖的小品出现在公园中，这不但不影响景观还赋予公园自身的个性，同时保留了该场地的部分记忆，小品也成为生态设计的一种设计元素出现在公园当中。

2.新艺术形态

小品作为一些艺术家们的艺术思想、艺术形态在外空间的表达，无形中形成了环境景观的构成要素，成为环境中亮丽的奇葩，在园林景观中成了珍贵的不可多得的部分，起到了不可忽视的作用。即使面对相对简单的材料，也同样可以利用艺术的手法变化使其内容形式丰富起来，新艺术形态小品的出现，是一种思想的塑造、一种境界的营造或一种艺术概念的表达，使小品具有时间和空间的特性。

3.科技、科普型

充分体现智能化、人性化的思想，将新技术、新工艺融合到小品设施中，达到最人性化的设计原则。将科技手法运用到小品中，除了体现科技的进步外，更多的是提高小品的人性化，如方便残疾人使用的电子导向器；在广场中的小品设施里设置能量转换器，将太阳能转换成热能，为冬天露天使用场地的人们提供取暖服务。

第二节　园林景观中的地形设计

一、地形工程设计的功能与作用

地形是指地面高低起伏的形状，地形工程设计就是地面的造型设计，或者称为竖向设计，主要是指在设计区原有地形、地貌的基础上，从园林的综合功能出发，将园林要素（山石、水体、植物、建筑）进行具有一定艺术性的安排，使之在高程上具有一定的合理关系，为新建园林提供一个良好的地形骨架。

（一）分隔空间

地形设计可以按不同的方式创造和限制外部空间。平坦地形是一种缺乏垂直限制的平面因素，具有开阔、平远的视觉效果，但同时由于缺乏空间限制，易形成一种单调的空间效果。而斜坡的地面较高点则占据了垂直面的一部分，并且能够限制和封闭空间，斜坡越陡越高，户外空间感就越强烈。地形除能限制空间外，还能影响一个空间的气氛。平坦、起伏平缓的地形能给人美的享受和轻松感，而陡峭、崎岖的地形极易在一个空间中使人产生兴奋的感受。

（二）控制视线

地形能在景观中将视线导向某一特定点，影响某一固定点的可视景物和可见范围，形成连续观赏的景观序列，或完全封闭通向不悦景物的视线。为了能在环境中使视线停留在某一特殊焦点上，可在视线的一侧或两侧将地形增高，这类地形造成视线的一侧或两侧犹如视野屏障，封锁了视线的分散，从而使视线集中到某一特定的景物上以达到突出这一景物的目的。地形的另一类功能是构成一系列观赏景点，以此来观赏某一特定空间的景观。

（三）影响旅游线路和速度

地形的变化可影响行人和车辆运动的方向、速度和节奏。在园林地形设计中，可用地形的高低变化、坡度的陡缓以及道路的宽窄、曲直变化等来影响和控制游人的游览线路及速度。在平坦的土地上，人们的步伐稳健、持续，无须花费什么力气，而在变化的地形上，随着地面坡度的增加或障碍物的出现，游览也就越来越困难，为了上、下坡，人们就必须使出更多力气，时间也就延长，中途的停顿休息也就逐渐增多，从而为其他景点的营造和观赏创造有利条件。对于步行者来说，在上、下坡时，其平衡性受到干扰，每走一步都必须格外小心，最终可能导致减少穿越斜坡的行动，从而影响了游人的赏景路线。

（四）改善小气候

地形的起伏变化可影响到园林某一区域的光照、温度、风速和湿度等。从采光方面来说，朝南的坡面一年中大部分时间保持较温暖和宜人的状态。从风的角度而言，凸面地形、脊地或土丘等可以阻挡刮向某一场所的冬季寒风。反过来，地形也可被用来收集和引导夏季风，用以改变局部小气候环境，形成局部的小气候环境。

（五）美学功能

地形可被当作景观布局和视觉要素来使用。在大多数情况下，土壤是一种可塑性物质，能被塑造成具有各种特性、具有美学价值的悦目的实体和虚体。另外，地形有许多潜在的视觉特性，可将地形设计成柔和、自然、美观的形状，这样它便能轻易地捕捉视线，并使其穿越于景观之中。地形不仅可被组合成各种不同形状的空间环境，而且能在光影的作用下形成明暗对比，通过这一对比，在视觉上可以产生一种奇妙的艺术情趣。

二、地形工程设计的意义

（一）解决主景的布局问题

在中国园林发展过程中，由于政治、经济、文化背景、生产习俗和地理气候条件的不同，起初形成了以皇家园林、私家园林为代表的两大派系，随后又出现了纪念性园林、自然风景园林以及寺观园林等形式。不论哪类形式的园林，在空间景观布局中都有一个主次之分，都要表现一定的园林意境，为园林的性质和功能服务。地形无疑是在主景布景中最重要的因素之一。

（二）组织空间

园林中的空间丰富多样。开朗风景，辽阔但欠缺丰富变化，形象色彩不够鲜明，缺乏近景的感染力；合风景，空间环抱四合，容易产生郁闭之感；纵深空间的景色有深度感，但缺少变化；大空间气魄大，但景观组织不好，易产生空洞与单调之感。总之，各种空间都有它自身的特点，同时存在不足。只有将这些空间有机地组织起来，才能形成一个有机的整体，而地形设计恰恰充当了这一角色。通过地形设计，可以使园林空间开中有合、合中有开或半合半开，互相穿插、嵌合、叠加，使空间变化产生一种韵味，能收到山重水复的艺术效果；同时，可通过空间大小、虚实、开合和收放的对比，进一步加强空间变化的艺术效果。

（三）组织地面水的排放

创造有利于铺设地下管道的条件，考虑绿地范围内的各种管线如供水、排水、电力、电讯等的布置。这些管线的性能和用途各不相同，管线的布置条件、先后顺序也有不同的要求，要综合解决这些管线在平面和竖向上的相互关系，使各种管线在埋设时不会发生矛盾，避免造成人力、物力及时间的损失。

（四）为不同的动物、植物创造适宜的生活生长的环境条件

不同的动物、植物其生存环境各不相同。如动物园的营造要表现一种自然感，选址使其接近于自然环境，就是要注意动物与人们的关系。一般动物园的营造要远离居住区。对于植物，由于不同的植物生长习性各不相同，有的喜光，有的耐阴，有的耐干旱，有的耐水湿，所以在进行竖向设计时应充分考虑为不同的植物创造相适应的生存环境条件。

三、地形工程设计的基本原则

园林地形是人性化风景的艺术概括。不同的地形、地貌反映出不同的景观特征，它影响园林布局和园林风格，对园林地形工程设计有很大的制约性。有了良好的地形地貌，才有可能产生良好的景观效果。因此，园林地形工程设计应遵循以下原则。

（一）“因地制宜”的原则

因地制宜，利用与改造相结合，在利用的基础上进行合理的改造。尤其是园址现状地形复杂多变时，更宜利用以保护为主、改造修整为辅的方式进行处理。

在进行园林地形工程设计时，都应在充分利用原有地形地貌的基础上加以适当的地形改造，以达到用地功能、园林意境、原地形特点三者之间的有机统一。公园地形设计应顺

应自然，充分利用原地形，宜水则水、宜山则山，布景做到因地制宜、得景随形。

在利用和改造原有地形地貌中，自然风景类型甚多，有山岳、丘陵、草原、沙漠、江、河、湖、海等自然景观。在这些地段上主要通过利用和改造，或稍加人工点缀和润色，便能成为风景名胜，这也是传统造园思想中的“相地合宜，构园得体”和“自成天然之趣，不烦人工之事”的道理。由此可见选择园址的重要性，有了良好的自然条件可以“因借”，便能取得事半功倍的效果。但在自然条件贫乏的城市用地上造园，则必须根据园林性质和规划要求，因地制宜、因情因地塑造地形，才能创造出风格新颖、多姿多彩的园林景观。

地形地势是园林景观要素的基础，地表塑造是创造园林景观地域特征的基本手段。因此，在进行地表塑造时，要根据园林分区处理地形。在园林绿地中，开展的活动内容很多，不同的活动对地形有不同的要求。如游人集中的地方和体育活动场所，要求地势平；划船游泳，则需要有河流湖泊；登高眺望，需要有高地山冈；文娱活动，需要有许多室内、室外活动场地；安静休息和游览赏景，则要求有山林溪流、花洞石畔、疏梅竹影等。在园林地形改造过程中必须考虑不同分区有不同地形，而地形变化本身也能形成灵活多变的园林空间，创造出景区的园中园，比用建筑创造的空间更具有生气，更具有自然情趣。

（二）“边坡稳定性”原则

在地表塑造时，如果地形起伏过大，或坡度不大但同一坡度的坡面延伸过长时，在降雨或灌溉时易引起地表径流，产生坡面滑坡、水土流失的严重问题，并破坏设计地形。因此，地形起伏应适度，坡长应适中。一般来说，坡度小于1%的地形易积水，地表不稳定，坡度介于1%～5%的地形排水较理想，适合于大多数活动内容的安排，但当同一坡面过长时显得较单调，易形成地表径流；坡度介于5%～10%的地形排水良好，而且具有起伏感；坡度大于10%的地形只能局部小范围地加以利用。

（三）园林用地功能的划分原则

园林空间是一个综合性的环境空间，不仅是一个艺术空间，也是一个生活空间，可行、可赏、可游、可居是园林设计所追求的基本思想。所以在建园时，对园林地形的改造需要考虑构园要素中的水体、建筑、道路、植物在地形骨架上的合理布局及其比例关系。不论古典园林还是现代园林，其设计目的都是改善环境、美化环境，提高周围的绿化率，使周围空间尽量趋于自然化。因此，对园林中的各类要素大致有以下要求：植物占60%以上，水体占20%～25%，建筑为5%～39%，道路为5%～8%。在具体的设计中，其各部分比例可酌减，但植物不可少于60%。

（四）为植物栽培创造良好的生长条件

现代园林，特别是城市园林中的用地，受城市建筑、城市垃圾等因素的影响，土质极为恶劣，对植物生长极不利。因此，在进行园林设计时，要通过利用和改造地形，为植物生长发育创造良好的环境条件。城市中较低凹的地形，可挖湖，并用挖的土在园中堆山，抬高地面以适宜多数乔木的生长；利用地形坡面，创造一个相对温暖的小气候条件，满足喜温植物的生长等；利用地形的高低起伏改变光照条件为不同的需光植物创造适生条件。

（五）注意节约原则，降低工程费用，维持土方平衡

土方工程费用通常占造园成本的30%～40%，有时甚至高达60%。因此，在地形设计时需尽量缩短土方运距，就地挖填，保持土方就地平衡，从而缩短工期，减少投资，节省工程成本。

四、园林地形的平面布局及竖向设计

在园林设计时，面对偌大的设计区应怎样进行景点布置，是堆山、挖湖还是设广场，以及这些景点应在平面上怎样布局，这些都是设计者必须统筹考虑和合理安排的。而设计区的原地形一般与设计意图、使用功能不能完全相符，在设计时应考虑哪些问题，依据什么来进行布局。其实园林地形工程的平面布局设计和竖向设计在实际设计过程中往往是同时进行的，不能严格分开，但为了更清晰地掌握设计方法，下面将平面布局和竖向设计分别进行分析。

（一）地形平面布局设计

1.地形平面布局设计的概念

所谓平面布局设计是指各类园林地形在设计区的平面位置安排，以及所占平面面积的比例大小。

2.地形平面布局应考虑的因素

（1）因地制宜地满足园林风格、园林性质的需要

因地制宜地满足园林风格、园林性质的需要即在平面布局上，必须根据园林风格和园林性质的要求确定地形的类型及布局方式。比如意大利园林师一般将山地修筑成台地形，而把景点以对称形式布置在轴线上，创造出规则式的园林；而法国园林师则结合其国家的地形特点，以规整的平地地形营造出整洁华丽的园林景观；英国的风致园林则在平地上改造出大小不同、富有变化的缓坡丘陵地形；中国古典园林则讲究挖湖、堆山、叠石，营造出更富有意境的自然写意山水园。总之，无论怎样布局，必须满足园林的性质和风格要

求，也要考虑民族文化的传统习俗。

（2）必须充分考虑容纳的游人量

园林的主要功能是为游人服务的，也就是能使游人融入园林并享受园林美景。而平地容纳的人较多，山地及水面容纳的人量则较少。所以理想的园林地形布局应是水面占25%～33%，陆地占67%～75%。其中陆地中平地占50%～67%，山地丘陵占33%～50%。

（3）要统筹安排、主次分明

在地形工程设计时，也必须做到意在笔先，即在心中要有一个大的地形骨架，统筹考虑各部分，并对不同部分的地形在位置、体量等方面都有一个总要求，在设计过程中分清主次，使地形在平面布局上自然和谐。

（4）充分运用园林造景艺术手法

充分运用园林造景艺术手法即在地形平面布局中要因地制宜，巧于因借，并结合立面设计注意三远变化，创造出或开朗或封闭的地形景观。

（二）地形竖向设计

地形骨架的“塑造”，山水布局，峰、峦、坡、谷、河、湖、泉、瀑等地貌小品的设置，它们之间的相对位置、高低、大小、比例、尺度、外观形态、坡度的控制和高程关系等，都必须通过地形平面布局设计和竖向设计来完成。不同的土质有不同的自然倾斜角，山体的坡度不宜超过相应土壤的自然安息角。水体岸坡的坡度也要按有关规范的规定进行设计和施工，水体的设计应解决水的来源、水位控制和多余水的排放。

中国园林设计要求达到“虽由人作，宛自天开”的艺术境界。园林建设者为了满足游览活动的需要，必然要建造一些体现人工美的园林建筑。但就园林的总体要求而言，在景物外貌的处理上要求人工美从属于自然美，并把人工美融合到体现自然美的园林环境中去。中国传统的造园做法是“无园不山，无山不石”，目的是园林趋于自然化。而现代园林发展的趋势是与生态保护相结合，强调引入自然，回到自然。即千方百计把大自然引入城市，引入室内，并号召和吸引人们投身到大自然的怀抱中。因此，在造园时，都喜欢创造一些微地形，即丘陵、山涧，或将大体量的山体缩放在园林中，使地形环境表现出一种自然美，再加之植物的配植，给人一种身临山林之感。

1.竖向设计的概念

竖向设计是指在设计区场地上进行垂直于水平面方向的布置和处理。

2.竖向设计的方法

竖向设计的方法一般有等高线法、断面法、模型法。

（1）等高线法

等高线法是指用等高线表示地形的方法。它是在18世纪30年代由荷兰工程师克鲁圭氏发明的。在19世纪初，法国参谋部测量局开始把它用在野外测量工作上，等高线法由此被推广应用。等高线法的优点在于它能正确地表示各点的海拔高度和相邻两点的坡度，也能反映出流水侵蚀作用的方向和地貌的特征。如在地图上，斜坡的坡型是以等高线间隔的不同疏密组合形式来表示的。此类方法是园林地形设计中最常用的方法，因为在绘有原地形等高线的底图上用设计等高线进行设计，在同一张图纸上便可以表达原有地形、设计地形、平面布置及各部分的高程关系，能极大地方便设计方案的比较。

在园林建设中，有些沟谷地段须垫平，这类场地的设计可用平直的设计等高线和拟平垫部分的同值等高线连接。其连接点就是不挖不填的点，叫“零点”，这些相邻点的连线叫作“零点线”，也就是垫土的范围。在园林地形设计中有时要将山脊铲平，其设计方法和平垫沟谷方法正好相反，除此以外，还有平整场地、道路设计等高线等。

（2）断面法

用许多断面表示原有地形和设计地形状况的方法，这种方法便于土方量计算，但需要较精确的地形图。断面的取法可沿所选定的轴线取设计地段的模断面，断面间距所需精度而定。

此种方法可以表达实际形象轮廓，使视觉形象更明显了，也可以说明地形上地物的相对位置和室内外标高的关系；说明植物分布及林木空间的轮廓以及在垂直空间内地面上不同界面的处置效果（如水体岸坡坡度变化延伸情况等）；应用断面法设计园林用地，要有较精确的地形图。

断面的取法可以沿所选定的轴线取设计地段的横断面，断面间距视所要求精度而定；也可以在地形图上绘制方格网，方格边长可依设计精度确定。设计方法是在每一方格角点上，求出原地形标高，再根据设计意图求取该点的设计标高；对各角点的原地形标高和设计标高进行比较，求得各点的施工标高，依据施工标高沿方格网的边线绘制出断面图。沿方格网长轴方向绘制的断面图叫纵断面图，沿其短轴方向绘制的断面图叫横断面图。

从断面图上可以了解各方格点上的原地形标高和设计地形标高，这种图纸便于土方量计算，也方便施工。其缺点是一般不能全面反映园林用地的地形地貌，当断面过多时既烦琐又容易混淆，因此一般仅用于要求不很高且地形狭长的地段的地形设计及表达，或将其作为设计等高线的辅助图，以便较直观地说明设计意图；对于用等高线表示的设计地形借助断面图可以确认其竖向上的关系及其视觉效果。

（3）模型法

用制作模型的方法进行的地形设计方法，其优点是直观地形地貌的形象，具有三维空间表现力，适宜于表现起伏较大的地形，可以在地形规划阶段斟酌地形规划方案；缺点是费工费时费料，投资大，且不易搬动。制作材料有陶土、土板、泡沫板等。

第三节 园林景观中公共设施设计

一、公共设施概述

（一）公共设施的概念

“公共设施”，也称“环境设施”或“城市环境设施”。所谓“环境设施”这一词条产生于英国，英语为StreetFurniture，直译为“街道的家具”，简略为SF。在欧洲被称为UrbanElement“城市配件”，在日本理解为“步行者道路的家具”，或者“道路的装置”，也称“街具”，这一概念也有逐渐扩大的倾向。

当然，我们研究的环境设施都是室外设施，它与人们研究的室内设施相比具有共性和个性，共性体现在它们都是为了满足人们想要过更舒适生活的基本愿望，都是以事物的形态、色彩、功能为基础体现的。个性的不同点主要体现在住宅是私人空间，其优先于个人或私有的机能，以家族这一社会群体或个人为基础单位，形成相应的价值判断，其管理方法也是独特的。企业建筑物、商业大厦、文化娱乐中心等设施也同样具有相应的群体共同的机能特点，但室外的情况却不一样。室外环境的所有权属国家或地方，可以说是市民共同享用的财产，虽然利用这样环境的是不特定的市民，但谁也不可以占有这个环境。为了更好地管理，一方面支持所属机构管理人员管理，另一方面注重市民的道德、素质的提高。

虽然室内外环境具有不同的条件，但人们的生活要求基本上是不变的。在室内使用的垃圾箱、烟灰缸等在室外也是不可少的；室内的沙发在室外成了长椅；室内的台式电话改变为室外的电话亭；室内的信箱、室外的邮筒；作为计时的钟成了广场和街道的装饰体与象征。这些相应的设施，清楚地表明了室内外设施的相互关系。值得注意的是，室外设施必须与室外环境条件，如人们在室外环境中的各种行为特点及自然、气象条件等，相适应、相协调，以人们生活的安全、健康、舒适、效率为目标。

多种多样的环境设施有力地支持着人们的室外生活，例如作为信息装置的标识牌和广告塔等；交通系统的公共汽车候车亭、人行天桥等；为了创造生态环境而设置的花坛、喷泉等。在城市街道、公园、商业开发区、地铁站、广场、游乐园等公共场所设置各种环境设施，将充实社会整体环境的现代气息，体现对人们户外生活的悉心关怀。当然，仅仅把环境设施作为城市必备的“硬件”来处理是远远不够的。实际上，现代环境设施并非处于某种新的特殊的雏形阶段，它是人类从线性思维方式中解放出来，而以多维思维方式认识问题、理解问题的结果。现代环境设施是一个综合的、整体的、有机的概念。从人类环境的时空出发，通过系统的分析、处理，整体地把握人、环境、环境设施的关系，使环境设施构成最优化的“人类—环境系统”。这个系统将展现人类与环境的共生，人类与环境关系更新、更高层次的平衡。

（二）公共设施的分类及特征

公共设施的构成与分类

公共设施存在于城市空间环境中，它的周围存在对应且相关的两极：一边是建筑——人类长期赖以生存的庇护所和工作的实质空间；另一边是自然——四季轮回、天气变幻，以及江河湖海、树木草地等。公共设施作为建筑与自然的中和物，是人类依赖环境和亲和自然，发展自身生存环境和改造自然的双效合一的产物。它与建筑、自然并无清晰的界限，调和与过渡是其呈现的特征——这是我们认识公共设施的出发点。所以我们需要对公共设施及其边缘两极做出较清晰的界定，以便深入研究并作为环境创造的标尺。

（1）公共设施的分类方法

长期以来由于指导思想、专业门类的不同，对公共设施的归类方法也不同，各个国家、地区也对公共设施做了不同的分类解释。20世纪90年代以前，我国较为通用的是建筑小品服务区域分类法，它根据建筑小品主要功能和设置地点进行分类。如园林建筑小品，包括门、窗、池、亭、阁、榭、舫、桥、廊等，城市小品建筑包括院门、宣传栏、候车廊、加油站等，建筑小品构建包括墙栏、休息座椅、铺地、花坛等，街道雕塑小品包括城市街道园林中的各类装饰雕塑。

我们从纵向和横向、宏观和具体的不同角度讨论公共设施的分类，目的是建立一套多元、立体的系统观点，使公共设施计划和设计更接近有机、科学、实效的目标，既反映现代环境设施特点——广泛性、代表性，又便于系统研究。

（2）公共设施的分类

根据现代城市的发展观念，结合公共设施的各个要素而组成系列性体系，公共设施大致可分为城市管理系统、交通系统、辅助系统、美化系统等大类。每一大类又分列出有关设施类，设施类中再分出具体设施，形成三级体系。每一类系统与设施分别扮演着不同角色，体现出不同的设计特性。其中管理系统、交通系统更趋向于城市基本设施，而美化系统更趋向于城市景观。

（三）公共设施的功能

1.实用功能

公共设施是为满足公众在公共场所中进行各种活动而产生的，并且随着城市发展其类型日益丰富且不断更新。如公园内的桌椅设施或凉亭可为居民提供良好的休息与交往的空间；再如公共汽车站，能够为人们提供舒适的候车环境，也为人们提供临时休息、避雨、等候、遮阳等便利，其站牌的设计，便于人们浏览城市地图，获取多种乘车信息等。而厕所、废物箱、饮水器、报栏则是人们在户外活动时不可缺少的服务设施。随着社会信息化进程的不断加快，街上还出现了大屏幕电视、多媒体触摸式咨询服务机，极大地方便、丰富了人们的城市生活。

2.装饰功能

公共设施是为需求而产生的，除了发挥城市的“家具”功能外，同时也参与城市的景观构成，也是城市景观环境中重要的景观“道具”。集便利设施与环境艺术品于一体的公共设施通过对其体量、色彩、造型、材料，与其他城市外环境构成要素（绿化、水体、铺地）一起营造城市外环境空间氛围，界定外环境空间的性格特征，使得这些城市外环境有血有肉，丰富多彩。因此，公共设施是城市景观中相当重要的一部分，尽管体量不大，但它的艺术造型与视觉意象，直接影响着城市整体空间的规划品质，并真实地反映了一个城市的经济发展水平以及文化水准。欧洲的一些国家非常重视公共设施的设计，不少城市设施的设计都出自名家之手，很多设施甚至成为一个城市、一个地区的标志，让人们为之骄傲。

（四）公共设施设计原则

1.合理性原则

城市公共设施的设计必须严格遵守合理性原则。这种合理性的要求是来自多方面的。首先是技术层面的。很多设计精美的作品在最后阶段被舍弃并不是由于设计上的原因，而是材料、加工工艺或结构上的问题。其次这种设计的合理性来自使用方面的压力。公共设施是城市景观的一部分，它们是为最广大的普通大众所使用的，这其中必然包含粗暴的抑或意料之外的使用。最后城市公共设施的合理性也包含着风格上的合理性。现代社会已经日益走向多元化，时尚潮流的变革使人们注视城市的眼光一次次地改变，城市公共设施也不例外。

2.功能性原则

功能性原则是城市公共设施设计的一条基本原则，也是它们存在的依据。城市公共设施是为最广大的普通大众所使用的，它们必须具有实用性。这种实用性不仅要求公共设施的技术与工艺性能良好，而且还应体现出整个设施系统与使用者生理及心理特征相适应的程度。设计师与工程师的区别在于设计师不仅要设计一个“物”，而且在设计的过程中要看到“人”，考虑到人的使用过程和将来的发展。

城市公共设施的实用性不仅仅针对使用者，也包含着另一个意义，即城市公共设施应该让它们所在的街道或城市更“实用”，一条街道或一座城市将因这些设施的加入而变得更有效、更方便、更快捷、更清晰、更富有秩序感。

3.人性化原则

在为杂乱无章的环境与紧张节奏的生活所累的今天，人们对富于人性的设计是迫切需要的。注重人性化的公共设施更为人们所称道，那么什么是人性化设计呢？人性化设计即在设计产品的过程中以人为本，了解人的需求，设计出尊重人、关怀人的产品。公共设施是当地居民的活动设施，具有人性化的设计能真正体现出对人的尊重与关心，这是一种人文精神的集中体现，是时代的潮流与趋势，是人与设施、自然的完美和谐的结合。公共设施与人类的活动息息相关，公共设施的人性化设计就是包含着人机工程的设施产品设计，只要是“人”所使用的产品，就应在人机工程上加以考虑，要充分考虑人的心理、生理因素，建立人与产品之间的和谐关系，最大限度地挖掘人的潜能，保护人的健康。作为公共设施在设计制造时把“人的因素”作为一个重要的条件来考虑，也就是在生理学和心理学两个方面进行全盘考虑，注重公共设施在安全、方便、舒适、美观等方面的评价，即以人性化的最大需求为主。

影响公共设施人性化设计的要素主要包括四个方面：环境因素、人的因素、文化因素以及设施本身的因素。公共设施的人性化表现，说到具体上应当包括安全性、美观性、舒适性、通俗性、材质感、识别性、和谐性、地域性和文化性等，因为人性化的表现因素众多，所以公共设施的人性化应当是一个可变因素，地理文化的不同、民族与历史的不同、使用环境的不同、使用者的不同都是体现人性化差异的表现因素，我们应当充分分析和利用这些因素来推动公共设施的人性化设计，因此我们可从以下四个因素：自然环境、人文环境、地域文化、使用人群来分析公共设施的人性化设计。

（1）自然环境因素

公共设施的设计应考虑到周围的自然环境，注意设施与自然环境的和谐统一。顺应自然环境，又要有节制地利用和改造自然环境，通过具有人性化设计的公共设施这一中介，达到“天人合一”（自然环境与人的生活的和谐统一）。例如：济南黑虎泉的公共设施设计，就巧妙地利用自然环境进行了人性化设计。黑虎泉属于旅游区，现在开发成开放式的城市公园，道路几乎保留了原貌，电话亭、书报亭等公共设施的建筑风格古色古香，体现着泉城的深厚历史文化；垃圾桶的造型设计成天然的树桩形，标志醒目；景观雕塑雄伟壮观，色彩与环境和谐统一，这些设计既巧妙地利用了自然环境，又方便了游客。公共设施的人性化设计还要考虑到气候地域的影响。比如：北方气候干燥寒冷，因而北方的公共设施材料应多采用具有温暖质感的木材，色彩要鲜艳醒目，以调剂漫长冬季中单调的色彩，这些能使人们在漫漫寒冬感受到心理上的温暖和视觉上的春天，使抑郁的心情变得轻松愉快；南方温热多雨，选材要注意防潮防锈，故多运用塑料制品或不锈钢材料，色彩上也以亮色调为主。

（2）人文环境因素

任何一个国家都有自己的文化和习俗，如果不了解民族的文化特征、文化差异，不研究民众心理与人类社会学，就不能设计出符合人文环境的人性化公共设施。除了理解设施功能外，更重要的是对其文化意蕴和民族风情的解读。人文环境主要从建筑和景观两个方面考虑。一方面中国地域辽阔，多民族在历史发展中形成了自己独特的建筑风格，在这些不同风格的地区安置公共设施时，为了不破坏当地建筑的风格，设计公共设施时就必须考虑到整体建筑风格，从中抽取出诸如形态、色彩、文化等隐含的因素，运用到公共设施设计中。由此看来，建筑形式对公共设施的设计影响还是很大的。另一方面公共设施与城市景观的关系相辅相成，公共设施参与城市景观构成，是景观规划中的一部分。城市景观是城市建设不可或缺的构成元素，如城市雕塑、喷泉、景观灯等，那么作为公共设施应当与城市景观和谐一致，相辅相成，既要丰富城市景观文化的内涵，又要创造优美的环境，因此，从某种意义上说，公共设施就是城市景观。总之，公共设施在城市空间环境中发挥着重要的作用，公共设施应当体现城市的文化内涵，反映出居民的人文精神。

（3）地域文化因素

文化是历史的传承，蕴含在历史的发展中，融汇在人们的思想里，文化的发展推动了历史的发展，文化具有时代性和地域性。公共设施作为一种文化的载体，它记录了历史，传承了文化。东方与西方、国家与国家文化存在差异，城市与城市、城市与农村的生活方式也存在差异。不同的生活方式体现着不同地域的文化，并表现为人们不同的生活习惯，而作为为人们社会生活服务的公共设施自然就会受这些不同生活方式的影响。例如，像上海这样的经济型大都市，人们工作和生活的节奏都非常快，需要公共设施和产品为他们提供便捷而舒适的服务；而像北京这样的文化型城市，公共设施的设计应与周围的环境相协调，在满足功能的同时，要处处体现其文化的内涵，让人们时常受到文化的熏陶。公共设施在造型和色彩设计过程中要充分考虑到这些地域文化差异因素，才能设计出符合各地自身传统特色的人性化的设施，这样才能使公共设施和环境融为一体，才能体现出人性化并受到人们的喜爱。

（4）人的因素

公共设施设计应该从研究人的需求开始。城市中的公共设施以其服务人们的工作、生活和供人们欣赏的双重功能，方便人们和美化着城市。人是城市环境的主体，因而设计应以人为本，充分考虑使用人群的需要。在使用人群中老人、儿童、青年、残疾人有着不同的行为方式与心理状况，必须对他们的活动特性加以研究调查后，才能在设施的物质性功能中给予充分满足，以体现“人性化”的设计。如在人行道上开辟盲道，在入口楼梯两侧开辟轮椅通道，这些都是考虑到残疾人需求的人性化设计。如何兼顾不同使用人群的需求，如何使他们在使用设施时感到方便、安全、舒适、快捷，是设计师进行人性化设计时应该考虑的因素。

如何更好地进行公共设施的人性化设计，还要关注设计师这一重要因素。人性化设计给设计师提出了很高的要求。首先要求设计师具有人文关怀的精神，能够自觉关注到以前设计过程中被忽略的因素，如关注社会弱势群体的需要，关注残疾人的需要等；其次要求设计师熟练掌握人机工学等理论知识，并能运用到实践中，体现出设施功能的科学与合理性，如垃圾箱的开口太高和太低都不便于人们抛掷废物，太大则又会使污物外露，既不雅观又滋生蚊蝇，同时要考虑防雨措施以及便于清洁工人清理等；最后要求设计师具有一定的美学知识，具有审美的眼光，通过调动造型、色彩、材料、工艺、装饰、图案等审美因素，进行构思创意、优化方案，满足人们的审美需求。公共设施是城市景观中重要的一部分，它所发挥的作用除了本身的功能外，还要体现装饰性和意象性。公共设施的创意与视觉意象，直接影响着城市整体空间的规划品质，这些设施虽然体量大都不大，却与公众的生活息息相关，与城市的景观密不可分并忠实地反映了一个城市的经济发展水平以及文化水准。

随着社会的发展，人们生活方式、思维方式、交往方式等也在不断地变化，人们在渴望现代物质文明的同时，也渴望着精神文明的滋润，公共设施的人性化设计不仅给人们带来生活的便捷，而且满足了人们的社会尊重需求，更让人们在使用中下意识地感受到一种舒适自在，并从体味生活的愉悦中转化为对美的永恒追求。

4.绿色设计原则

绿色设计的原则简称为“3R”，即Reduce（减少）、Reeyele（再生）和Reuse（回收）。“3R”原则不仅要求尽量减少物质和能源的消耗、减少有害物质的排放，而且要求产品及零部件能够方便地分类回收并再生循环或重新利用。绿色设计不仅是一种技术层面的考虑，更重要的是一种观念上的变革。它要求设计师放弃在外观上过于强调标新立异的做法，而将重点放在真正意义的创新上，以一种更为负责的方法去创造形态，用更简洁、长久的造型使产品尽可能地延长其使用寿命。

城市公共设施也应符合绿色设计的要求。这一原则在公共设施中的应用并不是仅仅多设立几个分类垃圾桶而已，它要求设计师从材料的选择、设施的结构、生产工艺、设施的使用乃至废弃后的处理等全过程中，都必须考虑到节约自然资源和保护生态环境。例如，在材料的选用方面，应首先考虑易回收、低污染、对人体无害的材料，更提倡对再生材料的使用。在结构上，应尽量少用合成焊接物而多使用容易拆卸组合的结构，以减少部件的数量，同时利于维修更换。在表面处理工艺上，尽量少用加溶解物的油漆而改用粉末涂层；在连接方式上，应尽量标准化并多使用已有的标准连接件，以减少环境的负担。同时，组件与连接处即使在长久使用后仍容易拆卸，以利于回收处理；在能源的选择上（如路灯的光源），应多采用小污染甚至无污染、高效能的“干净”能源，如太阳能；此外，还应依据有关环境法规标准，把令人不悦的因素（如噪声）降至最小程度。

总之，坚持绿色设计的原则就是坚持一种全过程控制原则，通过设计让有限资源实现加工、使用、废弃、回收以及再利用的良性循环。

5.创造性原则

创造性是一个大概念。在设计领域中，创造性无处不在，离开了创造就等于失去了设计的灵魂。创造可以有两个层次。第一层次是发明创造，第二层次是改良。两个层次的创造相辅相成，互为补充，不可分割。创造可以在三种模式下展开：第一种是概念设计，它给予设计师较大的宽容度，但也要求设计师更大地强化创新的程度；第二种是方式设计，如生活、使用方式的设计等，它以现实中的问题为主，提出解决的方法或引导出新的方法；第三种是款式设计，以款式或外观为主，追求时尚与变化。创造性原则同样适用于城市公共设施，但城市公共设施因其自身的特点使我们更偏向于第二种模式。

6.整体性原则

街道是城市环境的重要组成部分。它就像一个舞台，每天都上演着有关市民生活的活话剧。如果说街道是舞台，那么周围的建筑群则是巨大的舞台背景，而城市公共设施就成为举足轻重的道具。道具应该符合剧情及布景的需要，城市公共设施也应该符合大众公共生活的需求，并与周围的环境（包括物质环境和人文环境）保持整体上的协调。城市公共设施是一个系统，除了与周围环境协调一致，其自身也应具有整体性。无论是小设施，还是大设施，虽然各有特性，但彼此之间应相互作用，相互依赖，将个性纳入共性的框架之中，体现出一种统一的特质。这种统一性可以由许多造型要素，借助许多造型手法来表达，力戒生搬硬套与牵强附会。

二、园林公共设施的功能及趣味性

（一）装饰功能

这是园林公共设施最基本的功能。园林公共设施作为一种景观装饰艺术品，它本身具有很高的审美价值。比如一个垃圾桶，如果没有经过任何艺术加工处理，那它只是一件城市公共设施，而非园林公共设施。随着人们对环境质量要求的提高，人们对这些功能设施提出美观的要求，于是这些功能设施成为城市中的艺术小品。园林公共设施在设计中把其功能与造型、色彩、质感等巧妙地结合起来，为环境增添了丰富的色彩和优美的造型。

（二）景观组织功能

园林公共设施除自身的装饰功能外，更重要的作用是把景观组织起来，在空间中形成过渡和联结的纽带。优秀的园林小品，因其合理的构图安排，可以使单一、零散的景观更为统一有序、富有变化。园林公共设施利用其色彩、造型、比例等与周围环境紧密结合、彼此呼应。同时，园林公共设施在平衡空间构图、过渡景区、组织和丰富视觉空间等方面起到了良好的组景作用。

（三）精神文化价值功能

园林公共设施作为景观环境的重要组成部分，不仅延续着城市的历史，塑造城市景观，完善着生活环境，还承担着一定的城市文化职能，如观赏、教育、展示、交往、游憩等，而且也起着塑造城市特色景观、体现城市文化氛围等作用。园林公共设施包含着设计者和使用者美学观念和所处城市赋予的文化内涵。园林公共设施满足了人们追求精神文化的需求，反映城市居民的艺术品位和审美情趣，使城市充满了艺术氛围和文化韵味。

（四）园林公共设施的趣味性与艺术性

“趣味性是一种特性，是能够使人愉快、使人感到有意思、有吸引力的特性。”趣味性可采用寓意、幽默和抒情等表现手法来获得。趣味性是吸引人注意的重要手段之一，同时也是艺术作品容易被人接受并形成长期记忆的重要因素。园林是人们休闲的公共场所，赏心悦目是必须的，在不影响基本功能的前提下，尽可能地增加趣味性与艺术性是必不可少的。园林设施的趣味性设计除了体现园林设施的固有特征外，还要满足人民群众对城市空间环境日益增长的审美要求。园林场所是体现城市特色、文化底蕴、景观特色的场所，是一个城市的象征和标志。所以，园林设施应具有鲜明的主题和个性，它是以城市文化为背景，使人们在游憩中了解园林的文化内涵和园林意境。或以当地的风俗习惯、人文气氛为活动，通过景观艺术来塑造自己鲜明的个性。

三、园林公共设施的特点

园林公共设施作为三维的艺术实体，它既有园林建筑技术的要求，又有造型艺术和空间组合上的美感要求。设计时应把握好个体的艺术造型性和其在空间组合上的协调性。园林公共设施也是人类文明的产物，它不仅满足使用功能，也具有装饰功能。它的装饰性不仅表现在形式语言上，更表现了社会的艺术内涵。

作为空间外环境装饰的一部分，园林公共设施具有精美、灵活和多样化的特点，凭借自身的艺术造型，结合人们的审美意识，激发起一种美的情趣。园林公共设施是中国园林建筑的一部分，所以具有它的特点。我国园林建筑的主要特色用最简练的字概括，就是："巧""宜""精""雅"四个字。这四个字代表了四个方面，每个方面还包含着不同的层次。它们是相互联系，又相互统一的，是中国园林建筑的基本品格特征。

（一）巧

"巧"就是"灵巧""巧奇""活变"的意思；它的对立面显然就是：傻、大、粗、笨，就是呆板、平淡、没有生气。中国园林建筑与自然环境的巧妙结合，可以说是世界建筑史上的一个高度成就。中国的园林建筑为适应自然风景式园林的性格及园林整体环境的气氛，就要在布局、空间组织、建筑造型上创造出合乎自己身份的形象来。完全依据环境的特点和要求，配合着各种各样的地形地貌，自由组合，穿插错落，灵活应变。为配合自然界中的各种典型环境，还创造出各种不同造型的建筑类型，每一种类型中又演变出丰富变化的形式。不论是南方、北方，还是同一个地区内的不同环境中，园林建筑总是千差万别，展示着与具体环境相吻合的强烈个性。因此，总给人一种自由、灵巧、变幻的感受，处处做到"巧而得体"。由于有了这些精巧的建筑与美丽的自然的互相配合、互相补充，共同形成了比本来的自然界更美的境界。

（二）宜

"宜"就是合宜、适用、合情合理，"因地制宜"的对立面显然就是假、大、空，就是矫揉造作。这个"宜"，首先表现在对待人的态度上，中国人建造园林，是为了追求自然美，获得身心上切实的美的感受与满足；古人所说的四美："良辰、美景、赏心、乐事"，是中国园林所追求的基本内容。园林建筑设计的中心课题，就是一切为了人，制造出人的空间、人的尺度、人的环境。中国人真是把人对自然山水的追求琢磨到家了，把人与建筑、人与自然的关系融合到水乳交融般的空间境域之中。因此，"人"从来就是中国园林建筑的主体，它的空间总是合情合理的，合人之情，合结构与自然规律之理，不装腔作势，不矫揉造作。即使是建在风景区中的寺庙，也要把它从超尘脱俗的境界中拉回到清静幽雅的现实生活中，融化于自然界，成为世俗化的建筑物，成为人们可以欣赏、可以生活的部分。

（三）精

"精"就是精巧、精美、分寸感，"少而精"的对立面就是粗陋、笨拙、堆砌。中国园林建筑的精美并不是一种局部的雕虫小技，而是一种风貌，从整体到细部它都和谐地组织在一种美的韵律之中。它不仅注意总体造型上的美，而且注意装修、装饰的美，注意陈设的美，注意小品建筑的美；它们之间的位置、大小、粗细、宽窄、质地都恰到好处，有精到的分寸感、统一感。建筑的各个部分都协调在结构的精巧布置上，都是中国建筑“结构美”的进一步补充，进一步美化，不是附加的东西，虚假的东西，不是一张“外皮”式的堆砌，不是舞台布景式的摆弄。这种精美的建筑处理，处处都是合情合理的，它不仅是一种形象的美，也是一种合乎结构与构造逻辑的美。同时，这种精巧、精美的特点不仅表现在视觉的感受上，还表现在触觉的感知上：中国园林建筑与人贴近的地方，像柱子、凳椅、美人靠、门窗、内檐的各种装修等，不仅看上去精巧、精美，而且摸上去也舒服；它的造型、木质和人之间有一种亲和感，让人愿意与它贴近，愿意抚摸它。所以计成说“园不在大而在精”，园有异宜，或华丽，或简朴，但都要“精”，不能“滥”。这个“精”字正点了中国园林的着力所在。园林的“精”是造园家精心设计的结果。现代建筑的技术发展，新的材料增多了，但却不能因新而丢掉精美的特点，不能由此把建筑弄成粗糙、笨拙、干巴巴的模样，人们要求其精美。

（四）雅

“雅”是指建筑的格调、意境，是人们对园林建筑形象、色彩、气氛的一种感受。“幽雅”“雅朴”“雅致”都是这种感受的表达。它的对立面就是“俗”，但这并不是“大众化”，而是一种涂脂抹粉的气息。

中国园林建筑对“雅”的追求表现在几个方面：从建筑与环境的气氛要“幽雅”；从建筑的造型、装修、细部的处理要“雅致”；从建筑的色调效果要“雅朴”。中国园林的特点之一就是含蓄，建筑物不是那么暴露的。中国人知道只有把精巧的建筑融入大自然的环抱之中时才能“幽雅”得起来，“幽”与“雅”是联系在一起的。中国园林建筑在自然环境中的形象，并不以壮丽浓艳取胜，而是以小巧雅致见长。中国的民居与园林建筑都具有这样的特色，无论从建筑的总体形象到局部的装饰纹样，都“兹式从雅”“从雅遵时”，细致而较精美，简单而有风韵，不拘泥于烦琐、堆砌的事。把中国园林建筑的主要特色概括为“巧”“宜”“精”“雅”四个字，实际上代表了四个主要的方面，每一个方面又有它进一步的含意，反映了丰富的内容。我们当然不能仅从字面上去做简单化的理解，而应把握它的精神实质，以新的创作使它得到新的推动，并不断发扬光大。

四、园林公共设施设计要素

（一）园林公共设施的立意

园林公共设施的立意是内在的，使其具有较高的艺术境界，寓情于景，情景交融。意境的塑造离不开公共设施设计的色彩、质地、造型等基本要素，通过这些要素结合才能表达出一定的意境，塑造环境氛围；同时还可以利用人的感官特征来表达某种意境，如通过公共设施中水流冲击材质的特殊声音来营造一定的自然情趣；通过植物的自然芳香、季节转变带来的色彩变化营造生命的感悟。这些利用人的听觉、嗅觉、触觉、视觉的感悟营造的气氛更给人以深刻的印象。

（二）园林公共设施的形象设计

1.色彩

色彩具有鲜明的个性，有冷暖、浓淡之分，对颜色的联想及其象征作用可给人不同的感受。暖色调热烈、让人兴奋，冷色调优雅、明快；明朗的色调让人轻松愉快，灰暗的色调更为沉稳宁静。公共设施色彩处理得当，会使园林空间有很强的艺术表现力。园林公共设施所选用色彩强调要“时遵雅朴”，善于表现材料本质的美，不在木材上乱施油彩，不在砖木上任意雕镂而流于庸俗。

2.质地

随着技术的提高，园林公共设施质地类型选择范围更广，形式更多样化。主要包括人工材料，如塑料、不锈钢、混凝土、陶瓷、铸铁等，这些材料可塑性强，基本可以适应各种环境的要求；天然材料，如木材、石材等，这些材料塑造的公共设施更有地方特色、地方风情；或是将人工材料与天然材料结合，互补缺陷，综合优点。园林中的公共设施就要多选用天然材料，就地取材，但考虑到其形式多样性，也可用仿自然材料的人工材料，提高其可塑性，降低成本。

3.造型

园林公共设施造型设计很难用一定的标准来规范，但仍然有一定的设计线索可以追寻，一般的艺术造型有具象和抽象两种基本形式，无论是平面化表达还是立面效果都是如此。任何一种公共设施都可以通过点、线、面和统一造型设计创造其独特的艺术效果，同时造型设计不能脱离意境的传达，要与周围环境统一考虑，塑造合理的外部艺术场景。以颐和园公共设施设计为例，其造型设计在意境传达上一定要符合皇家园林的气势，在形式上要与其中的园林建筑相统一，如在传统造型中提取符号。园林公共设施单体造型设计应从以下几方面考虑。

（1）巧于立意

园林公共设施作为园林中局部的主体景物，不仅要有形式美，还要具有深刻的内涵，要表达一定的意境和情趣。这就要求设计者巧于构思，力求将物境、情境、意境融为一体。设计中必须做到先“立意”，就是先有构思，只有做到“意在笔先”才能表达出一定的意境来。

（2）精在体宜

园林公共设施作为中国园林景观的陪衬，在景观中所占面积不大。一般在体量上力求与环境相适宜，根据环境空间选择相应的体量与尺度。如在大广场中，设巨型灯具，有明灯高照的效果，而在小的林荫曲径旁，只宜设小型园灯，不但要求体量小，而且造型更应精致。

（3）突出特色

园林公共设施应突出地方特色、中国园林特色及单体的艺术特色，使其有独特的格调，切忌生搬硬套，产生雷同。

（4）注重艺术性

园林公共设施的艺术性是指其所呈现的美学特征，是较高层次的追求。园林公共设施以立体的空间艺术塑造呈现在人们面前，要有良好的平面形式和空间造型，并且还要充分考虑色彩、材料、质感等方面的内容，最基本的要求是应该遵循美学原理。

（三）园林公共设施与空间环境的关系

在设计园林公共设施时，我们需要把它放在更大尺度的景观中加以考虑，在追求变化的前提下必须统一于整个环境设计的格调之中。每个园林公共设施都应和其他景观联系在一起，都应与环境相融，而不是对立抵触，从而避免其过于独立，从环境中脱离出来。其与环境相和谐应遵循以下原则。

1.园林公共设施的体量比例与环境设计

比例与尺度是协调的重要因素。英国美学家夏夫兹博里曾说过：“凡是美的都是和谐的和比例适度的。”在园林公共设施设计过程中，既要考虑到园林公共设施本身的功能比例，又要考虑到园林公共设施与环境设计构图的比例关系。

2.园林公共设施的内容形式与环境设计

内容和形式是相辅相成的，再好的内容必须由适合的形式来表达。园林公共设施的设计在追求变化的前提下必须统一于整个环境设计的格调之中，起到点缀环境、丰富空间、烘托气氛的作用。园林公共设施在追求新颖、别致的同时也要使公共设施与园林风格相一致，处理好“主”与“从”“藏”与“露”的关系。

3.园林公共设施的文化含意与环境设计

园林公共设施的文化含意是指在一定程度上通过表面塑造，达到感受其隐含的意境。园林公共设施的文化内涵更能提高其观赏价值和品位，它也是构成现代城市文化特色和个性的一个重要因素。随着人们审美意识的不断提高，人们对环境景观的认识也在发生着新的变化，个性化的园林公共设施会带给观者耳目一新的感受，会给城市环境注入新的活力，无形中增强了城市环境的文化品位。

第九章　园林植物选择

第一节　园林植物的概念与作用

一、园林植物相关概念

（一）园林植物

通常指绿化效果好、观赏价值高、适用于园林绿化的植物材料。园林植物主要包括木本和草本的观花、观叶或观果植物，适用于园林绿地和城市林地的防护植物与经济植物，以及室内装饰用花卉植物。园林植物是风景园林建设中最重要的材料。

（二）生物多样性

生物多样性是指地球上各种各样的生物及其与环境形成的生态复合体，以及与此相关联的各种生态过程的多样性的总和。一般来说，它体现在基因、物种、生态系统和景观四个层次，也就是说，包括所有的植物、动物、微生物种（物种多样性）、它们的遗传信息（基因多样性）和生物体与生存环境一起集合形成的不同等级的复杂系统。生物多样性是生命最突出的特征之一，有机体的种类、形态，它们之间的相互依存与对抗都是生物多样性的具体表现。生物从各个高级分类阶层到种，乃至同一物种的不同居群、同一居群的不同个体，都各有特征，互不相同，形成了自身的独特性，独特性组成多样性，多样性是独特性之和，多样性存在于生物界的每一层次。对物种濒危机制及保护对策的研究，栽培植物及其野生近缘种的遗传多样性研究，生物多样性保护技术与对策等领域是生物多样性研究的热点。生物多样性是一个国家的战略资源，提供对付已有的环境变化和将来未知的变化的办法。

（三）植物多样性

植物多样性是生物多样性的一部分。作为自然界的第一生产者，植物是生态系统中物质循环与能量交换的枢纽，决定着生态系统的平衡和稳定。植物多样性是保持水土和促进能量流动、物质循环的重要因素，也是生物多样性的前提和保障。虽然植物多样性只是生物多样性的部分，但它同样涵盖了遗传、物种、生态系统和景观多样性等多个层次。为保护植物多样性，应当尽可能多地应用植物种类，充分利用植物种的变种、变形等植物材料，提高植物分类群（科、属、种）的丰富度和植物遗传多样性水平；同时，在整体上构成景观或生态系统在结构、功能等方面的多样化或变异性。

生物多样性保护对于城市园林绿化来说有着重要的意义。首先，生物多样性是促进城市绿地自然化的基础，也是提高绿地生态系统功能的前提；其次，生物多样性能充分反映出城市园林绿化的地方特色，通过城市绿化中乡土植物的应用，代表着本区域类型的植物群落和生态系统，可以营造出丰富的景观效果，满足人们的审美要求，显示城市的风貌特征和地域特色，植物多样性不仅是丰富城市生态园林景观的基础，多样性的植物群落还具备抗拒外部影响的能力，而单调的生态系统和群落易遭受自然灾害的侵袭，显得十分脆弱。同时，生物多样性的保护与重建可以改变人类对自然的传统观念和索取的方式，确立人与自然共生共荣的关系，从而为城市的可持续发展做出贡献。

（四）园林植物配植

按园林布局的要求，根据植物本身的生态习性、观赏特点等合理地种植园林中的各种植物（乔木、灌木、草本及花卉、地被植物等），以发挥它们的生态服务功能和观赏特性，给人以美的享受。一般来说，园林植物的配植主要包括两个方面：一方面是各种植物相互之间的配植，主要考虑植物种类的选择，树丛的组合，平面和立面的构图、色彩、季相以及意境，形成植物群落，构成植物景观；另一方面是园林植物与其他造园要素如山石、水体、建筑、园路等相互之间的配植。园林植物配植是风景园林工程的基础，其生态环境效益、景观效果和艺术水平与植物配植有着密切的关系。园林植物配植的造景功能是多方位的，既可表现时序景观，形成空间变化；也可单独创造观赏景点或烘托建筑、雕塑；还可营造意境，形成独特的地域文化景观特色。

风景园林中植物配植的质量是评价城市环境优劣的最直观、最显著的要素之一。园林绿化中，一般来说，植物景观所占的空间比例是最大的，优秀的植物配植所形成的景观无论在哪里都成为一个符号或者标志，同城市中显著的建筑物或雕塑一样，可以记载一个地区的历史，传播一个城市的文化。植物景观给人们提供了文明健康、舒适的工作与生活环境，使人的身心在紧张的工作、生活节奏中得以调整、舒缓。如武汉大学的樱花，上海淮海路上的悬铃木，以及乡土村落中的风水林、风水树等都是体现地区文明的象征。杭州“西湖十景”中约有一半是植物成景，而且这些优秀的植物配植并不比人工建筑物的效果逊色；青岛“八大关”内每一条道路都由一种不同的植物作为代表，韶关路的碧桃，山海关路的法国梧桐，紫荆关路的雪松等形成“一关一树、关关不同、路路花不同”的植物景观特色。国外如美国旧金山的九曲花街，长木花园的精美园艺都是引以为傲的秀美景观。要创作“完美的植物景观，必须具备科学性与艺术性两个方面的高度统一，既满足植物与环境在生态适应上的统一，又要通过艺术构图体现出植物个体与群体的形式美，以及人们在欣赏时所产生的意境美”。

（五）园林植物造型

园林植物造型融园艺学、文学、美学、雕塑、建筑学等艺术为一体，通过独具匠心的构思、巧妙的技艺，结合栽培管理、整形修剪、搭架造型，创造出美妙的艺术形象，体现并能满足人们对美好环境的追求。优美的园林植物造型具有很高的观赏价值。园林植物造型从形式空间上可分为平面造型和立体造型，从取材上可分为具象造型和抽象造型，从组织形式上可分为单独造型和组合式造型等。

（六）本地植物

经过长期的自然选择和物种演替后，对某一特定地区有高度生态适应性的植物，具有抗逆性强、资源广、苗源多、易栽植等特点；不仅能够满足当地城市园林绿化建设的要求，而且还代表了一定的植被文化和地域风情。

（七）地带性植被

地带性植被又称显域植被，分布在“显域地境”，能充分反映一个地区气候特点、环境特点（特别是水分和热量）的植被类型。地带性植被体现出三维空间规律性，类型表现为纬度地带性、经度地带性和垂直地带性。沿纬度方向呈带状发生有规律的更替，称为纬度地带性，纬度地带性植被如热带雨林、亚热带常绿阔叶林、温带落叶阔叶林、寒温带针叶林等；从沿海向内陆方向呈带状发生有规律的更替，称为经度地带性。纬度地带性和经度地带性合称水平地带性。随着海拔高度的增加，气候发生有规律的变化，植物也发生有规律的更替，称为垂直地带性。从山麓到山顶，由于海拔升高，出现大致与等高线平行并具有一定垂直幅度的植被带，其有规律的组合排列和顺序更迭，表现为垂直地带性。

（八）潜在自然植被

潜在自然植被是指在植被受破坏的地区，其所有的演替系列不受人为干扰，而且都在现有的气候与土壤条件（包括被人工所创造的那些条件）下将会发展起来与受破坏前相似的原生性植被。因为它并不存在，只是从现有植被的知识推断其发展的趋势，故称“潜在”的。

（九）近自然园林（植物）

尽可能地保留原生状态的自然植物群落，或在充分掌握当地自然群落构成和演替规律以植被景观特征的基础上，“模拟”自然植物群落和地域植被景观的特征。近年来，城市绿化工作过分追求“一次成型”的视觉美感和景观功能，忽略了植被的生态功能，大量绿地出现了功能单一、稳定性差、易退化、维护费用高等问题。相关研究表明，模拟自然植物群落、恢复地带性植被是解决上述问题的重要途径之一，用这种方法可以构建出结构稳定、生态保护功能强、养护成本低、具有良好自我更新能力的植物群落。在城市园林绿地中模拟自然植物群落，恢复地带性植被应采取最大多样性的方法，即尽可能地按照该生态系统退化以前的物种组成及多样性水平种植植物。在恢复地带性植被时应大量种植演替成熟阶段的物种、忽略先锋物种、首选乡土树种，构建乔、灌、草复合结构，抚育野生地被。城市中模拟恢复地带性植物群落不仅能扩大城市视觉资源，创造清新、自然、淳朴的城市园林景观，而且具有保护生物多样性和维护城市生态平衡的生态效应。

二、园林绿化的功能与作用

绿色为植物所固有，它蕴藏着无限生机，是地球生物圈的灵魂。在布满钢筋水泥的城市环境中，绿化植物更是城市生态系统中的唯一生产者，不但具有美化环境、陶冶情操的景观、娱乐功能，还具有保护环境、改善环境、防灾减灾等重要作用。

（一）美化环境

城市植物是城市景观的重要组成部分。春花绚烂、夏日绿荫、秋桂飘香、傲雪寒梅，植物无疑是城市绿化的主体，是形成城市景观的基础，给人以美的享受。

1.个体之美

不同的城市植物具有不同的生态和形态特征。它们的干叶、花、果的姿态、大小、形状、质地、色彩和物候期各不相同，表现出不同的色彩美、形态美和香气美。

2.群落之美

自然界植物的分布不是凌乱无章的，而是遵循一定的规律集合成群落，每个群落都有其特定的外貌。中国地域广大，地理情况差异显著，植物种类繁多，富于地域特色的植物群落是构成城市独特风貌的基础要素。

3.意境之美

人们在欣赏植物花卉时常进行移情和联想，将植物情感化和人格化，中国古典诗词中有大量植物人格化的优美篇章，以“十大名花”为代表的许多植物在民俗文化中都被人格化了。如传统的松、竹、梅配植称为“岁寒三友”；杨柳依依，表示惜别；桑表示家乡等；皇家园林中常用玉兰、海棠、迎春、牡丹、桂花象征“玉堂春富贵”，各个城市的市树市花也是城市精神的象征。

（二）改善环境

1.供氧吸碳

城市植物的最大功能是通过光合作用制造氧气并吸收二氧化碳。因此，城市植物是空气中二氧化碳和氧气的“调节器”，避免了因城市人口多、工业集中、二氧化碳排放量大、氧气减少给人们身体健康带来的危害。植物是二氧化碳的主要消耗者，城市植物是城市的重要“碳汇”，在全球应对气候变化中的作用和地位将变得越来越重要。

2.调节气候

在炎热的夏季，树木和草坪庞大的叶面积可以遮阳，有效地反射太阳辐射热，大大减少阳光对地面的直射：树木通过叶片蒸发水分，以降低自身的温度，提高附近的空气湿度，夏季绿地内的气温较非绿地低3℃~5℃，林荫道下与无树荫的对比区域温度降低近4℃，而较建筑物地区可降低10℃左右。城市植物对于缓解城市“热岛效应”起着极为重要的作用。

3.净化空气

城市植物是净化大气的特殊“过滤器”。叶面粗糙带有分泌物的叶片和枝条，很容易吸附空气中的尘埃，经过雨水冲刷又能恢复吸滞能力。在一定浓度范围内，城市植物对二氧化硫、甲醛、氨氧化物、汞等有害气体具有一定的吸收和净化作用。植物还具有吸收和抵抗光化学烟雾等污染物的能力。

4.净化水体

许多水生植物和沼生植物对净化城市污水有明显作用。城市中越来越多地建造人工湿地污水处理系统，广泛用于处理生活污水和各种工农业废水。污水进入土壤或水体后，通过绿色植物的吸收、土壤微生物的降解以及土壤的吸附、沉淀、离子交换、黏土矿物固定等系列过程而得到净化。

5.减弱噪声

绿化树木的庞大树冠和枝干，可以吸收和隔离噪声，起到“消声器”作用。在沿街房屋与街道之间，如能有一个5 ~ 7m的树林带，就可以有效减轻机动车噪声。

6.杀灭细菌

很多城市植物的根、茎、叶、花等器官能分泌“植物杀菌素”，可以杀死微生物和病菌或抑制其发展。樟树、楠树、松树、柏树、桉树、杨树、丁香、山茱萸、皂角、苍术、金银花等都含有一定的杀菌素。如丁香开花时散发的香气中，含有丁香油酚等化学物质，具有较强的净化空气和杀菌能力。据测定，绿树成荫的植物园内每立方米空气中的含菌量只有车站等闹市区的2%；人流量大的百货商店内空气中细菌数高达400万个/m，而公园内仅1000个/m。

7.保持水土

降雨时，雨水首先冲击树冠，然后穿过枝叶落地，不直接冲刷地表，从而减少地表土流失；同时，树冠本身还能积蓄一定数量的雨水。此外，树木和草本植物的根系能够固定土壤，而林下往往又有大量落叶、枯枝、苔藓等覆盖物，既能吸收数倍于自身的水分，也有防止水土流失和减少地表径流的作用。

8.维持生物多样性

园林植物构成的绿地是维持和保护生物多样性的重要场所，是生物保护的“图书馆”，为动物和微生物提供了适宜的栖息地，为提高城市生物物种的丰富度，为创建人与自然和谐的生态环境创造了有利条件。

（三）愉悦身心

园林植物具有调节人类心理和精神的功能，公园绿地被称为“绿色医生”。绿色能调节人的神经系统，吸收强阳光对眼睛有害的紫外线，加上对光线反射较弱，色调柔和，所以能安宁中枢神经及消除视觉疲劳。除此之外，绿化环境还能使人的体温下降，呼吸慢而均匀，血流减缓，心脏负担减轻，有利于身体健康。

（四）防灾减灾

相对于城市建筑与基础设施等“硬件”环境而言，城市绿地是具有防灾减灾功能的重要“柔性”空间，具备了防灾避难的潜能。突发性灾害发生时，居民可迅速疏散到绿地中。此外，许多城市植物树木具有强大的防火功能，可阻挡火源发出的大部分辐射热，不让它灼热点燃周围物体。如珊瑚树的叶片全部烧焦时，也不会发生火焰，它可阻挡热量的80%～90%，其作用可与避火墙相媲美。北方城市的风沙、沙尘暴，沿海城市的海潮风、风暴等灾害常常给城市带来巨大损失，而城市防护林带可以有效地阻止大风的袭击。

三、同质化背景下的城市植物多样性保护

城市化对植物多样性的影响是当前城市生态学关注的焦点和热点之一。欧洲、北

美、日本、澳大利亚等发达国家已有很多研究，但在发展中国家还比较缺乏。近年来，我国在城市化对植物多样性影响方面的研究也日益增多，主要包括以下方面：第一，城市植物多样性现状的调查分析，包括对城市植物种类、引种植物及乡土植物种类与分布的基础调查。第二，城市植物多样性理论探讨。一是对城市植物多样性分布格局特征的探讨，主要围绕外来物种和乡土物种在城市—郊区—乡村的梯度变化和各种用地类型之间的不同分布；二是植物多样性丧失的内在机制研究，主要从人为引入外来物种、小生境的改变，以及景观格局的变化和干扰理论等方面进行研究；三是利用统计学方法对城市植物多样性进行分析研究及对研究方法的探讨。第三，实践应用方面，包括各地植物多样性保护规划及植物物种的应用、群落配植和保护策略；乡土树种在城市绿化和市区中的应用，重视城市园林苗圃建设，加强政策机制研究等。目前生态学家的研究主要集中在物种数量和多样性的类型上，近几年研究方向开始向城市生态机理、物种间相互作用、基因和系统进化等方面拓展。生物同质化现象与发展趋势是城市植物多样性保护面临的新的挑战。

（一）城市化对城市植物多样性的影响

1.城市化引起城市生物同质化

城市是以人类为中心的生态系统，所以城市主要是为了人类的需要而建造，同当地的自然环境相比，城市是通过输入巨大的能源流和物质流而维持在一种不平衡的状态中，当城市在地球上蔓延时，各城市首先在物理环境上趋于同质化。同质化的物理环境选择性地淘汰城市不适应型的生物种群，从而使城市适应型的种群在全球的城市中扩散并定居，导致各个城市的生物同质化程度上升。生物同质化是指特定时间段内两个或多个生物区在生物组成和功能上的趋同化过程，包括遗传同质化、种类组成同质化和功能同质化三个方面。同时，城市化促进不同地域之间的交通连接，这也为外来物种定居提供了机会，如人类活动为了育种，饲养宠物及其他目的，以及在运输过程中也可能附带引入了外来物种，其中部分外来物种逐渐适应城市环境，在城市中定居，而本地物种多聚集在市郊或城市边缘地带。因此，城市化是导致同质化的主要原因，城市化导致的城市物理环境的同质化，加上外来物种的引入，进而导致各个城市的生物同质化程度上升。

城市化也是物种灭绝的主要原因之一是由于城市化导致用地类型的改变从而导致植物城市栖息地的消失，因为城市化对于生物栖息地的改变通常是十分剧烈的，大片的土地正在以前所未有的利用方式被铺平和做各种用途，超过了砍伐、传统农耕等对生物栖息地带来的改变；二是由于农业集约化带来的栖息地恶化。城市化占用了大量的土地，使大量的非城市用地变成城市用地，从而使较少的农业用地承担更大的养活城市人口的负担，导致农业用地集约化，用地强度增大，使城市周围地区的植物栖息地环境恶化、改变甚至消失，如城市周围的湿地、森林、草原，由于农耕用地的需要而转化为耕地。城市化不仅破坏了本地物种的栖息地环境，同时也为相对较少的城市适应型物种创造了适合它们生存的栖息地环境，这个根除乡土物种的过程同时也是外来物种定居和替代乡土物种的过程，也就是生物同质化的推进过程。这个过程的结果通常是外来物种的进入丰富了当地的生物多样性，但由于导致当地稀缺物种的灭绝，最终降低了全球的生物多样性，其中土地使用类型的改变是影响全球生物多样性的最主要因素。因此，城市化在促进了生物同质化的同时也促进了物种灭绝和生物多样性的减少。

2.城市化进程中社会、经济因素对植物多样性的影响

社会、经济因素会影响城市植物多样性。城市化使城市中心及城市周围的植物多样性的空间分布反映了社会、经济和文化倾向，而不是反映了传统的生态学理论。植物多样性与距离城市中心的远近、现在及以前的土地使用类型、家庭收入和房屋年龄有关。可用“奢侈效应”来解释财富与植物多样性之间的关系，即拥有的财富越多，其拥有的景观与植物多样性也就越丰富。财富与植物多样性的这种正相关关系非常有趣，因为这种正相关关系似乎很好地反映了环境的质量与社会经济地位或城市生态系统中人类资源丰富性之间的关系，这种联系又受到教育、行政管制、文化等的影响。

3.城市生物多样性保护面临的挑战——城市生物同质化

对于保护生物多样性的巨大挑战主要来自以下两个方面：一是城市化导致外来物种的侵入和本地物种的消失，从而导致世界城市范围内物种的同质化；二是城市化过程中人类对待自然的态度。因为很多人居住在城市里，城市里的大量物种是非本土的，这就导致城市居民日益脱离了与本地土著物种及其自然生态系统之间的联系，因此要教育和说服公众去保护他们不熟悉、没有情感联系的本地物种多样性将会更加困难。

（二）城市植物多样性保护途径

城市植物多样性保护是城市生态环境建设的重要质量指标，针对同质化趋势、外来物种入侵、乡土物种消失及城市化相关的社会经济因素的影响，需要重视基础研究；加强制度建设、健全机制；推进“近自然”群落建设；重视并加强城市园林苗圃建设，积极协同园林植物科研所、植物园等有关单位开展园林植物的引种、驯化工作，为城市园林植物的多样性提供必要的苗木来源；多学科多部门间协调及公众参与等方面工作。

第二节 园林植物的生长发育规律

一、园林植物的生命周期

园林植物的生命周期是指从繁殖开始，经幼年、青年、成年、老年，直至衰老死亡为止的全部过程。园林植物不论是木本还是草本，自生命开始到生命终结，都要历经几个不同的生长发育阶段，但各个生长发育阶段的长短及对环境条件的要求因植物种类不同而异。任何一个植物体，生长活动开始后，首先是植物体的地上、地下部分开始旺盛地离心生长，即根具向地性，在土中逐年发生并形成各级骨干根和侧生根，地上芽按背地性发枝，向上生长并形成各级骨干枝和侧生枝，这种由根颈向两端不断扩大其空间的生长称为“离心生长”。这一时期植物体高生长很快。随着年龄的增长和生理上的变化，高生长逐渐缓慢，转向开花结实和粗生长。最后逐渐衰老，潜伏芽大量萌发，开始向心更新，即植物由外（冠）向内（膛），由上（顶部）而下（根部），直至根颈部进行的更新（更新能力越接近根颈越强）。园林植物的种类很多，寿命差异很大，下面分别对木本植物和草本植物进行介绍。

（一）木本植物的生命周期

木本植物寿命可达几十年甚至上千年，其个体的生命周期因其起源不同而分为两类：一类是由种子开始的个体；另一类是由营养器官繁殖后开始生命活动的个体。由种子开始的个体其生命周期及栽培措施如下。

1.胚胎期（种子期）

植物自卵细胞受精形成合子开始，至种子发芽时为止。胚胎期主要是促进种子形成、安全储藏和在适宜的环境条件下播种并使其顺利发芽。胚胎期的长短因植物而异，有些植物种子成熟后，只要有适宜的条件就能发芽；有些植物的种子成熟后，即使给予适宜的条件也不能立即发芽，而必须经过一段时间的休眠或处理后才能发芽。

2.幼年期

从种子发芽到植株第一次出现花芽前为止。幼年期是植物地上地下部分进行旺盛的离心生长的时期。植株在高度、冠幅、根系长度和根幅方面生长很快，体内逐渐积累起大量的营养物质，为营养生长转向生殖生长打下基础。幼年期的长短因树种的生物学特性和环境条件而异。有的植物仅1年，如月季当年播种当年开花；有些植物为3～5年。我国民谚“桃三、杏四、梨五年，枣树当年就还钱”，就是指这几种树的幼年期的长短。也就是说，绝大多数实生树种达不到一定年龄是不会开花的，如梅花需经过4～5年，松树和桦木需经过5～10年；有些树木幼年期长达20～40年，如银杏、云杉、冷杉等。总之，生长迅速的植物幼年期短，生长缓慢的植物幼年期长。但是，通过改善环境条件，可以缩短幼年期。幼年期对环境适应性最强，遗传特性尚未稳定，可塑性较大，是定向育种的有利时期。

园林绿化中，常用多年生大规格的苗木，花灌木幼年期基本在苗圃内度过。由于此时期植物体在高度和体积上迅速增长，应注意培养树形、移植或切根，促发大量的须根和水平根，以提高出圃后的定植成活率。行道树、庭荫树等用苗，应注意养干、养根和促冠，以保证达到规定的干高和冠幅。

3.青年期

青年期为植株第一次开花，到花朵、果实性状逐渐稳定时为止。此时期内植株的离心生长仍然较快，生命力也很旺盛，青年期的树木已形成树冠，并继续进行营养生长。植株年年开花和结实，但数量较少。遗传性已渐趋稳定，有机体可塑性已经大为降低。在栽植养护过程中，应给予良好的环境条件，加强肥水管理，使植株一直保持旺盛的生命力，迅速扩大树冠，增加叶面积，加强树体内营养物质积累。花灌木应采取合理的整形修剪，调节植株长势，培养骨干枝和丰满优美的树形，为壮年期的大量开花打下基础。为了促使青年期的植株多开花，不能采用重度修剪。过重修剪从整体上削弱了植株的总生长量，减少了光合产物，同时又在局部上刺激了部分枝条进行旺盛的营养生长，新梢生长较多，会大量消耗养料。应当采用轻度修剪，在促进植株健壮生长的基础上促进开花。

4.壮年期

从生长势自然减慢到树冠外缘小枝出现干枯时为止。壮年期植物不论是根系还是树冠都已扩大到最大程度，植株各方面已经成熟，植株粗大，花、果数量多，性状已经完全稳定，并充分反映出品种的固有性状。树冠也已定型，是观赏的盛期。对不良环境的抗性较强。植株遗传保守性最强，不易改变。壮年期的后期，骨干枝离心生长停止，离心秃裸现象较严重，树冠顶部和主枝先端出现枯梢。根系先端也干枯死亡。

为了最大限度地延长壮年期，较长期地发挥观赏效益，应加强灌溉、排水、施肥、松土和整形修剪等措施，使其继续旺盛生长，避免早衰。施肥量应随开花量的增加逐年增加，早期施基肥，分期追肥，对促进根系生长、增强叶片功能、促进花芽分化是非常有利的。同时切断部分骨干根，进行根系更新，并将病虫枝、老弱枝、下垂枝和交叉枝等疏剪，改善树冠通风透光条件，后期对长势已衰弱的树冠外围枝条进行短剪更新和调节树势。在一系列综合性的管理措施下，可以防止树体早衰。

5.衰老期

从树木生长发育明显衰退到死亡为止。植株长势逐年下降，花枝大量衰老死亡，开花、结实量减少，品质低下，树冠及根系体积缩小，出现向心更新现象，即树冠内常发生大量的徒长枝，主枝上出现大的更新枝。对不良环境抵抗力差，易感染病虫害。衰老树应经常进行辐射状或环状施肥，开沟施肥切断较粗的骨干根后，能发出较多吸收能力强的侧须根。另外，每年应中耕松土2～3次，防止土壤被践踏得过于紧实。疏松的土壤和良好的水肥条件，能维持树木的长势。凡树干木质部已腐烂成洞的要及时进行补洞，必要时用同种幼苗进行桥接或高接，帮助恢复树势。对更新能力强的植物，应对骨干枝进行重剪，促发侧枝，或用萌蘖枝代替主枝进行更新和复壮。由营养繁殖起源的植物，没有胚胎期和幼年期（或幼年期很短）。因为用于营养繁殖的材料一般阶段发育较老，已通过幼年期（从幼年母树或根蘖条上取的条除外），只要环境适宜，就能很快开花，一生只经历青年期、壮年期和衰老期。

（二）草本植物的生命周期

1.一二年生草本

一二年生草本植物生命周期很短，在一年或二年中完成，但一生也必须经过几个生长发育阶段。

胚胎期：从卵细胞受精发育成合子开始，至种子发芽为止。

幼苗期：从种子发芽开始至第一个花芽出现前止。一般为2～4个月。二年生草本花卉多数需要通过冬季低温，翌春才能进入开花期。一二年生草本花卉，在地上地下部分有限的营养生长期内应精心管理，使植株能尽快达到一定的株高和株形，为开花打下基础。

成熟期（开花期）：植株大量开花，花色、花型最有代表性，是观赏盛期，自然花期为1～2个月。为了延长其观赏盛期，除了进行水、肥管理外，应对枝条进行摘心或扭梢，使其萌发更多的侧枝并开花。如一串红摘心1次可延长开花期15天左右。

衰老期：从开花量大量减少、种子逐渐成熟开始，至植株枯死。此期是种子收获期，种子成熟后应及时采收，以免散落。

2.多年生草本

多年生草本植物一生也需经过胚胎期、幼年期、青年期、壮年期和衰老期。但因其寿命仅10余年，故各个生长发育阶段与木本植物相比相对短些。以上几个生长发育时期，并没有明显界限，各个时期的长短受各种植物本身系统发育特性及环境条件限制。总的来说，植物在成熟期以前生长发育较快，积累大于消耗；成熟期以后生长量逐渐减少，衰老加快。在栽培过程中，通过合理的栽培养护技术，能在一定程度上延缓或加速某一阶段的到来。

二、园林植物的年生长周期及物候观测

（一）园林植物的年生长周期

园林植物的生命过程大多是在一年四季和昼夜周期变化的环境下度过的。这两种呈周期性变化的外界条件，必然影响园林植物的营养和生命活动，使它形成了与季节和昼夜变化相适应的外部形态和内部生理机能的有规律的变化，如萌芽、新芽形成或分化、抽枝展叶或开花、果实成熟、落叶及转入休眠等。园林植物每年随季节变化而出现的形态和生理机能的规律性变化，称为“园林植物的年生长周期”。园林植物的年生长周期是园林植物区域规划以及制定科学栽培措施的重要依据。此外，园林植物所呈现的季相变化，对园林植物种植设计具有艺术意义。

1.落叶树的年周期

由于温带地区的气候，在一年中有明显的四季变化，所以温带落叶树木的季相变化尤为明显。落叶树的年周期可明显地区分为生长期和休眠期，即从春季开始萌芽生长，至秋季落叶前为生长期，其中成年树的生长期表现为营养生长和生殖生长两个方面。树木在落叶后，至翌年萌芽前，为适应冬季低温等不利的环境条件，而处于休眠状态，为休眠期。在这两个时期中，某些树木可能因不耐寒或不耐旱而受到伤害，这在大陆性气候地区表现尤为明显。故而在生长期和休眠期之间，又各有一个过渡期。因此，落叶树木的年周期可以划分为4个时期。

（1）休眠转入生长期

这一时期处于树木将要萌芽前，即当日平均气温稳定在3℃以上起，到芽膨大待萌发时止。通常是以芽的萌动，芽鳞片的开绽作为树木解除休眠的形态标志，实质上应该是从树液流动开始才能算是真正的解除休眠。树木从休眠转入生长，要求一定的温度、水分和营养物质。当有适宜的温度和水分，经一定时间，树液开始流动，有些树种（如核桃、葡萄、枫杨等）会出现明显的“伤流”现象。北方树种芽膨大所需的温度较低，当日平均气温稳定在3℃以上时，经过一段时间，达到一定的积温即可。原产温暖地区的树木，其芽膨大所需的积温较高；花芽膨大所需的积温比叶芽低。树体内养分储藏水平对芽的萌发有较大的影响。储藏养分充足时，芽膨大较早，且整齐，进入生长期也快。土壤持水量较低时，易发生枯梢现象。当浇水过多时，也影响地温的上升而推迟发芽。解除休眠后，树木的抗冻能力显著降低，在气温多变的春季，晚霜等骤然下降的低温易使树木受害，尤其是花芽。北方的杏、樱桃等常因晚霜而使花芽受冻，影响产量，所以要注意防止晚霜危害。早春气候干旱时应及早浇灌，发芽前浇水应配合施以氮肥，可弥补树体储藏养分的不足而

促进萌芽和生长。

（2）生长期

从树木萌芽生长到秋后落叶止为树木的生长期，包括整个生长季节，是树木年周期中时间最长的一个时期。在此期间，树木随季节变化气温升高，会发生一系列极为明显的生命活动现象，如萌芽、抽枝展叶或开花、结实等；并形成许多新器官，如叶芽、花芽等。萌芽常作为树木生长开始的标志，其实根的生长比萌芽要早。不同树木在不同条件下每年萌芽次数不同，其中以越冬后的萌芽最为整齐，这与上一年积累的营养物质储藏和转化，为萌芽做了充分的准备有关。每种树木在生长期中，均按其固定的物候顺序进行着一系列生命活动。不同树种有着不同的物候顺序。有些先萌花芽，而后展叶；也有的先萌叶芽，抽枝展叶，而后形成花芽并开花。树木各物候期的开始、结束和持续时间的长短，也因树种和品种、环境条件以及栽培技术不同而异。生长期是树木营养生长和生殖生长的主要时期。这个时期不仅体现树木当年的生长发育、开花结实的情况，也对树体内养分的贮存和下一年的生长等各种生命活动有着重要的影响，同时也是发挥其绿化作用的重要时期。因此，在栽培上，生长期是养护管理工作的重点。应该创造良好的环境条件，满足肥水的需求，以促进树体的良好生长。

（3）生长转入休眠期

秋季叶片自然脱落是落叶树木进入休眠的重要标志。在正常落叶前，新梢必须经过组织成熟过程才能顺利越冬。早在新梢开始自下而上加粗生长时，就逐渐开始木质化，并在组织内储藏营养物质。新梢停止生长后这种积累过程继续加强，同时有利于花芽的分化和枝干的加粗等。结有果实的树木在采、落成熟果实后，养分积累更为突出，一直持续到落叶前。秋季气温降低、日照变短是导致树木落叶进入休眠的主要因素。树木进入此期后，由于枝条形成了顶芽，结束了高生长，依靠生长期形成的大量叶片，在秋高气爽、温湿适宜、光照充足等环境中，进行旺盛的光合作用，合成光合养料，供给器官分化、成熟的需要，使枝条木质化并将养分向储藏器官或根部输送，进行养分的积累和储藏。此时树体内细胞液浓度提高，树体内水分逐渐减少，提高了树木的越冬能力，为休眠和来年生长创造条件。

过早落叶和延迟落叶，对树木越冬和翌年生长都会造成不良影响。过早落叶，不利养分积累和组织成熟。干旱、水涝、病虫害等都会造成早期落叶，甚至引起再次生长，危害很大；该落不落，说明树木未做好越冬准备，易发生冻害和枯梢。在栽培中应防止这类现象发生。树体的不同器官和组织，进入休眠的早晚不同。皮层和木质部进入休眠早，形成层进入休眠最迟，故初冬遇寒流时形成层易受冻害。

地上部分主枝、主干进入休眠较晚，而以根颈最晚，故最易受冻害。因此，生产上常用根颈培土的办法来防止冻害。不同年龄的树木进入休眠早晚不同，幼龄树比成年树进入休眠迟。刚进入休眠的树木，处在浅休眠状态，耐寒力还不强，遇初冬间断回暖会使休眠逆转，使越冬芽萌动（如月季），又遇突然降温常遭受冻害，所以这类树木不宜过早修剪，在进入休眠前也要控制浇水。

（4）相对休眠期

秋末冬初落叶树木正常落叶后到翌年开春树液开始流动前为止，是落叶树木的相对休眠期，局部枝芽休眠出现得则更早。在树木休眠期内，虽然没有明显的生长现象，但树体内仍然进行着各种生命活动，如呼吸、蒸腾、芽的分化、根的吸收、养分合成和转化等。这些活动只是进行得较微弱和缓慢，所以确切地说，休眠只是个相对概念。落叶树休眠是温带树种在进化过程中对冬季低温环境所形成的一种适应性。它能使树木安全度过低温、干旱等不良条件，以保证下一年能进行各种正常的生命活动并使生命得到延续。如果没有这种特性，正在生长着的幼嫩组织，就会受早霜的危害，并难以越冬而死亡。在生产实践中，为达到某种特殊的需要，可以通过人为降温，而后加温，以缩短处理时间，提前解除休眠，促使树木提早发芽开花。

2.常绿树的年周期

常绿树种的年生长周期不如落叶树种那样在外观上有明显的生长和休眠现象，因为常绿树终年有绿叶存在。但常绿树种并非常年不落叶，而是叶的寿命较长，多在1年以上且至多年；每年仅仅脱落部分老叶，同时又能增生新叶，因此从整体上看全树终年连续有绿叶。例如，常绿针叶树类：松属针叶可存活2～5年，冷杉叶可存活3～10年，紫杉叶可存活高达6～10年。它们的老叶多在冬春间脱落，刮风天尤甚。常绿阔叶树的老叶，多在萌芽展叶前后逐渐脱落。常绿树的落叶，主要是失去正常生理机能的老化叶片，而发生的新老交替现象。

（二）物候观测

1.物候的概念和应用

物候学主要是研究自然界的植物和动物与环境条件的周期性变化之间相互关系的科学。对植物来说是记录一年中植物的生长发育有过程，从而了解气候变化对它的影响。从物候的记录中还可知季节的早晚，所以物候学也称生物气候学，简称物候学。植物在年生长发育过程中，各个器官随季节性气候变化而发生的形态变化称为植物的物候期。物候期有周期性和时间性，它受植物内在遗传因子的制约，同时每个物候期到来的迟早和进程快慢又受环境因子的影响。

了解和掌握当地园林植物的物候期，可以为合理地指导园林生产提供科学依据。了解各种植物的开花物候期，可以通过合理的配植植物，使植物间的花期相互衔接，做到花坛四季有花，提高园林风景的质量；在迎接重大节日和举办花展时，为选择植物品种提供依据；为科学地制定年工作历和有计划地安排生产提供依据；为确定绿化造林时期和树种栽植的先后顺序提供依据。如春季芽萌发物候期早的植物先栽，芽萌发晚的可以迟栽，既保证了树木适时栽植提高栽植成活率，又可以合理地安排劳动力，缓解春季劳力紧张的矛盾；为育种原始材料的选择提供科学依据。如进行杂交育种时，必须了解育种材料的花期、花粉成熟期、柱头适宜授粉期等，才能进行成功的杂交。

2.物候期观测方法

选定要观测植物的种类后，确定观测地点。观测地点要开阔，环境条件应有代表性，如土壤、地形、植被等要基本相似。观测地点应多年不变。

木本植物要定株观测。盆栽植物不宜作为观测对象，被选植株必须生长健壮，发育正常，开花3年以上。同种树木选3～5株作为观测树木。

草本植物必须在一个地点多选几株，由于草本植物生长发育受小地形、小气候影响较大，观测植株必须在空旷地。观测植物要挂牌标记。

观测应常年进行，植物生长旺季，可隔日观测记载，如物候变化不大时，可减少观测次数。冬季植物停止生长，可停止观测。观测时间以下午为好，因为下午1～2时气温最高，植物物候现象常在高温后出现。对早晨开花植物则需上午观测，若遇特殊天气应随时观察。

确定观测人员，集中培训，统一标准和要求。观测资料要及时整理分类，进行定性定量的分析，撰写观察报告，以便更好地指导生产。

3.乔灌木各物候期的特征

（1）芽膨大开始期

芽鳞开始分离，侧面显露淡色线形或角形为芽膨大开始期。如木槿芽凸起出现白色毛时，就是芽膨大期；裸芽不记芽膨大期，如枫杨；玉兰在开花后，当年又形成花芽，外部为黄色绒毛。在第二年春天绒毛状外鳞片顶部开裂时，就是玉兰芽膨大期；松属当顶芽鳞片开裂反卷时，出现淡黄褐色的线缝，就是松属芽开始膨大期；花芽与叶芽应分别记载，如花芽先膨大，即先记花芽膨大日期，后记叶芽膨大日期。如叶芽先膨大，花芽后膨大，也应分别记载。芽膨大期观察较困难，可用放大镜观察。

（2）芽开放期

芽鳞裂开，芽的上部出现新鲜颜色的尖端，或形成新的苞片而伸长。隐芽能明显看见长出绿色叶芽；裸芽或带有锈毛的冬芽出现黄棕色线缝时，均为芽开放期。如玉兰在芽膨大后，细毛状外鳞片一层层裂开，在见到花蕾顶端时，就是花芽开放期，也是花蕾出现期。

（3）开始展叶期

芽从芽苞中发出卷曲着的或折叠着的小叶，出现第一批有1～2片的叶片平展时；针叶树是当幼叶从叶鞘中开始出现时；复叶类只要复叶中有1～2片小叶平展时，就是开始展叶期。

（4）展叶盛期

植株上有半数枝条上小叶完全平展；针叶树是新针叶长度达老针叶一半时，即为展叶盛期。

（5）花蕾花序出现期

凡在前一年形成花芽的，当第二年春季芽开放后露出花蕾或花序蕾时，为花蕾出现期，如桃、李、杏、玉兰等先花后叶植物；凡在当年形成花序的，出现花蕾或花序蕾雏形时，即花蕾或花序出现期，如月季、木槿、紫薇等先叶后花植物。

（6）始花期

在观测的同种植株上，有一半以上的植株上有一朵或几朵花的花瓣开始完全开放时；在只有一棵单株时，只要有一朵或同时有几朵花的花瓣开始完全开放，均称为开花始期。

（7）盛花期

在观测的植株上有一半以上的花蕾都展开花瓣，或一半以上的花序散出花粉，或一半以上的葇荑花序松散下垂，为开花盛期；针叶树不记开花盛期。

（8）末花期

观测植株上留有5%的花时，为开花末期；针叶树类和其他风媒树木以散粉终止时或葇荑花序脱落时为准。

（9）第二次、第三次开花

第二次、第三次开花都要记录，如月季，并注明第二次、第三次开花与没有二、三次开花植株，在生态环境上有什么不同。

（10）果实和种子成熟期

当观测的树上有一半果实或种子变为成熟时的颜色时，为果实或种子成熟期。

（11）果实和种子脱落期

松属当种子散布时；柏属球果脱落时；杨属、柳属飞絮；榆属、麻栎属种子或果实脱落等。有些荚果成熟后，果荚裂开则应记为果实开始脱落期。有些树种的果实和种子，当年留在树上不落的，应在果实脱落末期栏中记“宿存”，并在翌年记录中把它的果实或种子的脱落日期记下来。

（12）新梢开始生长期

新梢开始生长期可分为春梢、夏梢和秋梢，即营养芽或顶芽展开期。

（13）新梢停止生长期

该生长期营养枝形成顶芽或新梢顶端橘黄不再生长，如丁香。

（14）秋叶变色期

秋季叶子开始变色时。所谓叶变色，是指正常的季节性变化，树上出现变色的叶，其颜色不再消失，并且新变色之叶在不断增多至全部变色的时期，不能与因夏季干旱或其他原因引起的叶变色混同。秋叶开始变色期：当观测树木的全株叶片有5%开始呈现为秋色叶时，为开始变色期。秋叶全部变色期：全株所有的叶片完全变色时，为秋叶全部变色期。可供观赏秋色叶期：以部分（30%～50%）叶片呈现秋色叶观赏起止日期为准。

（15）落叶期

秋天无风时，树叶自然落下，或轻轻摇动树枝，有5%叶片脱落，为落叶开始期；全株有30%~50%的叶片脱落为落叶盛期；全株叶片脱落达90%～95%为落叶末期。

4.草本植物物候期特征

萌动期：草本植物地面芽变绿或地下芽出土时。

展叶期：植株上开始展开小叶时为展叶始期，植株上有一半叶子展开，称为展叶盛期。

花蕾或花序出现期：当花蕾或花序出现时。

开花期：植株上有个别花瓣完全展开为开花始期；有一半花的花瓣完全展开，为开花盛期；花瓣快要完全凋谢，植株上只留有极少数的花，为开花末期。

果实或种子成熟期：植株上的果实或种子开始变成成熟初期的颜色，为开始成熟期；有一半成熟为全熟期。

果实脱落期：果实开始脱落时。

种子散布期：种子开始散布时。

第二次开花期：草本植物在春夏花后，秋季第二次开花。

黄枯期：以植株下部基生叶为准，基生叶开始黄枯时开始。植物的物候能随着高度改变而变化，如一般海拔每升高100米，紫丁香的发芽期就推迟4天，开花期迟4天。在同一地区、同一植物的物候也随气温上下变动，因此观测的年代越长，物候的平均日期就越有代表性。

三、园林植物各器官的生长发育

（一）根系的生长

树木根系没有自然休眠期，只要条件合适，就可全年生长或随时可由停顿状态迅速过渡到生长状态。其生长势的强弱和生长量的大小，随土壤的温度、水分、通气与树体内营养状况及其他器官的生长状况而异。

1.影响根系生长的因素

（1）土壤温度

树种不同，开始发根所需要的土温很不一致。一般原产温带寒地的落叶树木需要温度低；而热带亚热带树种所需温度较高。根的生长都有最适温度和上、下限温度。温度过高过低对根系生长都不利，甚至造成伤害。由于土壤不同深度的土温随季节而变化，分布在不同土层中的根系活动也不同。

（2）土壤湿度

土壤湿度与根系的生长也有密切关系。土壤含水量达最大持水量的60%～80%时，最适宜根系生长。过干易促使木栓化和发生自疏；过湿则缺氧而抑制根的呼吸作用，影响根的生长，甚至造成烂根死亡。可见选栽树木要根据其喜干、喜湿的特性，并正确进行灌水和排水。

（3）土壤通气

土壤通气对根系生长影响很大。通气良好处的根系密度大、分枝多、须根也多。通气不良处发根很少，生长慢或停止，易引起树木生长不良和早衰。城市由于铺装路面多、市政工程施工夯实以及人流踩踏频繁，造成土壤紧实，影响根系的穿透和发展；内外气体不易交换，引起有害气体（二氧化碳等）的累积中毒，影响根系的生长并对根系造成伤害。土壤水分过多影响土壤通气，从而影响根系的正常生长。

（4）土壤营养

在一般土壤条件下，其养分状况不至于使根系处于完全不能生长的程度，所以土壤营养一般不成为限制因素，但可影响根系的质量，如发达程度、细根密度、生长时间的长短等。根有趋肥性，有机肥有利于树木发生吸收根，适当施无机肥对根的生长有好处。如施氮肥通过叶的光合作用能增加有机营养和生长激素，以促进发根；磷和微量元素（硼、锰等）对根的生长都有良好的影响。但如果在土壤通气不良的条件下，有些元素会转变成有害的离子（如铁、锰会被还原为二价的铁离子和锰离子，提高了土壤溶液的浓度），使根受害。

（5）树体有机养分

根的生长与发挥其功能是依赖于地上部分所供应的碳水化合物。土壤条件好时，根的总量取决于树体有机养分的多少。叶受害或结实过多，根的生长就受阻碍，即使施肥，一时作用也不大，需要保叶或通过疏果来改善。此外，土壤类型、土壤厚度、母岩分化状况及地下水位高低，与根系的生长都有密切关系。

2.根系的年生长动态

根系的伸长生长在一年中是有周期性的。根的生长周期与地上部分不同，其生长又与地上部分密切相关且往往交错进行，情况比较复杂。一般根系生长要求温度比萌芽低，因此春季根开始生长比地上部分要早。在春季根开始生长后，即出现第一个生长高峰。这次生长程度、发根数量与树体储藏营养水平有关。然后是地上部分开始迅速生长，而根系生长趋于缓慢。当地上部分生长趋于停止时，根系生长出现一个大高峰，其强度大，发根多。落叶前根系生长还可能出现一个小高峰。在一年中，根系生长出现高峰的次数和强度，与树种、年龄等有关。根在年周期中的生长动态，取决于树木种类、砧穗组合、当年地上部分生长结实状况，同时与土壤的温度、水分、通气及无机营养状况等密切相关。因此，树木根系生长高峰、低峰的出现，是上述因素综合作用的结果。但在一定时期内，有一个因素起主导作用。树体的有机养分与内源激素的累积状况是根系生长的内因，而夏季高温干旱和冬季低温是促使根系生长低谷的外因。在整个冬季，虽然树木枝芽进入休眠，但根并非完全停止活动。这种情况因树种而异。松柏类一般秋冬停止生长；阔叶树冬季常在粗度上有缓慢增长。在生长季节，根系在一昼夜内的生长也有动态变化，夜间的生长和发根数量多于白天。

3.根系的生命周期

不同类别的树木以一定的发根方式进行生长。树木幼年期根系生长很快，一般都超过地上部分的生长速度。这期间根系领先生长的年限因树种而异。随着树龄的增加，根系生长速度趋于缓慢，并逐年与地上部分的生长保持着一定的比例关系。在整个生命过程中，根系始终发生局部的自疏与更新。吸收根的死亡现象，从根系开始生长一段时间后就发生，逐渐木栓化，外表变为褐色，逐渐失去吸收功能；有的轴根演变成起输导作用的输导根，有的则死亡。至于须根，自身也有一个小周期，从形成到壮大直至衰亡有一定规律，一般只有数年的寿命。须根的死亡，初期发生在低级次的骨干根上，其后发生在高级次的骨干根上，以致较粗骨干根的后部出现光秃现象。根系的生长发育，很大程度受土壤环境的影响，各种树种、品种根系生长的深度和广度是有限的，受地上部分生长状况和土壤环境条件的影响。当根系生长达到最大幅度后，也发生向心更新现象。

由于受土壤环境影响，更新不那么规则，常出现大根季节性间隙死亡现象。更新所发生之新根，仍按上述规律生长和更新，但随着树体的衰老而逐渐缩小。有些树种进入老年后常发生水平根基部的隆起，显示出露根之美。当树木衰老，地上部分濒于死亡时，根系仍能保持一段时期的寿命。

（二）枝芽的生长与树体骨架的形成

树体枝干系统及所形成的树形，取决于树木的枝芽特性，芽抽枝生芽，两者关系极为密切。了解树木的枝芽特性，对树木的整形修剪有重要意义。

1.树木的枝芽

芽是多年生植物为适应不良环境条件和延续生命活动而形成的一种重要器官。它是带有生长锥和原始小叶片而呈潜伏状态的短缩枝或未伸展的紧缩的花或花序，前者称为叶芽，后者称为花芽。芽与种子有部分相似的特点，是树木生长、开花结实、更新复壮、保持母株性状、营养繁殖和整形修剪的基础。

2.茎枝习性

芽萌生成茎枝。多年生树木，尤其是乔木，茎枝的生长构成了树木的骨架——主干、中心干、主枝、侧枝等。枝条的生长，使树冠逐年扩大。每年萌生的新枝上，着生叶片和花果，并形成新芽，使之合理分布于空间，充分接受阳光，进行光合作用，形成产物并发挥绿化功能作用。

3.枝的生长

树木每年以新梢生长来不断扩大树冠，新梢生长包括加长生长和加粗生长两个方面。一年内枝条生长达到的长度与粗度，称为“年生长量”；在一定时间内，枝条加长生长和加粗生长的快慢，称为“生长势”。生长量和生长势是衡量树木生长强弱和某些生命活动状况的常用指标，也是栽培措施是否得当的判断依据之一。

4.影响新梢生长的因素

新梢的生长除决定于树种和品种特性外，还受砧木、有机养分、内源激素、环境与栽培技术条件等的影响。

砧木：嫁接植株新梢的生长受砧木根系的影响，同一树种和品种嫁接在不同砧木上，其生长势有明显差异，并使整体上出现星乔化和矮化的趋势。

储藏养分：树木储藏养分的多少对新梢生长有明显的影响。储藏养分少，发枝纤细。春季先花后叶类树木，开花结实过多，消耗大量储藏养分，新梢生长就差。

内源激素：叶片除合成有机养分外，还产生激素。新梢加长生长受到成熟叶和幼嫩叶所产生的不同激素的综合影响。幼嫩叶内产生类似赤霉素的物质，能促进节间伸长；成熟叶产生的有机营养（碳水化合物和蛋白质）与生长素类配合引起叶和节的分化；成熟叶内产生休眠素可抑制赤霉素。摘去成熟叶可促进新梢加长生长，但不增加节数和叶数。摘除幼嫩叶，仍能增加节数和叶数，但节间变短而减少新梢长度。

母株所处部位与状况：树冠外围新梢较直立，光照好，生长旺盛；树冠下部和内膛枝因芽质差、有机养分少、光照差，所发新梢较细弱，但潜伏芽所发的新梢常为徒长枝。以上新梢的枝向不同，其生长势也不同，与新梢顶端生长素含量高低有关。母枝的强弱和生长状况对新梢生长影响很大。新梢随母枝直立至斜生，顶端优势减弱。随母枝弯曲下垂而发生优势转位，于弯曲处或最高部位发生旺长枝，这种现象称为“背上优势”。

环境与栽培条件：温度高低与变化幅度、生长季长短、光照强度与光周期、养分水分供应等环境因素对新梢生长都有影响。气温高、生长季长的地区，新梢年生长量大；低温，生长季热量不足，新梢年生长量则短。光照不足时，新梢细长而不充实。同时，施氮肥和浇水过多或修剪过重，也会引起过旺生长。一切能影响根系生长的措施，都会间接影响到新梢的生长。应用人工合成的各类激素物质，也能促进或抑制新梢的生长。

第三节 园林植物的选择

一、选择的意义与原则

（一）园林植物选择的意义

植物在系统发育过程中，经过长期的自然选择，逐步适应了自己生存的环境条件，并把这种适应性遗传给后代，形成了它对环境条件有一定要求的特性——生态学特性。植物不同，其生态学特性各异。在园林树木栽培事业中，树种选择适当与否是造景成败的关键之一。树种选择适当，立地或生境条件能够满足它的生态要求，树木就能旺盛生长，发育正常，稳定长寿，不断发挥其功能效益；反之，如果树种选择不当，就会栽不活或成活率不高，即使成活也会生长不良，价值低劣，浪费劳力、种苗和资金。在城乡绿化工作中这样的教训屡见不鲜。同时，大量事实也已证明，一个地区，一个单位，如果正确地选择了树种，加之其他必要的栽培管理措施，就会基本获得成功；如果选择的树种不当，其栽培管理措施又没有跟上去，结果是年年造林不见林，岁岁栽树难见树。残存下来的树木，不是枝枯叶黄，就是未老先衰，不能满足栽植目的的要求。树木是多年生的木本植物，园林树木栽植养护是一种长期性的工作，它不像一二年生植物那样，可时时更换，也不像林木和果树栽培那样，只占其生命周期的一个有限阶段，而是要长期发挥效益。在某种意义上讲，树木越老，价值越高。因此，栽培树种的选择，可以说是百年大计，甚至千年大计的开端，必须予以认真对待。

园林植物的选择，一方面要考虑植物的生态学特性，另一方面要使栽培树种最大限度地满足生态与观赏效应的需要。前者是植物的适地选择，后者则是植物的功能选择。这两个方面紧密结合，体现了“生物与效益兼顾”的精神。如果单纯地追求树、地相适则忽略了造景的功能要求，那么这样的栽培工作就是盲目的。如果树种的功能效益较好，而栽植的立地条件不适合，其结果往往事倍功半，也不能达到造景的要求。因此，对树种功能效益的要求是目的，而适地适树则是达到此目的的手段或前提，在前提具备的条件下，目的才可能得心应手地达到。

（二）园林植物选择的原则和要求

1.适地适树

城市的生态环境与造林地相比，有很多不利于植物生长的因素存在，而且每种植物的观赏价值不同，在园林中各具用途，如何正确地选择植物造景，既创造和丰富园景，又能使植物生长发育良好、枝繁叶茂、花团似锦是非常重要的。因此在进行植物选择时，既要选用各层次、各色彩的乔、灌、草上下相结合，花期合理搭配，达到彩化、美化和绿化的目的，又要使地和树种相适应。

2.以乡土树种为主，适当引进外来树种

树种选择要充分考虑植物的地带性分布规律及特点。本地树种最适应当地的自然条件，具有抗性强、耐旱、抗病虫害等特点，为本地群众喜闻乐见，也能体现地方特色，应选为城市绿化的主要树种。但是为了丰富绿化景观，还要注意对外来种的引种驯化和试验。只要对当地生态条件比较适应，而实践又证明是适宜树种，也应积极地采用，但不能盲目引种不适于本地生长的其他地带的树种。

3.选择抗性强的植物

抗性强是指对土壤的酸、盐、旱、涝、贫瘠等，以及对不良气候条件和烟尘、有害气体具有较强的抵抗能力。

4.满足各种绿地的特定功能

要求如侧重庇荫要求的绿地，应选择树冠高大、枝叶茂密的树种；侧重观赏作用的绿地，应选择色、香、姿、韵均佳的植物；侧重吸滤有害气体的绿地，应选用吸收和抗污染能力强的植物。要选择那些形态美观，色彩、风韵、季相变化上有特色的和卫生、能净化空气的植物，以更好地美化市容、改善环境，促进人民的身体健康。

5.具有很好的观赏价值，兼顾一定的经济价值

园林结合生产的树种适合于综合利用，既要符合园林功能要求，便于栽培管理，又可获得适当比例的木材、果品、药材、油料、香料等产品。

6.速生树和慢性树相结合

一般速生树易衰老、寿命短，慢生树见效慢，但寿命较长。只有合理地搭配，才能达到近期与远期相结合的目的，做到有计划地、分期分批地使慢生树取代速生树。

7.重视选择基调树种与骨干树种

基调树种是在城市中分布广、数量大的少数几种树，其品种数视城市绿地规模而定，一般小型城市基调树种3～5种。骨干树种是城市各类园林绿地中常用的、种类多、数量少的主要树种。在进行树种选择时，首先将适合作行道树的种类选择出来，因为街道上

的环境条件是比较恶劣的，如日照短、人为破坏大、土壤坚硬、灰尘多、汽车排放的有害气体多、地上地下管线多等。

8.制定合理的主要树种比例

乔木与灌木的比例，以乔木为主，一般占70%以上。

落叶与常绿的比例，落叶树由于年复一年地落叶，对有害气体和灰尘的抵抗能力强，所以在北方以落叶树为主。一般落叶树占60%左右，常绿树占40%左右。在南方应注意选择适生的落叶树种，加大其比例，逐渐改变过去那种划一的常绿植物街景，以丰富季相色彩。

城市绿地中，除乔、灌木及花卉外，还应大力发展草坪植物与其他地被植物，做到“黄土不见天”，使城市绿化提高到一个新的水平。

9.根据功能选择树种

在功能不同的场所，如体育运动场与儿童活动区周围不能选用带钩刺的植物，防止意外刺伤事故。生产精密仪表的工厂，绿化时应少用或不用杨、柳、悬铃木等。因为这些树种的种子细小，或带有纤细的绒毛，在晴朗有风的天气会漫天飞舞，难以控制，飞入车间后影响产品的精密度。这类工厂区应选栽樟、雪松、薄壳山核桃、水杉及池杉等。

二、各种用途园林植物的选择

（一）行道树

行道树是为了美化、遮荫和防护等，在道路旁栽植的树木。行道树是城市园林绿化的重要组成部分，是城市绿化的骨干树种，起组织交通、美化街景、遮荫送凉的作用，使整个城市笼罩在绿荫之下，显得生机盎然，色调柔和。既减轻噪声、减少烟尘、增加空气湿度，又能降低气温。但行道树生长的环境——街道两旁条件较差，日照时间短、人为破坏性大、土层坚硬、建筑垃圾多、架空线与地下管线纵横、汽车排放的有害气体多、灰尘大。所以，树种选择时应谨慎。行道树应具备以下几个条件：主干通直，有一定的枝下高，冠幅大，枝叶浓密，树形优美或花果色彩丰富；对土壤适应性强，耐干旱、贫瘠和管道密布的浅土层；萌芽力强，耐修剪，干皮不怕强光暴晒；生长快、寿命长、发芽早、落叶迟的落叶树种或常绿树种，能体现地方风格；抗污染、抗逆性和抗病虫害能力强；无毒，无臭，对人无刺激，不会落下影响卫生的种毛、浆果等。行道树应以阔叶乔木为主，针叶树对烟尘污染抵抗力弱，不耐修剪，一般较少用于行道树。

由于对行道树的要求条件较多，所以可以入选的树种并不多，几乎没有十全十美的行道树。在行道树选择方面各地应综合分析，优先选择当地最适生、能反映地方特色的树种。如桂林选择桂花树作为行道树就很有特色。目前昆明市在行道树选择方面，一改过去那种整个城市仅两三种行道树的单调做法，充分挖掘地方乡土树种，并适当引进外来树种，丰富街景，如选择云南樟、滇润楠、山玉兰、广玉兰、云南含笑、小叶榕、滇杨、刺桐、银杏、悬铃木、银桦、水杉、雪松、复羽叶栾树、紫叶李、垂丝海棠、五角枫等树种。行道树一般选择喜光耐旱的常绿树或落叶树，还可选择各种观花、观果、观叶乔木。

1.一般常绿树或落叶树

重阳木、枫杨、鹅掌楸、垂柳、毛白杨、银白杨、小青杨、滇杨、胡杨、枫香、木棉、青桐、悬铃木、银杏、水曲柳、槐树、蓝桉、杜仲、白榆、柠檬桉、大叶桉、新疆杨、榔榆、白蜡、榉树、木波罗、泡桐、椿树、紫椴、糠椴、小叶榕、黄葛榕、鱼尾葵、椰子、杧果、皇后葵、梓树、油松、黑松、苦楝、油棕、柳杉、乌桕、栾树、樟树、广玉兰、合欢、元宝树、白兰花、台湾相思、七叶树、羊蹄甲、洋紫荆、凤凰木、槟榔、假槟榔、黑桦、薄壳山核桃、大花紫薇、白桦、银桦、柿树、皂荚、木麻黄、桂花、白千层、刺槐、小叶朴等。

2.观花观果树种

柑橘、无患子、木瓜、秤锤树、桃类、栾树、天目琼花、紫金牛、红豆杉、山栀子、枸骨、红豆树、胡颓子、冬青类、石榴、丝棉木、西府海棠、青桐、火棘、海桐、小果蔷薇、刺梨、葡萄、杏、乌桕、海棠类、南天竹、卫矛、柿树、毛樱桃、石楠、山楂、枸杞、山茱萸、苦楝、枣树、四照花、枇杷、荚蓬、铜钱树等。

3.观叶树种

石楠、杏、山麻杆、胡颓子、白蜡、红叶李、鹅掌楸、野鸦椿、红叶桑、红枫、黄栌、羽毛枫、三角枫、五角枫、元宝槭、鸡爪槭、银杏、四照花、枸骨、榉树、火炬树、柿树、青桐、落羽杉、刺楸、盐肤木、乌桕、金钱松、池杉、无患子、杜英、枫香、黄连木、桃叶珊瑚、七叶树、南天竹、丝棉木、水杉、丁香、红瑞木、海桐、卫矛等。

（二）庭荫树

庭荫树又称绿荫树，主要以能形成绿荫供游人纳凉避免日光暴晒和装饰用。在公园内栽植高大、雄伟、树冠如伞的孤立木或丛植树，以组织园景或供游人在树下休息纳凉的树木属于庭荫树；房前屋后供居民休息乘凉的大树也属于庭荫树。庭荫树从字面上看似乎以有荫为主，但在选择树种时却以观赏效果为主，并结合遮荫的功能来考虑。许多具有观花、观果、观叶的乔木均可作为庭荫树（具体可参见行道树和观花树部分），但不宜选用易于污染衣物的种类。在庭院中最好勿用过多的常绿庭荫树，否则易致终年阴暗有抑郁之感，距建筑物窗前亦不宜过近以免室内阴暗，还应注意选择不易感染病虫害的种类，否则常用药剂防治，会使室内人员感到不适。庭荫树在园林中占有很大比重，在配植应用上应细加考究，充分发挥各种庭荫树的观赏特性，对常绿及落叶树的比例应避免千篇一律，在树种选择上应因景区的不同而异。庭荫树一般应符合以下三个条件：树体高大，主干通直，树冠开展，枝叶浓密，树形优美；生长快速，稳定，寿命较长；病虫害少，抗逆性强。此外，如果栽植地点空旷，空气湿度小，宜选用喜光耐旱的常绿树或落叶树。

（三）孤植树

孤植树又称为独赏树、标本树、赏形树或独植树，主要表现树木的体形美，可以独立成为景。适宜做独赏树的树种，一般树冠应开阔宽大，树形优美，呈圆锥形、尖塔形、垂枝形或圆柱形等，且寿命较长的，可以是常绿树，也可以是落叶树，通常又常选用具有美丽的花、果、树皮或叶色的种类。

1.姿态优美或体形高大雄伟或冠大荫浓的树

圆球形的：如海桐、大叶黄杨、苏铁等。

尖塔形的：如雪松、南洋杉、松树、冷杉、云杉等。

伞形的：如合欢、凤凰木、棕榈、龙爪槐等。

垂枝形的：如垂柳等。

树大荫浓的：如梧桐、悬铃木、香樟、榕树等。

2.叶色美丽的树

叶为红色的：如红枫、红花檵木、紫叶李、紫叶桃等。

叶为银灰色的：如桂香柳、银桦等。

叶为蓝色的：如绒柏、蓝桉等。

秋色叶红色的：如枫香、元宝枫、栎类、乌柏、鸡爪槭、红枫等。

秋色叶黄色的：如银杏、鹅掌楸、无患子、金钱松等。

叶色为镶嵌状的：如洒金东瀛珊瑚、金心（金边、银心银边）大叶黄杨等。

3.花大色艳芳香的树

观花效果显著的：如广玉兰、白玉兰、凤凰木、栾树、樱花、梅花、海棠、茶花等。

花有芳香的：如白兰花、桂花、波斯丁香等。

4.果实有特色的树

果实形状奇、巨、丰的：如枸骨、接骨木、金银木、柚子树、柿子树。

5.树干颜色突出的树

树干为白色的：如柠檬桉、白皮松，枝条为红色的：如红瑞木等。孤植树按其功能，有两种类型：庇荫与艺术构图相结合的孤植树要求有巨大开展而浓郁的树冠，速生健壮，以乡土树种为好，不发生萌集，体姿优美；纯艺术构图作用的孤植树体形及树冠大小要求不严格，枝叶分布疏密均可，如水杉、雪松等窄型树冠者也可应用，为尽快达到孤植树的景观效果，最好选用胸径8厘米以上的大树，能利用原有古树名木更好。

（四）片林和疏林

片林和疏林在城市园林绿地中是经常应用的配植形式之一，在森林公园中表现为风景林，有纯林和混交林两种形式。纯林一般形成整齐、壮观的整体效果，但缺少季相变化，如杉木、油杉、铁杉、马尾松、银杉等；而混交林由多种树种组成，往往有明显的季相变化。城市园林中的片林一般出现在大的公园、林荫道、小型山体、较大水面的边缘等，可在林中散步的树林，多选具有秋色叶特性、树干光滑、无病虫害的种类，如杨树、白桦、柠檬桉、枫香、银杏、无患子、栾树、元宝枫等；有花的海洋般的片林，如桃花、樱花、梅花、山桃、杏、梨等。疏林常与草地结合成疏林草地，树种选择可按孤植树的要求进行。

（五）观花树（花木）

凡具有美丽的花朵或花序，其花形、花色或芳香有观赏价值的乔木、灌木、丛木及藤本植物均称为观花树或花木。

观花树在园林中具有巨大作用，应用极广，具有多种用途。有些可做独赏树兼庭荫树，有些可做行道树，有些可做花篱或地被植物用。在配植应用的方式上亦是多种多样的，可以独植、对植、丛植、列植或修剪整形成棚架用树种。观花树在园林中不但能独立成景，而且可与各种地形及设施物相配合起烘托、对比、陪衬等作用，例如植于路旁、坡面、道路转角、座椅周旁、岩石旁，或与建筑相配作基础种植用，或配植湖边、岛边形成水中倒影。花木又可依其特色布置成各种专类花园，亦可依花色的不同配植成具有各种色调的景区，又可依开花季节的异同配植成各季花园，或可集各种香花于一堂布置成各种芳香园。总之，将观花树种称为园林树木中之宠儿并不为过。

花灌木是观花树的主要类群，要求选择喜光或稍耐庇荫，适应性强，能耐干旱瘠薄的土壤，抗污染、抗病虫害能力强，花大色艳、花香浓郁或花虽小而密集、花期长的植物。同时，选择时应考虑植物的开花物候期，进行花期搭配，尽量做到四季有花。在树丛旁或树荫下栽植，通常选择杜鹃、含笑、棣棠、橙木等。空旷地可选择梅花、海棠、紫薇、月季、玉兰、金丝桃、黄刺玫、丁香等。

（六）藤本类（攀缘植物）

藤本类包括各种缠绕性、吸附性、攀缘性、钩搭性等茎枝细长难以自行直立的木本植物。本类树木在园林中有多方面用途，如用于各种形式的棚架供休息或装饰、建筑及设施的垂直绿化，或用于攀附灯竿、廊柱、经过防腐处理的高大枯树上形成独赏树，或用于悬垂于屋顶、阳台，还可覆盖地面做地被植物用。藤本类植物选择可从以下几个方面考虑。

功能要求用于降低建筑墙面及室内温度，应选择枝叶茂密的攀缘植物，如爬山虎、五叶地锦、常春藤等。用于防尘尽量选用叶片粗糙且密度大的攀缘植物，如中华猕猴桃等。

生态要求不同的攀缘植物对环境条件要求不同，因此要注意立地条件。墙面绿化要考虑方向问题，西向墙面应选择喜光、耐旱的攀缘植物；北向墙面应选择耐荫的攀缘植物，如中国地锦是极耐荫植物，用于北墙垂直绿化较用于西墙垂直绿化，生长速度快，生长势强，开花结果繁茂。

观赏要求注意与攀附建筑设施的色彩、风韵、高低相配合，如红砖墙面不宜选用秋叶变红的攀缘植物，而灰色、白色墙面，则可选用秋叶红艳的攀缘植物。我国城市人口集中，建筑密集，可供绿化的面积有限，因此，利用攀缘植物进行垂直绿化和覆盖地面，是提高城市绿化覆盖率的重要途径之一。

（七）花坛和花境

花坛一般多设于广场和道路的中央、两侧及周围等处，主要在规则式布置中的应用，多作为主景，有单独或连续带状群组合等类型。外形多样，内部花卉所组成的纹样多采用对称图案。要求花坛经常保持鲜艳的色彩和整齐的轮廓，因此多选用植株低矮、生长整齐、花期集中、株丛紧密而花色艳的种类（或观叶），一般还应便于经常更换及移栽布置，故常选用1～2年生花卉。植株的高度与形状，对花坛纹样与图案的表现效果有密切关系。如低矮紧密而株丛较小的花卉，适合于表现花坛平面图案的变化，可以显示出较细致的纹样，故可用于模纹花坛的布置，如五色苋类、孔雀草、香雪球、三色堇、雏菊、半支莲、羽衣甘蓝、红苋菜、矮翠菊、彩叶草、四季秋海棠、紫鸭跖草等。花丛花坛是以开花时整体的效果为主，表现出不同花卉的种或品种的群体及其相互配合所显示的绚丽色彩与优美外观。在一个花坛内不在于种类繁多而力求图案简洁，轮廓鲜明，体形有对比，宜选用花色鲜明艳丽、花朵繁茂，在盛开时几乎看不到枝叶又能良好覆盖花坛土面的花卉，常用的有三色堇、金盏菊、金鱼草、紫罗兰、石竹、百日草、一串红、万寿菊、美女樱、鸡冠花、翠菊、羽衣甘蓝、雏菊等。

花境是以树丛、树群、绿篱、矮墙或建筑物为背景的带状自然式布置，这是根据自然风景林缘野生花卉自然散布生长的规律，加以艺术提炼而应用于园林。花境的边缘，依环境的不同可以是曲线，也可以采用直线，而各种花卉的配植是自然斑状混交。花境中各种各样的花卉配植应考虑到同一季节中彼此的色彩、姿态、体型及数量的调和与对比，整体构图又必须是完整的，还要求一年中有季相变化。几乎所有露地花卉都可以布置花境，尤其宿根和球根花卉能更好地发挥花境的作用，并且维护比较省工。需注意的是，花境布置后可多年生长，不经常更换，故对各种花卉的生长及生态习性应充分了解，在非观赏季节景观萧条时需用其他种类来遮掩或弥补。

草花用以布置花坛、花境，选择时应注意以下几点：应考虑花期搭配与衔接，做到四季开花不断，如春用雏菊、金盏菊，夏用虞美人、花菱草，秋用鸡冠花、一串红，冬用五色草、羽衣甘蓝和紫甜菜；色彩搭配要明快、协调，与周围建筑在色调要一致，色彩对比要强烈。如一串红应栽在白墙前，不能用在红墙前，紫红色虞美人与黄色的花菱草相映成趣；高、中、矮搭配合理，高的栽在后面，矮的栽在前面，在数量上中、高花卉占主体，高低适当配合，一般以1：3～1：5为宜。

（八）绿篱

用灌木或小乔木成行紧密栽植成低矮密集的林带，组成边界、树墙，称为绿篱，起防范、保护作用。此外还具有组织空间、装饰小品、喷泉、花坛、花境的背景，花坛镶边、绿色屏障、遮蔽破旧围墙和厕所等功能。同时还具有防止灰尘、减弱噪声、防风遮荫的作用。按绿篱的高度，可将绿篱分为高篱（1.6米以上）、中篱（50米以上）和矮篱（50厘米以下）。按树种及观赏部位可分为常绿篱、落叶篱、花篱、彩叶篱、观果篱、刺篱和编篱等。依整形修剪与否可分为整形绿篱与不整形绿篱。

在选择绿篱植物时，应根据上述不同的绿篱种类的要求进行，但它们必须具备的共同特点有：适应当地的气候和土壤条件，是乡土树种或经长期引种后确实生长良好的能适应当地气候条件的植物；生长较慢，耐寒、耐旱、耐荫，抗逆性强；萌芽力与成枝力强，能耐修剪；叶片小而紧密，适宜密植，花果观赏期长、叶形美丽；大量繁殖容易，栽植易于成活，管理方便；无毒、无臭，病虫害少。

（九）盆栽和桩景

盆景，是运用缩龙成寸，咫尺千里的手法，把山峦风光、树木花石等聚于盆内，使其呈现出大自然万般意境的一项艺术。它源于自然，却高于自然，是自然美和人工美的有机结合。既能美化环境，调剂生活，又能舒人眼目，宜人心神，增进健康，陶冶情操，为人们带来无穷乐趣。盆景可分为山水盆景及树桩盆景两大类。树桩盆景是盆景的一种，它是以树木的各种形态来表现大自然优美景色的一种艺术，简称桩景。

山水盆景是利用山石和其他材料与某种植物，在特别的盆中布景造景。植物多采用石篱蒲、文竹、虎耳草、吊兰、兰花、万年青、水仙、菊花、芭蕉、芦苇以及其他闲花野草等。

树桩盆景依所用树种不同可分为松柏类、杂木类和草本类。松柏类：包括常绿针叶树，主要树种有五针松、黑松、油松、白松、罗汉松、侧柏、圆柏、地柏、刺柏、真柏、杉木等。杂木类：通常把松柏类以外的树木统称为杂木类，主要树种为常绿或落叶的阔叶树，还可细分为观叶、观花、观果三类，以观叶类为主。观叶类树种主要有黄杨、榆、枫、槭、银杏、鹊梅、小叶女贞、六月雪、榉树、柳、苏铁、竹类等。观花类树种主要有梅、迎春、紫薇、海棠、杜鹃、紫藤、凌霄等。观果类树种主要有南天竹、金银木、石榴、橘、枸杞、柿等。草本类：多为多年生草本植物，以赋有自然野趣为佳，主要有石菖蒲、兰花、旱伞草、文竹等。

（十）地被植物

凡能覆盖地面的植物均称地被植物。除草本植物，木本植物中个体矮小的丛木、偃伏性或半蔓性的灌木以及藤木均可能用作园林地被植物用。地被植物对改善环境、防止尘土飞扬、保持水土、抑制杂草生长、增加空气湿度、减少地面辐射热、美化环境等方面有良好作用。

选择不同环境条件的地被植物是很不相同的，主要应考虑植物生态习性需要适应环境条件，例如所选植物应与全光、半阴、干旱、潮湿、土壤酸度、土层厚薄等立地条件相匹配。除生态习性外，在园林中应注意其耐踩性的强弱以及观赏特性，在大面积应用时还应注意其在生产上的作用和经济价值。

第十章　园林植物景观设计

植物是构成园林景观设计的主要材料。由植物构成的空间无论是空间变化还是时间变化、色彩变化，反映在园林景观上的变化都是无与伦比的；由植物构成的环境，其质量与美学价值也会与日俱增。因此，园林植物景观设计是园林景观设计的重要内容之一。

第一节　园林植物景观设计的基本原则

一、美学原则

植物景观设计就是以乔、灌、草、花卉等植物来创造优美的景观，以植物塑造的景是供人观赏的，必须给人带来愉悦感，因而必须是美的，必须满足人们的视觉心理要求。植物景观设计可以从两个方面来体现景观的美。

（一）植物景观的形式美

通过植物的枝、叶、花、果、冠、茎呈现出的不同色彩和形态，来塑造植物景观的姿态美、季相美、色彩图案美、群落景观美等。如草坪上大株香樟或者银杏，能独立成景，体现其入画的姿态美；又如红枫、红叶李、无患子等红叶植物与绿叶植物配植，形成强烈的色彩对比；杜鹃、千头柏、金叶女贞等配植成精美的图案，体现植物图案美、色彩美；开花植物、花卉则表现植物的季相美等。①

① 樊佳奇．城市景观设计研究 [M]. 长春：吉林大学出版社，2020.

总之，春的娇媚、夏的浓荫、秋的绚丽、冬的凝重都是通过植物形式美来体现的。

（二）植物景观的意境美

意境是指形式美之外的深层次的内涵，前面讲的是植物外在的形式美，意境美则是景的灵魂。园林景观设计中最讲含蓄，往往通过植物的生态习性和形态特征性格化的比喻来表达强烈的象征意义，渲染一种深远的意境，如古典园林景观设计善用松、竹、梅、榆、枫、荷等植物来寓意人物的性格和气节。

松：苍劲优雅，不畏霜寒，能挺立于高山之巅、悬崖峭壁之上，是坚强和不畏艰苦的象征。因其四季常青，也象征万古长青。

竹：被视为有气节的君子，“未曾出土先有节，纵凌云处也虚心”，苏东坡曰：“宁可食无肉，不可居无竹。”也比喻虚心有节，宁折不夭。

梅：不畏强暴，坚强不屈，自尊自爱，高洁清雅的象征。陆游曾赞梅：“零落成泥碾作尘，只有香如故。”北宋诗人林和清以“疏影横斜水清浅，暗香浮动月黄昏”的诗句来表达一种非常美妙的意境。

兰：清雅、高洁的象征。

菊：傲骨铮铮，不亢不卑的象征。

玉兰、海棠、牡丹、芍药、桂花等象征“玉堂春富贵”。

正因植物能表现深远的意境美，无论古典园林还是现代景观设计，以植物作为主题的例子很多，如杭州老西湖十景中的“柳浪闻莺”“曲院风荷”“苏堤春晓”，新西湖十景中的“孤山赏梅”“灵峰探梅”“云栖竹径”“满陇桂雨”等都以植物为主题。

二、生态原则

园林绿地中植物另一重要功能就是发挥其生态效益，改善和保护环境，如释放氧气，防尘减噪，调节气温，涵养水源，保持水土等，主要依靠乔灌木植物。许多城市的绿地系统规划中要求乔、灌、草的比例达到4∶3∶3，以乔灌木为主，充分发挥植物的生态效益。

三、科学原则

每一种植物都有其固有的生态习性，对光、土、水、气候等环境因子有不同的要求，如有的植物是喜阳的，有的是耐荫的，有的是耐水湿的，有的是干生的，有的是耐热的，有的是耐寒的……因此，要针对各种不同的立地条件来选择适应的植物，尽量做到“适地适树”。

以上三个原则是指导我们进行植物配植的三个方针和方向。

第二节　园林植物种植类型

园林植物造景按其类型可分为规则式、自然式、混合式。

一、规则式

这类园林又称整形式、建筑式、图案式或几何式园林。西方园林基本上以这类园林为主。它以建筑和建筑式空间布局作为园林风景表现的主要题材。我国北京天安门广场园林，南京中山陵园林以及北京天坛公园等，都属于规则式园林，其基本特征是：

地形地貌在平原地区，由不同标高的水平面及缓倾斜的平面组成；在山地及丘陵地，由阶梯式的大小不同的水平台地、倾斜平面及石级组成。水体外形轮廓均为几何形，采用整齐式驳岸园林水景的类型以整形水池、壁泉、喷泉、瀑布及运河等为主，其中常以喷泉作为水景主题。

二、自然式

这一类园林又称风景式、不规则式、山水派园林等等。我国园林，从有历史记载的周秦时代开始，无论是大型的帝皇苑囿，还是小型的私家园林，多以自然式山水园林为主。古典园林中可以北京颐和园，承德避暑山庄，苏州拙政园、留园为代表。我国自然式山水园林，从唐代开始影响了日本的园林，从18世纪后半期传入英国，从而引起了欧洲园林对古典形式主义的革新运动。

中华人民共和国成立以来的新建园林，如北京的陶然亭公园、紫竹院公园、上海虹口鲁迅公园、杭州花港观鱼公园、广州越秀公园等也都进一步发扬了这种传统布局手法，这一类园林，以自然山水作为园林风景表现的主要题材。

三、混合式

严格说来，绝对的规则式和绝对的自然式园林，在现实中是很难做到的。如果规则式与自然式比例差不多的园林，可称为混合式园林。如广州起义烈士陵园、北京中山公园和广东新会城镇文化公园等。

在公园规划工作中，原有地形平坦的可规划成规则式，原有地形起伏不平、丘陵、水面多的可规划自然式；原有自然树木较多的可规划自然式，树木少的可搞规则式。大面积园林，以自然式为宜，小面积以规则式较经济。四周环境较为规则的宜采用规则式，反之则宜采用自然式。林荫道、建筑广场的街心花园以规则式为宜。居民区、机关、工厂、体育馆、大型建筑物前的绿地以混合式为宜。森林公园、市区大公园、植物园以自然式为宜。

总之，园林植物种植应根据总体布置和局部环境的要求，采用不同的种植形式。如一般在大门、主要道路、几何形广场、大型建筑附近多采用规则式种植，而在自然山水、草坪及不对称的小型建筑物附近往往采用自然式种植。

在园林景观设计中，乔灌木的种植设计应用越来越广泛。因此，只有充分考虑场地的性质与要求和当地环境的辩证关系，灵活地与当地的地形、地貌、土壤、水体、建筑、道路、广场、地面上下管网相互配合，并与其他草本植物和草坪、花卉等互相衬托，才能充分发挥园林景观绿化最大的效果。

第三节　乔灌木种植设计

一、乔灌木的使用特性

乔灌木是植物中的重要部分，在组织空间、营造景观和生态保护方面起着主导作用，是园林景观绿化的骨架。

乔木树冠高大，寿命较长，树冠占据空间大，而树干占据的空间小，乔木的形体、姿态富有变化，在改善小气候、遮荫、防尘、减噪等方面有显著作用；在造景上乔木也是多种多样的，丰富多彩的，从郁郁葱葱的林海、优美的树丛，到千姿百态的孤植树，都能形成美丽的风景画面。在园林景观设计中乔木既可以成为主景，也可作为隔景、障景、分景等。因乔木有高大的树冠和庞大的根系，故一般要求种植地点有较大的空间和较深厚的土层。

灌木树冠矮小，多呈现丛生状，寿命较短，树冠虽然占据空间不大，但占据人们活动的空间范围，较乔木对人的活动影响大，枝叶浓密丰满，常具有鲜艳美丽的花朵和果实，形体和姿态也有很多变化；在防尘、防风沙、护坡和防止水土流失方面有显著作用；在造景方面可以增加树木在高低层次上的变化，可作为乔木的衬景之用，也可以突出表现灌木在花、叶、果观赏上的效果；灌木也可用以组织和分隔较小的空间，阻挡较低的视线；灌木尤其是耐荫的灌木与大、小乔木以及地被植物配合起来成为主体绿化的重要组成部分。灌木由于树冠小、根系有限，因此对种植地点的空间要求不大，土层也不要很厚。

二、乔灌木种植的类型

乔灌木种植又分规则式、自然式、混合式。前者整齐、严谨，具有一定的种植株行距，而且按固定的方式排列。后者自然、灵活，参差有致，没有一定的株行距和固定的排列方式。①

（一）规则式配植

1.中心植

在广场、花坛等中心地点，可种植树形整齐、轮廓严整、生长缓慢、四季常青的园林树木。如在北方可用桧柏、云杉等，在南方可用雪松、整形大叶黄杨、苏铁等。

2.对植

对植一般是指两株树或两丛树，按照一定的轴线关系，左右相互对称或均衡的种植方式。主要用于公园、建筑、道路、配景或夹景，很少作为主景。对植在规则式或自然式的园林景观绿化设计中都有广泛的运用。

对植设计需要注意以下问题。

对植因在构图上起到强调和烘托中轴线上的主景效果，常用在公园大门两旁，建筑门庭两旁，道路广场的进出口和桥头两旁等处。要处理好对植树木与建筑、交通、上下管网等可能产生的矛盾，并使对植的树木，在体形大小、高矮、姿态、色彩等方面与主景物和附近环境相协调。

3.行列栽植

行列栽植是指乔灌木按一定的株行距成行成排地种植，行内株距可变化。行列栽植形成的景观，比较整齐、单纯、统一。它在规则式园林景观绿地中，如道路、广场、工矿区、居民区、办公大楼绿化中，是应用最多的栽植方式。在自然式绿地中，也可布置比较整形的局部。行列栽植具有施工管理方便的优点。

行列栽植设计注意事项：

其一，对树种的要求和株行距的决定：选为行列栽植的树种，在树冠体形上，最好是比较整齐，如圆形、椭圆形、卵圆形、倒卵形、圆柱形、塔形等，而不选枝叶稀疏、树冠不整齐的树种。行列栽植的株行距，取决于树种的特点。苗木规格和园林，主要用途依观

---

① 李璐 . 现代植物景观设计与应用实践 [M]. 长春：吉林人民出版社，2019.

景、活动、生产上的需要而定。一般乔木可采用3～8m，甚至更高，灌木为1～5m。如果采取密植，则可成为绿篱和树篱。

其二，种植地点：适宜用在布局比较严正规则的地方。而在地形比较平坦的园林景观绿地中，以生产栽培为主兼顾美化的园地，如果园、经济林，行列栽植树一般为草坪，或自然植林，但在以生产为主或在苗小时，亦可栽些草本作物或绿地。

其三，设计行列栽植，要处理好与其他因素的矛盾。因行列栽植多用于建筑、道路、上下管网较多的建设地段，故在设计前，要进行实地调查，与有关部门商量研究，解决矛盾。而在景观上，要协调行列栽植与道路开辟、透视线相配合可起到夹景的效果，加强透视的纵深感。

4.正方形栽植

按方格网，在交叉点种植树木株行距相等。优点是透光通风良好，便于培育管理和机械操作。缺点是幼龄树苗，易受干旱、霜冻、日灼和风害的影响，又易造成树冠密接，对密植不利，一般在规则大片绿地中应用。

5.三角形栽植

株行距按等边或等腰三角形排列。每株树冠前后错开，故可在单位面积内，比用正方形方式栽植较多的株数，经济利用土地面积。但通风透光较差，机械化操作不及正方形便利。一般在多行密植的街道树和大片绿地中应用。

6.长方形栽植

正方形栽植的一种变形，其特点为行距大于株距。此种植方式，在我国南北果园中应用极为普遍，均有悠久的历史，可起到彼此簇拥的作用，为树苗生长创造了良好的环境条件，而且可在同样单位面积内栽植较多的株数，实现合理密植。可见长方形栽植，兼有正方形和三角形两种栽植方式的优点，而避免了它们的缺点，这是目前一种较好的栽种方式。我国果农经过长期生产实践，得到这样的结论："行里密，只怕密了行。"这是很有科学根据的经验之谈，在园林景观树木的规则式种植中可做参考。

7.环植

这是按一定株距把树木栽为圆环的一种方式，有时仅有一个圆环，甚至半个圆环，有时则有多重圆环。一般圆形广场多应用这种栽植方式。

（二）自然式种植

1.孤植

（1）树种选择

孤植树主要表现植株个体的特点，突出树木的个体美。因此要选择观赏价值高的树种，即体形巨大、树冠轮廓富于变化、树姿优美、姿态奇特、花朵果实美丽、芳香浓郁、叶色具有季相变化及枝条开展、成荫效果好、寿命长等特点的树种。如榕树、香樟、紫薇等。

（2）位置安排

在园林景观设计中，孤植树种植的比例虽然很小，却常作构图主景。其构图位置应该十分突出而引人注目。最好还要有像天空、水面、草地等色彩既单一又有丰富变化的景物环境做背景衬托，以突出孤植树在形体、姿态、色彩等方面的特色。

诱导树：起诱导作用的孤植树则多布置在自然式园路、河岸、溪流的转弯及尽端视线焦点处引导行进方向。安排在磴道口及园林局部的入口部分，诱导游人进入另一景区、空间。

（3）观赏条件

孤植树多作局部构图的主景，因而要有比较合适的观赏视距、观赏点和适宜的欣赏位置。一般为树高的4～10倍最为适宜。

（4）风景艺术

孤植树作为园林景观构图的一部分，必须与周围环境和景物相协调，统一于整个园林景观构图之中。如果在开朗宽广的草坪、山冈上或大水面的旁边栽种孤植树，所选树种应巨大，以使孤植树在姿态、体形、色彩上得到突出。

（5）利用古树

园林景观设计中要尽可能利用原有大树做孤植赏景树。

2.非对称种植

用在自然式园林景观设计中，植物虽不对称，但左右均衡。如：在自然式园林景观设计的出入口两旁、桥头、蹬道的石阶两旁、洞道的进口两边、闭锁空间的进口、建筑物的门口，都可形成自然式的栽植起到陪衬主景和诱导树的作用（非对称种植时，分布在构图中轴线两侧的树木，可用同一树种，但大小和姿态必须不同，动势要向中轴线集中，与中轴线的垂直距离，大树要近，小树要远。自然式对植也可以采用株数不相同而树种相同的配植，如左侧是一株大树，右侧为同一树种的两株小树）。

3.丛植

丛植是由两株到十几株同种或异种的乔木或乔、灌木自然栽植在一起而成的种植类型。是绿地中重点布置的种植类型，也是园林景观设计中植物造景应用较多的种植形式。

种植形式：

（1）依树种组合分（按观赏特性分）

乔木丛（树丛）：由观形乔木树种组合而成。

灌木丛（绿丛）：由常绿灌木树种组合而成。

花木丛：由赏花树木组合而成。

刺丛：由荆棘植物组成，布置于拒绝游人接近地，起隔离作用。

混合丛：由不同观赏特性的树木混合组成，视造景要求而灵活配植。

（2）依树木株数组合分

①两株一丛。两株树的组合，应形成既有通相，又有殊相的统一变化的构图，即对比中求调和。

两株结合的树丛最好采用同一树种或十分相似的树种，两株同种树木配植时，最好在姿态、动势、大小上有显著差异。

其栽植的距离应小于两个树冠半径之和，使其形成一个整体，以免出现分离现象（两株独立树），而不称其为树丛了。

②三株一丛。三株配植，最好采用姿态、大小有对比和差异的同一树种。

栽植时，三株忌在一条直线上，也忌等边三角形栽植，三株的距离都要不相等，所谓“三株一丛，则两株宜近，一株宜远”。

最大株和最小株都不能单独为一组。最大一株和最小一株要靠近一些，使其成为一个小组，中等的一株要远离一些，成为另一小组，形成2：1的组合。

如果是两个不同树种，最好同为常绿树或同为落叶树，同为乔木或同为灌木，其中大的和中的树为一种，小的为另一种。

三株配植时应忌的五种形式。

三株在同一直线上；三株成等边三角形栽植；三株大小姿态相同；三株由两个树种组成，各自构成一组，构图不统一；三株中最大的一组，其余两株为一组，使两组重量相同，构图机械。

③四株一丛。四株配植，最好采用姿态、大小、高矮上有对比和差异的同一树种为好，异种树栽植时，最好同为乔木或同为灌木。

分为两组栽植，组成3：1的组合，即三株较近一株远离（不能两两组合），最大株和最小株都不能单独为一组。三株组合中也应两株近，一株远。总体形成两株紧密，另一株稍远，再一株远离。

树丛不能种在一条直线上，也不要等距离栽种。平面形式应为不等边四边形或不等边三角形，忌四株成直线、正方形、矩形栽植。

采用不同树种时，最好是相近树种。其中大的和中的为同种，小的为另一种。当树种完全相同时，栽植点的标高也可以变化。

④五株树丛的配合。分为3：2或4：1的组合。树丛同为一个树种时，每株树的体形、姿态、动势、大小、栽植距离都应不同。树种不同时，在3：2的组合中一种树为三株，另一种为两株，将其分在两组中。在4：1的组合中异种树不能单栽。

主体树必须处在三株小组或四株小组中。四株一个小组的组合原则与前述两株一丛的组合相同，三株一个小组的组合与三株一丛的组合相同，两株一小组与两株一丛相同。其中单株树木不要最大的，也不要最小的，最好是中间树种。

⑤六株以上的树丛组合。树木的配植，株数越多就越复杂，但分析起来，两株、三株丛植是基本组合，六株以上配合，实质为两株、三株、四株、五株几种基本形式的互相组合而成。正像芥子园画谱中说："五株既熟，则千株万株可以类推，交搭巧妙，在此转关。"所以熟悉了基本组合，再多的树丛配植都可依次类推。

造景的要求有以下七点。

第一，主次分明，统一构图。用基本树种统一树丛（株数较多时应以1～2种基本树种统一群体）。主体部分和从属部分彼此衬托，形成主、次分明，相互联系，既有通相又有殊相的群体。

第二，起伏变化，错落有致。立面上无论从哪一方向去观赏，都不能成为直线或成简单的金字塔形式排列。平面上也不能是规则的几何轮廓，应形成大小、高低、层次、疏密有变、位置均衡的风景构图。

第三，科学搭配，巧妙结合。混交树丛搭配，要从植物自身的生物特性、生态习性及风景构图出发，处理好株间、种间的关系（株间关系是指疏密、远近等因素；种间关系是指不同乔木以及乔、灌、草之间的搭配），使常绿与落叶、阳性与阴性、快长与慢长、乔木与灌木、深根与浅根、观花与观叶等不同植物有机地组合在一起，使植株在生长空间、光照、通风等方面，得到适合的条件，从而形成生态性相对稳定的树丛，达到理想的效果。通常高大的常绿乔木居中为背景，花色艳丽的小乔木在外侧，叶色、花色华丽的大小灌木在最外缘，以利于观赏。

第四，观赏为主，兼顾功能。混交树丛，多作为纯观赏树丛，艺术构图上的主景或做其他景物的配景。有时也兼顾做诱导性树丛，安排在出入口、路叉、路弯、河弯处来引导视线，诱导游人按设计安排好的路线欣赏园林景色。用在转弯岔口的树丛可作小路分岔的标志或遮蔽小路的前景。

单纯树丛，特别是树冠开展的单纯乔木丛，除了观赏外，更多的是用作庇荫树丛，安排在草坪、林缘、树下安置座椅、坐石（自然山石）供游人休息。

第五，四面观赏，视距适宜。树丛和孤植树一样，在其四周，尤其是主要观赏方向，要留出足够的观赏视距。

第六，位置突出，地势变化。树丛的构图位置应突出，多置于视线汇焦的草坪、山冈、林中空地、水中岛屿、林缘突出部分、河汊、路叉、转弯处。在中国古典山水园中，树丛与岩石组合常设置在粉墙的前方、走廊或房屋的角隅，组成一定画题的树石小景。种植地尽量高出四周的草坪和道路，其树丛内部地势也应中间高四周低，呈缓坡状，以利于排水。

第七，整体为一，数量适宜。树丛之下不得有园路穿过，避免破坏树丛的整体感，树丛下多植草坪用以烘托，亦可置石加以点缀。园内一定范围用地上，树丛总的数量不宜过多，到处三五成丛会显得布局杂乱，植物主景不突出。

4.群植

群植是由众多乔、灌木（一般在20株以上）混合成群栽植在一起的种植类型。群植的树木为树群。造景要求：树群主要表现为群体美，因此，对单株的要求并不严格，仅考虑树冠上部及林缘外部整体的起伏曲折韵律及色彩表现的美感。对构成树群的林缘处的树木，应重点选择和处理。

5.树林

凡成片大量栽植乔灌木，构成林地和森林景观的种植类型，都称作树林。树林种植多用于大面积公园安静区、风景游览区或休疗养区及卫生防护林带。树林可分为密林和疏林两种。

（1）疏林

疏林是指郁闭度为0.4～0.6的树林。疏林是园林中应用最多的一种形式，游人的休息、看书、摄影、野餐、游戏、观景等活动，总是在林间草地上进行。

造景的要求有以下三点。

第一，满足游憩活动的需要。林下游人密度不大时（安静休息区）可形成疏林草地（耐踩踏草种）。游人量较多时（活动场地）林下应与铺装地面结合。同时，林中可设自然弯曲的园路让游人散步（积极休息）、游赏，可设置园椅、置石供游人休息。林下草坪应耐践踏，满足草坪活动要求。

第二，树种以大乔木为主。主体乔木树冠应开展，树荫要疏朗，具有较高的观赏价值，疏林以单纯林为主。

混交林中要求其他树木的种类和数量不宜过多，为了能使林下花卉生长良好，乔木的树冠应疏朗一些，不宜过分郁闭。

第三，林木配植疏密相间。树木的种植要三五成群，疏密相间，有断有续，错落有致，使构图生动活泼、光影富于变化。忌成排成列。

（2）密林

密林是指郁闭度为0.7～1.0的树林。密林中阳光很少透入，地被植物含水量高，经不起踩踏。因此，一般不允许游人步入林地之中，只能在林地内设置的园路及场地上活动。密林又有单纯密林和混交密林之分。

单纯密林：由一个树种组成的密林。单纯密林为一种乔木组成，故林内缺乏垂直郁闭景观和丰富的季相变化。

为了弥补这一不足，布置单纯密林时应注意以下几点。

其一，采用异龄树：可以使林冠线得到变化及增加林内垂直郁闭景观。布置时还要充分结合起伏变化的地形来考虑。

其二，配植林下木：为丰富色彩、层次、季相的变化，林下可以配植一种或多种开花华丽的耐荫或半耐荫草本花卉（玉簪、石蒜），以及低矮开花繁茂的耐荫灌木（杜鹃、绣球）。单纯配植一种花灌木可以取得简洁壮阔之美，多种混交可取得丰富多彩的季相变化。

其三，重点处理林缘景观：在林缘处还应配植同一树种、不同年龄组合的树群、树丛和孤植树，安排草花卉，增强林地外缘的景色变化。

其四，控制水平郁闭度：水平郁闭度最好为0.7～0.8，以增强林内的可见度。这样既有利于地下植被生长，又加强了林下景观的艺术效果。

混交密林：由两种或两种以上的乔木及灌木、花、草彼此相互依存，形成的多层次结构的密林。混交密林层次及季相构图景色丰富，垂直郁闭效果明显。布置应注意以下几点。

第一，留出林下透景线：供游人欣赏的林缘部分及林地内自然式园路两侧的林木，其垂直层构图要十分突出，郁闭度不可太大，以免影响游人视线进入林内欣赏林下特有的幽深景色。

第二，丰富林中园路两侧景色：密林间的道路是人们游憩的重要场所，两侧除合理安排透景线外，结合近赏的需要，还应合理布置一些开花华丽的花木、花卉，形成花带、花境等，还可利用沿路溪流水体，种植水生花卉，达到引人入胜的效果，使游人漫步其中犹如回到大自然之中。

第三，林地的郁闭度要有变化：无论是垂直还是水平郁闭度都应根据景色的要求而有所变化，以加大林地内光影的变化，还可形成林间隙地（活动场地）的明暗对比。

第四，林中树木配植主次分明：混交林中应分出主调、基调和配调树种，主调树种能随季节有所变化。大面积的可采用片状混交，小面积的多采用点状混交，亦可二者结合，一般不用带状混交。

混交密林和单纯密林在艺术效果上各有特点，前者华丽多彩，后者简洁壮阔，两者相互衬托，特点更突出，因此不能偏颇。

第四节 花卉种植设计

在园林景观绿地中，除了乔木、灌木的栽植和建筑、道路旁及必需的构筑物以外，还需种植一定量的花卉，使整个景观丰富多彩。因此，花卉、草坪及地被植物等是园林景观设计中重要的组成部分。在这里，花卉种植分规则式和自然式两种布置形式，规则式包括花坛、花境、花箱、花钵等。[①]

花卉在园林景观设计中的应用是根据用地的整体布局以及园林景观设计风格而定，加之其他园林景观设计元素的搭配，形成各种引人入胜的园林景观。

一、花卉的规则式种植

（一）花坛

花坛的最初含义是在具有几何形轮廓的植床内，种植各种不同色彩的花卉，运用花卉的群体效果来体现图案纹样，或观赏盛花时绚丽景观的一种花卉应用形式，以突出鲜艳的色彩或精美华丽的纹样来体现其装饰效果。

1.花坛的类型

现代花坛式样极为丰富，某些设计形式已远远超过了花坛的最初含义。目前花坛可按下述分类。

①依花材分类，主要有：

盛花花坛：也叫花丛式花坛，主要由观花草本植物组成，表现盛花时群体的色彩美或绚丽的图案景观。可由同一种花卉的不同品种或不同花色的多种花卉组成。

模纹花坛：主要由低矮的观叶植物或花、叶皆美的植物组成，表现群体组成的精美图案或装饰纹样，主要有毛毡花坛、浮雕花坛和彩结花坛等。毛毡花坛是由各种观叶植物组成的精美的装饰图案，植物修剪成同一高度，表面平整，宛如华丽的地毯；浮雕花坛是依花坛纹样的变化，植物高度的不同，从而使部分纹样凸起或凹陷，凸出的纹样多用常绿小灌木，凹陷面多栽植低矮的草本植物，也可以通过修剪使同种植物因高度不同而呈现凸

① 沈毅．现代景观园林艺术与建筑工程管理 [M]. 长春：吉林科学技术出版社，2020.

凹，整体上具有浮雕的效果；彩结花坛是花坛内纹样模仿绸带编成的绳结式样，图案的线条粗细一致，并以草坪、砾石或卵石为底色。

现代花坛常见两种类型相结合的花坛形式。例如在规则或几何形植床之中，中间为盛花布置形式，边缘用模纹式，或在主体花坛中，中间为模纹式，基部为水平的盛花式等。

②依空间位置分类，主要有：

平面花坛：花坛表面与地面平行，主要观赏花坛的平面效果，包括沉床花坛或高出地面的花坛。

斜体花坛：花坛设置在斜坡或阶地上，也可以布置在建筑的台阶两旁或台阶上，花坛表面为斜面，是主要的观赏面。

主体花坛：花坛向空间伸展，具有竖向景观的特征，是一种超出花坛原有含义的布置形式，它以四面观为主。包括造型花坛、标牌花坛等形式。

造型花坛：是采用模纹花坛的手法，运用五色草或小菊等草本植物制成各种造型物，如动物、花篮、花瓶等，前面或四周用平面装饰。

标牌花坛：是用植物材料组成的竖向牌式花坛，多为一面观赏。

③依花坛的组合分类，主要有：

独立花坛：即单体花坛，常设置在广场、公园入口等较小的环境中。

花坛群：由相同或不同形式的多个单体花坛组合而成，但在构图及景观上具有统一性。花坛群应具有统一的底色，以突出其整体感。花坛群还可以结合喷泉和雕塑布置，后者可作为花坛群的构图中心，也可作为装饰。

花坛组：是指同一环境中设置多个花坛，与花坛群的不同之处在于前者的各个单体花坛之间的联系不是非常紧密。如沿路布置的多个带状花坛、建筑物前作基础装饰的数个小花坛等。

2.花坛的设计

花坛在环境中可作为主景，也可作为配景。形式与色彩的多样性决定了它在设计上也有广泛的选择性。花坛的设置首先应在风格、体量、形状诸多方面与周围环境相协调，其次才是花坛自身的特色。花坛的体量、大小也应与花坛设置的广场、出入口及周围建筑的高低成比例。一般不应超过广场面积的1/3，同时也不小于1/5，出入口设置花坛以既美观又不妨碍游人路线为原则，在高度上不可遮住出入口的视线。花坛的外部轮廓也应与建筑物边线、相邻的路边和广场的形状协调一致。花坛要求经常保持鲜艳的色彩和整齐的轮廓。因此，多选用植株低矮、生长整齐、花期集中、株丛紧密而花色艳丽（或观叶）的种类。花坛中心宜选用较为高大而整齐的花卉材料，如美人蕉、扫帚草、高金鱼草等；也有用树木的，如苏铁、蒲葵、海枣、凤尾兰、雪松、云杉及修剪的球形黄杨、龙柏等。花坛的边缘也常用矮小的灌木绿篱或常绿草本作镶边栽植，如葱兰、沿阶草、雀舌黄杨、紫叶小檗等。具体来说，几种花坛设计如下。

（1）盛花花坛的设计

①植物选择。一二年生花卉为花坛的主要材料，其种类繁多、色彩丰富、成本较低。球根花卉也是盛花花坛的优良材料，其特点是色彩艳丽、开花整齐，但成本较高。

适合作花坛的花卉应株丛紧密、着花繁茂。理想的植物材料在盛花时应完全覆盖枝叶，要求花期较长，开放一致，至少保持一个季节的观赏期。如为球根花卉，要求栽植后花期一致，花色明亮鲜艳，有丰富的色彩幅度变化，纯色搭配及组合较复色混植更为理想，更能体现色彩美。

不同种花卉群体配合时，除考虑花色外，也要考虑花的质感相协调才能获得较好的效果。

②色彩设计。盛花花坛表现的主题是花卉群体的色彩美，因此一般要求鲜明、艳丽。如果有台座，花坛色彩还要与台座的颜色相协调。其配色方法有：

对比色应用：这种配色较活泼而明快。深色调的对比较强烈，给人兴奋感，浅色调的对比配合效果较理想，对比不那么强烈，柔和而又鲜明。如堇紫色+浅黄色（堇紫色三色堇+黄色三色堇、藿香蓟+黄早菊、荷兰菊+三色堇），绿色+红色（扫帚草+星红鸡冠）等。

暖色调应用：类似色或暖色调花卉搭配，色彩不鲜明时可加白色以调剂。这种配色鲜艳，热烈而庄重，在大型花坛中常用。如红+黄或红+白+黄（黄早菊+白早菊+一串红或一品红、金盏菊或黄三色堇+白雏菊或白色三色堇+红色美女樱）。

同色调应用：这种配色不常用，适用于小面积花坛及花坛组，起装饰作用，不作主景。色彩设计中还要注意其他一些问题。

第一，一个花坛配色不宜太多。一般花坛为2～3种颜色，大型花坛有4～5种足矣。配色多而复杂难以表现群体的花色效果，有杂乱之感。

第二，在花坛色彩搭配中注意颜色对人的视觉及心理的影响。

第三，花坛的色彩要和它的作用相结合来考虑。

第四，花卉色彩不同于调色板上的色彩，需要在实践中对花卉的色彩仔细观察才能正确应用。同为红色系的花卉，如天竺葵、一串红、一品红等，在明度上有差别，分别与黄早菊配用，效果就有不同。一品红红色较稳重，一串红较鲜明，而天竺葵较艳丽，后两种花卉直接与黄菊配合，也有明快的效果，但一品红与黄菊中加入白色的花卉才会有较好的效果。同样，黄、粉、紫等各色花在不同花卉中明度、饱和度都不相同。

③图案设计。花坛外部轮廓主要是几何图形或几何图形的组合。花坛大小要适度，一般观赏轴线以8～10m为主。

现代建筑的外形趋于多样化、曲线化，在外形多变的建筑物前设置花坛，可用流线或折线构成外轮廓，对称、拟对称或自然均可，以求与周边环境的协调。

花坛内部图案要简洁，轮廓要明显。忌在有限的面积上设计烦琐的图案，要求有大色块的效果。

盛花花坛可以是某一季节观赏的花坛，如秋季花坛、冬季花坛等，至少保持一个季节内有较好的观赏效果。但设计时可同时提出多季观赏的实施方案，可用同一图案更换花材，也可另设方案，一个季节花坛景观结束后立即更换下季材料，完成花坛季节交替。

（2）模纹花坛的设计

①植物选择，模纹花坛材料应符合下述要求。

第一，以生长缓慢的多年生草本植物为主，如红绿草、白草、五色苑等。

第二，以枝叶细小，株丛紧密，萌蘖性强，耐修剪的观叶植物为主。如侧柏、金心黄杨、金叶女贞、小叶栀子花等。

②色彩设计，模纹花坛的色彩设计应以图案纹样为依据，用植物的色彩突出纹样，使之清晰而精美。

③图案设计，模纹花坛以突出内部纹样精美华丽为主，因而植床的外轮廓以线条简洁为宜，可参考盛花花坛中较简单的外形图案。

内部纹样可较盛花花坛精细复杂些，但点缀及纹样不可过于窄细。以红绿草类为例，不可窄于5cm，一年生草本花卉以能栽植2株为限。设计条纹过窄则难于表现图案，纹样粗、宽，色彩才会鲜明，图案才会清晰。

做图案设计时应注意以下三点。

第一，内部图案可选择的内容广泛，如依照某些工艺品的花纹、卷云等，设计成毯状花纹；用文字或文字与纹样组合构成图案，如国旗、国徽、会徽等。

第二，时钟花坛：用植物材料作时钟表盘，中心安置电动时钟，指针高出花坛之上，可正确指示时间，设在斜坡上观赏效果好。

第三，日历花坛：用植物材料组成“年”“月”“日”或“星期”等样，中间留出空位，用其他材料制成具体的数字填于空位，每日更换。日历花坛也宜设于斜坡上。

（3）立体花坛的设计

包括标牌花坛和造型花坛。

①标牌花坛。花坛以东、西朝向观赏效果好，南向光照过强，影响视觉，北向逆光，纹样暗淡，装饰效果差。

一是用五色苋等观叶植物作为表现字体及纹样的材料，栽种在15cm × 40cm × 70cm的扁平塑料箱内。完成整体图样的设计后，每箱依照设计图案中所涉及的部分扦插植物材料，各箱拼组在一起则构成总体图样。然后，把塑料箱依图案固定在竖起（可垂直，也可为斜面）的钢木架上，形成立面景观。

二是以盛花花坛的材料为主，表现字体或色彩，多为盆栽或直接种植在架子内。架子为阶式一面观为主，架子呈圆台或棱台样阶式可作四面观。用钢架或砖及木板制成架子，然后花盆依图案设计摆放其上，或栽植于种植槽式阶梯架内，形成立面景观。

设计立体花坛时首先要注意高度与环境协调。除个别场合利用立体花坛作屏障外，一般应在人的视觉观赏范围之内。此外，高度要与花坛面积成比例。以四面观圆形花坛为例，一般高为花坛直径的1/6～1/4较好。然后，设计时还应注意各种形式的立面花坛不应露出架子及种植箱或花盆，以充分展示植物材料的色彩或组成的图案。

三是考虑实施的可能性及安全性，如钢木架的承重及安全问题等。

②造型花坛。造型物的形象依环境及花坛主题来设计，可为花篮、花瓶、动物、图徽及建筑小品等，色彩应与环境的格调、气氛相吻合，比例也要与环境相协调。

（二）花境

花境是园林景观绿地中又一种特殊的种植形式，是以树丛、树群、绿篱、矮墙或建筑物作背景的带状自然式花卉布置形式，是模拟自然界中林地边缘地带多种野生花卉交错生长的状态，运用艺术手法提炼、设计成的一种花卉应用形式。

1.花境的类型

（1）从设计形式上分

花境主要有三类。

①单面观赏花境，常以建筑物、矮墙、树丛、绿篱等为背景，前面为低矮的边缘植物，整体上前低后高，供一面观赏。

②双面观赏花境，这种花境没有背景，多设置在草坪或树丛间，种植植物时应中间高两侧低，供两面观赏。

③对应式花境，在园路的两侧、草坪中央或建筑物周围设置相对应的两个花境，这两个花境呈左右二列式。在设计上统一考虑，作为一组景观，多采用拟对称的手法，以求有节奏和变化。

（2）从植物选材上分

花境可分为三种。

①宿根花卉花境，花境全部由可露地过冬的宿根花卉组成。

②混合式花境，花境种植材料以耐寒的宿根花卉为主，配植少量的花灌木、球根花卉或一二年生花卉。这种花境季相分明，色彩丰富，多被应用。

③专类花卉花境，由同属不同种类或同一种不同品种植物为主要种植材料的花境。做专类花境用的花卉要求花期、株形、花色等有较丰富的变化，从而体现花境的特点，如百合类花境、鸢尾类花境、菊花花境等。

2.花境作用与位置

花境可设置在公园、风景区、街心绿地、家庭花园及林荫路旁。它是一种带状布置方式，因此可在小环境中充分利用边角、条带等地段，营造出较大的空间氛围，是林缘、墙基、草坪边级、路边坡地、挡土墙等的装饰。花境的带状式布置，还可起到分隔空间和引导游览路线的作用。

3.花境的设计

花境的形式应因地制宜，通常依游人视线的方向设立单面观赏的花境，以树丛、绿篱、墙垣或建筑物为背景，近游人一侧植物低矮，随之渐高，宽度3～4cm。双面观赏的花境，中间植物高，两侧植物渐低，宽4～8m，常布置于两条步行道路之间或草地上树丛间。花境中植物选择应注意适应性强，可露地越冬，花期长或花叶兼备。

（三）花箱与花钵

1.花箱

以钢筋混凝土为主要原料添加其他轻骨材料凝合而成。具有色泽、纹理逼真，坚固耐用，免维护，防偷盗等优点，与自然生态环境搭配非常和谐。仿木仿石园林景观产品既能满足园林绿化设施或户外休闲用品的实用功能需要，又美化了环境，深得用户喜爱。

花箱，以自然逼真的表现，给文化广场、公园、小区增添了浓厚的艺术气息。

2.花坛与钵植应用

在花圃内，依设计意图把花卉栽种在预制的种植钵（种植箱）内，待花开时运送到城市广场、道路两旁和其他建筑物前进行装点。这种形式不仅施工便捷，还可迅速形成景观。

（1）种植钵设计

总体上要求造型美观，纹饰以简洁的灰、白色调为主，以突出花卉的色彩美。同时应考虑质地轻便易于移动，既可以单独陈放又能拼组和搭配应用。制作材料有玻璃钢、泡沫砖和混凝土等。此外，还有用原木和木条做种植箱的外装饰的，更富于自然情趣。

从造型上看，有圆形、方形、高脚杯形，以及由数个种植钵拼组成的六角形、八角形和菱形等。

（2）花卉种植设计

第一，植物选择上，应选择应时的花卉作为种植材料。

第二，用几个单体的种植钵拼组成的活动花坛，可以选用同种花卉不同色彩的园艺品种进行色块构图；或不同种类的花卉，但在花型、株高等方面相近的花卉做色彩构图，均能收到良好的效果。

第三，花卉的形态和质感，与种植钵的造型应该协调，色彩上应该有对比，才能更好地发挥装饰效果。

二、花卉的自然式种植

1.自然式花丛

花丛在园林景观绿地中应用极为广泛，它可以布置在大树脚下、岩石旁、溪边、自然式的草坪中和悬崖上。花丛之美在于不仅要欣赏它的色彩，还要欣赏它的姿态。适合做花丛的花卉有花大色艳或花小花茂的宿根花卉，灌木或多年生的藤本植物，如小菊、芍药、荷包牡丹、牡丹、旱金莲、金老梅、杜鹃类、各种球根植物中的郁金香类、百合类、喇叭水仙类、鸢尾类、萱草类等以及匍匐性植物中的蔷薇类等。

2.岩石园

把岩石与岩生植物和高山植物相结合，并配以石阶、水流等构筑成的庭园就是岩石园。由于岩石园的种植形式是模拟高山及岩生植物的生态环境，因而它又是植物驯化栽培的好场所，要比通常盆栽驯化方式优越得多。

（1）设计形式

①规范式岩石园，此种形式较多见。从整体上看，像山丘一样呈上升形的四面观岩石园。也可在北侧与墙面、挡土部等相接，设计成三面观的岩石园。

从岩石园的整体上看，岩石布局宜高低错落、疏密有致，岩块的大小组合又能与所栽植的植物搭配相宜。反之，若布石呆板或杂乱无章，就不能产生出自然风光中的妙趣。

②墙园。墙园是用重叠起来的岩石组成的石墙。墙园的基础及结构与岩石园大体相同，重要的是，要把岩石堆置成钵式，应在石墙的顶部及侧面都能栽植植物，而植物根向着墙的中心方向；侧面还可栽植下垂及匍匐生长的植物。墙的大小依建造地点及条件而定。可在庭园内部建造，也可利用墙面或围墙的一段来建造。

高度要与周围环境协调，通常为60～90cm。

（2）植物配植

通常把适于岩石园种植的植物材料称为岩生植物（花卉），而在岩生植物（花卉）中还包括一部分高山植物。

它们具备的共同特点是：植株低矮、生长缓慢、生活期长以及耐瘠薄土质、抗性强等。在进行岩石园的植物配植时，把喜阳的矮小植物栽在阳面；若园内设有水池，可以把喜阴及耐水湿的植物配植在水池近旁；在裸露的岩石缝隙间，配植些多肉状植物。

第五节　草坪建植与养护

草坪是园林景观绿化的重要组成部分，不仅可绿化、美化环境，而且在保护环境、实现生态平衡方面起着重要的作用。草坪植物在城市绿化中应按照设计要求为基本原则，并依据功能的需要、立地条件的不同而因地制宜地来选择草坪。

一、草坪建植

（一）草坪建植的原则①

其一，草坪建植质量的高低不仅直接影响日后的草坪管理工作的难易程度，而且影响草坪的使用年限。建植过程中因某些方面的失误而导致的缺陷，待草坪建成后难以弥补。因此，必须高度重视草坪建植的质量。

其二，根据所建草坪的主要功能（如游憩、装饰、覆盖裸露地面等）、立地条件（土质、光照、小气候等）及经济实力等因素，应因地制宜选用不同的草种、不同的施工方法，切不可强求一致。

其三，任何一种草种的任何一种施工方法，都应在其最佳施工期进行施工。若因故需在非最佳施工期施工，则应采取相应措施，以保证质量要求。

（二）草种的选择

中国应用的草种主要有三类：冷季型草、暖季型草、苔草类。

冷季型草用于要求绿色期长、管理水平较高的草坪上；暖季型草用于对绿色期要求不严、管理较粗放的草坪上；苔草类介于两者之间。

混合草种的应用

（1）品种间的混合

若同一个草种内的不同品种各有特殊的优点或所施工的草坪小环境变化多端时，可以用混合品种，各品种比例根据具体情况（环境与品种特性）而定。

① 安明，张驰，徐春良 . 景观设计概论 [M]. 上海：上海科学普及出版社，2020.

（2）冷季型草与暖季型草的混合应用

草地早熟禾与结缕草的混合可用于对绿色期要求长而管理水平较低的草坪中。野牛草与大羊胡子、小羊胡子的自然混合应“因势利导”或趋向某一纯种或任其竞争。

（3）边缘草种的应用

马尼拉草与细叶狗牙根是质地优良的暖季型草，因越冬性能较差，可用于小气候较暖的环境中。

（4）“先锋”草种的应用：萌发速度快，小苗生长速度快的草种可用作“先锋”草种。应根据最终目的与最终草种混入适当比例的“先锋”草种。

（5）“缀花”草坪

根据草坪建植目的可有意识地加入少量生长低矮而不影响主栽草生长的植物种类。草坪中自然生长的可起“缀花”作用的野生种类可根据需要适量保留。

（三）土壤的整理

1.土层厚度

不少于30cm（特殊情况例外）。

2.土壤纯度

30cm范围内不得有任何杂质如大小石砾、砖瓦等。根据原土中杂质比例的大小或用过筛的方法，或用换土的方法，确保土壤纯度（暖地型草、苔草类可适当放宽此标准）。

3.基肥的使用

种植冷季型草或土壤贫瘠的地带应使用基肥；施肥量应视土质与肥料种类而定。不论何种肥料，必须腐熟，分布要均匀，以与15cm的土壤混合为宜。

4.地表的坡度

以能顺利进行灌水、排水为基本要求，并注意草坪的美观。一般情况下，草坪中部略高、四周略低或一侧高另一侧低。

（1）与原有树木的关系

草坪面与原有树木种植的高度不一致时，必须处理好与原有树木的关系（尤其是古树），若草坪低于原地面，需在树干周围保持原高度，向外逐渐降低至草坪高度；若落差较大，则应根据树冠大小，在适当的半径处叠起台阶或采用其他有效方法免使根系受害；若草坪面高于原地面，需在合适的半径处筑起围墙。

（2）与路面、建筑物的关系

草坪周边高度应略低于路牙、路面或落水的高度，以灌溉水不致流出草坪为原则（或加大坡度或砌起围墙）。

5.地面的平整

为确保草坪建成后地表平整，种草前需充分灌水1～2次，然后再次起高填低进行耕翻与平整。

二、草坪的养护管理

（一）养护管理的原则

其一，草坪的养护工作需在了解各草种生长习性的基础上进行。

其二，根据立地条件、草坪的功能进行不同精细程度的管理工作。

其三，草坪养护最基本的指标是草坪植物的全面覆盖。

（二）草坪护理注意事项

1.夏季浇水

随着温度的升高，必须及时调整草坪的浇水频率，以防草坪干枯、泛黄。在多风、炎热和干燥天气持续时间较长的情况下，每周应在正常浇水频率基础上适当增加浇水次数。浇水时间不固定会使草坪更易受损。

2.适当浇水

浇水不足可能削弱草坪的抵抗力，使草坪易染病害并受杂草侵袭。浇水过多则会造成草坪缺氧，从而导致生理疾病及根部受害。应充分利用灌溉或降雨条件，确保处在生长期的草坪能获得足够的水量。

3.环保施肥

对草坪施肥应注重环保。施肥后，应及时清除洒落的化肥并清扫车道，以防洒落的化肥随雨水或其他径流进入街道和下水道，从而造成水路污染。

4.防治害虫

缺乏良好养护的草坪易受昆虫的侵袭，因此在使用杀虫剂以前，应首先检查草坪的施肥、灌溉和锄草措施。这些措施的改进不仅能减少虫害，还能令草坪更加健康美观。有几种昆虫的幼虫在春夏季会咀嚼草的根部，对草皮造成破坏。灌溉是对付这些幼虫的最佳方法。如果幼虫在靠近土壤表面的地方，杀虫剂也能发挥效果。可于7月上中旬，使用杀虫剂清除害虫。

5.点缀草坪

如果希望在草坪中修剪出类似专业棒球场中“条形”或“块状”图案的草坪，可通过“往返修剪法”来实现。采用“往返修剪法”修剪草坪可以将叶片向相反方向弯曲，使阳光朝不同的方向折射，从而形成草色的区别。

6.回收碎草

与其丢弃剪下的碎草，不如通过使用碎草式剪草机或增加修剪频率对碎草进行回收利用。这些碎草非但不会形成枯草层，还可为草坪提供宝贵的养分，从而减少施肥量。

7.控制阔叶杂草

蒲公英等阔叶杂草出现在春季，一般可用专除阔叶杂草的除草剂进行清除。在专除阔叶杂草的除草剂中，液态药剂比颗粒剂使用更方便。

8.草坪松土

草坪松土可使用专用通气设备，但通气过程比较慢。如果草坪不存在土壤板结和枯草问题，则不必为草坪通气。

（三）灌水

人工草坪原则上都需要人工灌溉，尤其是土壤保水性能差的草坪更需人工浇水。

1.灌水时期

除土壤封冻期外，草坪土壤应始终保持湿润，暖季型草主要灌水时期为4～5月、8～10月，冷季型草为3～6月、8～11月，苔草类主要为3～5月、9～10月。

2.浇水质量

每次浇水以达到30cm土层内水分饱和为原则，不能漏浇。因土质差异容易造成干旱的应增加灌水次数。漫灌方式浇水时，要勤移出水口，避免局部水量不足或局部地段水分过多或“跑水”。用喷灌方式灌水要注意是否有“死角”，若因喷头设置问题导致局部地段无法喷到时，应人工加以浇灌。

3.水源

用河水、井水等水源时应注意水质是否已污染，或是否有影响草坪草生长的物质存在。

4.排水

冷季型草草坪应注意排水，地势低洼、雨季有可能造成积水的草坪应有排水措施。

（四）施肥

高质量草坪初建植时除应施入基肥外，每年必须追施一定数量的化肥或有机肥。

1.施肥时期与施肥量

高质量草坪在返青前施腐熟粉碎的麻渣等有机肥，施肥量50～200g/m²。

修剪次数多的野牛草草坪，当出现草色稍浅时应施氮肥，以尿素为例，每平方米10～15g，8月下旬修剪后应普遍追施氮肥一次。

冷季型草：主要施肥时期为9～10月，以氮肥为主，3～4月视草坪生长状况决定施肥与否，5～8月非特殊衰弱草坪一般不必施肥。

2.施肥方式

（1）撒施

无论用手撒或用机器撒播都必须撒匀，为此可把总施肥量分成2份，分别以互相垂直方向分两次分撒。注意切不可有大小肥块落于叶面或地面。避免叶面潮湿时撒肥，撒肥后必须及时灌水。

（2）叶面喷肥

全生长季都可用此法施肥，根据肥料种类不同，溶液浓度为0.1%～0.3%，喷洒应均匀。

3.补肥

草坪中某些局部长势明显弱于周边时应及时增施肥料，或称作补肥。补肥种类以氮肥和复合化肥为主，补肥量依“草情”而定，通过补肥，使衰弱的局部与整体草势达到一致。

4.施肥试验

因土质等立地条件的不同、前期管理水平不同，因此施肥前应做小面积不同施肥量试验，根据试验结果确定合适的施肥量，避免浪费或不足。

（五）剪草

人工草坪必须剪草，特别是高质量草坪更需多次剪草。

剪草高度以草种、季节、环境等因素而定。

剪草次数应根据不同的草种、不同的管理水平及不同的环境条件来确定。

1.野牛草

全年剪2～4次，自5～8月，最后一次修剪不晚于8月下旬。

2.结缕草

全年剪2～10次，自5月中旬至8月，高质量结缕草一周剪一次。

3.大羊胡子草

以覆盖裸露地面为目的，基本上可以不修剪，但为提高观赏效果全年可剪2～3次。

4.冷季型草

以剪除部分叶面积不超过总叶面积的1/3确定修剪次数。粗放管理的草坪最少在抽穗前应剪两次，达到无穗状态；精细管理的高质量冷季型草以草高不超过15cm为原则。

剪草注意事项：①剪草前需彻底清除地表石块，尤其是坚硬的物质。②检查剪草机各部位是否正常，刀片是否锋利。③剪草需在无露水的时间段内进行。④剪下的草屑需及时彻底从草坪上清除。⑤剪草时需一行压一行进行，不能遗漏。某些剪草机无法剪到的角落需人工补充修剪。

（六）病虫害防治

病虫害防治在草坪管理中是一项很重要的工作，在草坪生长季节尤为重要。

药物防治要根据不同的草种在不同的生长期和根据病虫害种类的生长发育期选用不同的农药，使用不同的浓度和不同的施用方法。

（七）除杂草

草坪的杂草应按照除早、除小、除净的原则清除。

加强肥水管理，促进目的草旺盛生长是抑制杂草滋生与蔓延的重要手段。

野牛草、羊胡子草草坪根据“草情”适当控制水分来抑制杂草生长。

用剪草手段可控制某些双子叶杂草的旺盛生长。

生长迅速、蔓延能力强的杂草如牛筋草、马塘、津草、灰菜、蒺藜等必须人工及时拔除，以减少其危害。

（八）清理

各类草坪均需随时保持地表无杂物。

3月上旬前将草坪杂草清理完毕。

（九）复壮与更新

当草坪中以杂草为主或目的草覆盖度低于50%时应及时采取复壮措施；若目的草覆盖度低于30%时应考虑更新。

草坪复壮的主要手段是剔除杂草、增加灌水、增施肥料。覆盖度低的局部地段应补播或补种。

草坪更新的关键措施是多年恶性杂草的清除（若更换草种，则应对前茬草种视作恶性杂草）；为达到清除目的，可使用灭生性除草剂。

第六节 攀缘植物种植设计

攀缘植物是我国园林景观设计中常用的植物材料，无论是富丽堂皇的皇家园林景观，还是玲珑雅致的私家园林景观，都不乏攀缘植物的应用。当前，由于城市园林景观绿化的用地面积越来越少，充分利用攀缘植物进行垂直绿化是拓展绿化空间、增加城市绿化量、提高整体绿化水平、改善生态环境的重要途径。

一、攀缘植物的作用与分类

（一）攀缘植物的作用

我国的观赏攀缘植物历来享有很高声誉：刚劲古朴，蟠如盘龙的紫藤在融融春日"绿蔓浓荫紫轴垂"，花香袭人；忍冬，岁寒犹绿，经冬不凋，花开之时，黄白相映；至于花团锦簇、婉丽浓艳的蔷薇，凌云直上、花如金钟的凌霄，叶色苍翠、潇洒自然的常春藤、络石和果形奇特的葫芦、苦瓜等都是著名园林景观观赏植物中的攀缘植物，目前在国外十分流行的花大色艳的铁线莲原种也大半在我国。

攀缘植物还具有各种经济价值。葡萄、金银花、使君子、何首乌、罗汉果、五味子、南蛇藤、薯蓣等，都具有很好的药用价值。

在蔬菜、瓜果、淀粉类植物中，也不乏攀缘植物。以葛藤为例，不仅可以提供淀粉，而且是保持水土的领先植物。有些攀缘植物还是工业用油、制栲胶、制染料等方面的重要原料。

在城市绿化中，攀缘植物用作垂直绿化材料，或屋内布置，更具有独特的作用。

（二）攀缘植物的分类

英国伟大的生物学家达尔文根据攀缘植物攀缘情况，将其分成四大类型。①

1.缠绕植物

不具特殊的攀缘器官，而是依靠自己的主茎，缠绕着其他物体向上生长。它们缠绕的

① 宋广莹，尚君．园林规划与景观设计 [M]. 天津：天津科学技术出版社，2018.

方向，有向右旋的，如啤酒花、莓草等；向左旋的，如紫藤、牵牛花等；另有左右旋的，如何首乌等。

2.攀缘植物

具有明显特殊的攀缘器官，如特殊的叶、叶柄、卷须枝条等，利用特殊攀缘器官，把自身固定在其他物体上而生长，如葡萄、铁线莲、丝瓜、葫芦等。

3.钩刺植物

在其体表着生向下弯曲的镰刀状逆刺，钩附在其他物体上面向上生长，如木香、野蔷薇等。

4.攀附植物

植物的节上，长出许多能分泌胶状物质的气生不定根，或产生能分泌黏胶的吸盘，吸附在其他物体上，不断向上攀缘，如爬山虎、扶芳藤等。

除以上分类法外，也有按其茎干木质化的程度，分为草本攀缘植物、木本攀缘植物；也有按落叶与否而分为落叶攀缘植物、常绿攀缘植物；还有按其观赏部位分为观花攀缘植物、观叶攀缘植物、观果攀缘植物等。

二、攀缘植物的室外应用

（一）垂直绿化

垂直绿化是指利用攀缘植物来美化建筑物的一种绿化形式，由于这种绿化是向立面发展的，所以称作垂直绿化。

1.垂直绿化的特点

因为垂直绿化是通过攀缘植物来实现的，故垂直绿化的特点实质上也反映出攀缘植物自身的特点，主要有四点。

第一，攀缘植物攀附于建筑物上，能随建筑物的形体变化而变化。

第二，不占地或少占地，凡是地面空间狭小，不能栽植乔木、灌木的地方，都可栽上攀缘植物。

第三，要有依附物才能向上生长，攀缘植物又称作悬挂植物，它的本身不能直立生长，只有用它的特殊器官如吸盘、卷须、钩刺、气生根、缠绕茎等，依附支撑物如架子、墙壁、枯木、灯柱等才能生长。在没有支撑物的情况下，只能匍匐或垂挂伸展。

第四，繁殖容易，生长迅速，管理比较粗放。

2.垂直绿化的优点

第一，屋内降温。

第二，美化街坊。攀缘植物可以借助城市建筑物的高低层次，构成多层次、多变化的绿化景观。

第三，遮阴纳凉。公共绿地或专用庭院，如果用观花、观果、观叶的攀缘植物来装饰花架、花亭、花廊等，既丰富了园景，也是夏季遮阴纳凉的场所。

第四，遮掩建筑设施。城市的公共厕所、简易车库、候车亭、电话亭、售货亭或传达室等，可用攀缘植物遮盖这些建筑物，美化环境。

第五，生产植物产品。栽植攀缘植物除具有社会效益、环境效益，还有经济效益。

（二）墙面绿化

利用攀缘植物装饰建筑物墙面称为墙面绿化。这类攀缘植物基本上都属于攀附攀缘植物。因其茂密的枝叶，能起到防止风雨侵蚀和烈日曝晒的作用，就好像给墙面披上了绿色的保护服。墙面绿化以后，还能创造一个凉爽舒适的环境。经测定，在炎热季节，有墙面绿化的室内温度比没有墙面绿化的要低2℃～4℃。

适于作墙面绿化的攀缘植物品种很多，如常春藤、薜荔终年翠绿，五叶地锦、扶芳藤入秋叶色橙红，凌霄金钟朵朵，络石飘洒广泛运用墙面绿化，对于人口和建筑密度较高的城市，是提高绿化覆盖率，创造较好的生态环境，发展城市绿化的一条途径。目前墙面绿化常用的树种有薜荔、凌霄、络石、爬山虎、青龙藤、常春藤、扶芳藤、五叶地锦。

1.墙面类型

在目前国内城市中常用的墙面主要有水泥拉毛墙面、水泥粉墙面、清水砖墙面、石灰粉墙面、油漆涂料墙面及其他装饰性墙面等。

为了创造良好的生态环境，保护建筑物的使用寿命，推广墙面绿化，研究创制相应的墙面，应是建筑材料和绿化部门共同探讨的课题。

2.墙面朝向

建筑物墙面朝向各不相同。一般南向和东向光照较充足，北向和西向光照较少，有的建筑之间间距近，即使南向墙面也光照不足，因此必须根据具体情况，选择不同生活习性的攀缘植物，如朝阳的墙面，可选种爬山虎、凌霄、青龙藤等；背阳的墙面可选种常春藤、薜荔、扶芳藤等。

3.墙面咼度

根据攀缘植物攀缘能力选择树种。高大建筑物，可选种爬山虎、五叶地锦、青龙藤等；较矮小的建筑物，可种植扶芳藤、常春藤、薜荔、络石和凌霄等。

4.种植形式

地栽：将攀缘植物直接种在墙边的地上，有条件的地方，应尽量采用，因为土层深厚，有利于攀缘植物的生长。为了尽快收到绿化效果，种植株距为50～100cm，当年生长速度快，而向两旁分枝较少，如养护管理得当，当年可长到8m多，单株覆盖面积达8～

9m²。如果建筑物周围有明沟，则可以把攀缘植物种在明沟外侧，让攀缘植物越过明沟再伸向墙面。

容器栽：分种植槽栽和盆（缸）栽。容器栽植必须注意两个问题，一是容器底部应有排水孔，二是要有机质含量高。

沿街人行道旁，因人行道狭窄不能建街道绿地，可在围墙外去掉50cm水泥板，调土种植攀缘植物，可起到乔灌木所不能起到的作用，它不仅能扩大绿化覆盖面积，还美化了街景。

墙内种植向墙外垂挂：若围墙外无种植条件，也可在墙内种植，让攀缘植物由墙内向墙外垂挂，体现了墙内种花墙外香，“一枝红杏出墙来”的意境。

随着垂直绿化的发展，目前有些城市还利用攀缘植物，进行墙面艺术造型，使墙面绿化有了进一步发展。

为了帮助攀缘植物紧贴墙面，可采用骑马钉、橡皮胶固定，也可用竹竿、铅丝拉网固定，等藤蔓吸牢墙面后，便可拆除。

（三）阳台绿化

阳台是建筑立面上重点装饰的部位，阳台的绿化必须考虑建筑立面的总设计意图与美化街景的任务。故阳台的绿化也是建筑和街道绿化的一部分，最好由建筑部门和园林景观设计部门统一考虑其阳台绿化的类型。如苏联从建筑设计要求出发进行阳台的攀缘植物绿化。

另外，阳台又是居住空间的扩大部分，故要满足各住户对阳台使用功能和绿化上的要求。如生活阳台大多位于南面或临街，此种阳台的绿化主要应按主人的喜爱和街景的艺术美考虑，而朝西或朝北阳台，夏天受炎热的西晒，冬天又受西北寒风的吹袭，此种阳台的绿化主要应从防西晒、防寒风方面来考虑。

用攀缘植物绿化阳台常采用的构图形式有以下几种。

1.平行垂直线构图

垂直线一般给人以沉着、稳定、庄重之感，它可以将一排主要的形象展示给人们。在夏季西晒严重的阳台上，采用此种形式更为适宜。

2.平行水平线构图

水平线可使画面情绪产生抑制作用，当这种水平线成为构图的基本形式时，体现了安宁、平静的意境。此种形式适宜于朝向较好的生活阳台。

该种形式对伸向建筑外部的晒衣问题有些影响，但对不伸向建筑外部的晒衣毫无影响。

（四）斜线构图

斜线给人动势感，如疏密交错布置得好，则气氛显得很活跃。

为了达到不同的绿化效果，攀缘植物要靠各种牵引才能生长良好。常用牵引方法有三种：第一种，是采用简单易得的建筑材料做成各种适宜的棚架形式进行绿化，使攀缘植物能按人们的设计要求生长。此种牵引方法对一些自身攀缘能力较弱的植物更为适宜。

第二种，是以绳作牵引的方法，人们可按自己的意愿任意牵引植物枝蔓，也可用绳将底楼的枝蔓牵引到二楼、三楼或更高的阳台上，丰富整幢建筑物的立面。

第三种，是依靠植物本身的攀缘能力和阳台的结构。

以上各种构图形式和牵引方法都必须根据艺术构图的要求和植物的不同习性因地制宜地加以选用。

阳台绿化的植物材料选择要根据阳台的立地环境，选择能适应这些条件生长的植物。

由于阳台风大，因而不宜选择枝叶繁茂的大型木本攀缘植物，应选择一些中小型的木本攀缘植物或草本攀缘植物；由于阳台蒸发量大，较燥热，故要选择抗旱性强、管理较粗放的植物品种：由于阳台土层浅而少，应选择水平根系发达的非直根性植物。应该根据主人的喜好和墙面等周围环境的色彩、空间的大小来选择适宜的植物品种。

目前常用的木本攀缘植物有地锦、葡萄、凌霄、常春藤、金银花、十姐妹、攀缘月季等；草本植物常用的有牵牛、茑萝、丝瓜、扁豆、北豆、香豌豆等。

（五）棚架绿化

攀缘植物在棚架所决定的空间范围内生长称为棚架绿化。棚架绿化能充分利用空间，如路面、水面、车棚、杂物堆场上面的棚架。建在建筑物门窗向阳处的棚架能代替遮荫棚遮挡烈日。公园、街道绿地和庭院中的棚架往往既是整体组成中的重要园林景观，又是休憩场所。

1.棚架类型

有观赏和生产两种类型。生产型棚架主要从经济效益考虑；观赏型棚架则除此要求外，还要讲究造型新颖、美观、色彩调和，并要有一定观赏价值。

2.棚架设置地点和树种选择

公园、开放式街头绿地以及城市和各种单位的屋顶、阳台、窗台、门口、路面、里弄庭院、露天扶梯、车棚、堆场都可以搭棚架。棚架材料、形式和树种要根据不同地点的具体状况加以选择。

常用的观赏性棚架攀缘植物如紫藤、木香、凌霄、藤本蔷薇、捞猴桃、油麻藤、金银花、葡萄、三角花以及一年生草本有牵牛花、茑萝、瓜类、扁豆等，同一棚架也可选用木本和草本攀缘植物混种，沈阳南湖公园绮芳园内棚架绿化，就选用了葡萄、牵牛花、五叶地锦等几种藤本植物，将远期和近期相结合，从而一年四季有季相变化，观赏效果很好。

车棚、堆场等处的棚架有遮蔽丑陋的作用，因此可选用枝叶较茂密的常绿攀缘植物，木香、常绿油麻藤、藤本三七树效果都较好。

门窗外的框架式棚架种植的攀缘植物既要遮挡夏季的烈日，又要使其他季节能够接收足够的阳光，应选耐修剪的木本攀缘植物或一年生草本攀缘植物，如葡萄、金银花、茑萝、牵牛花、丝瓜和扁豆等。

若是为了结合生产或观果，可种植葡萄、凌霄、猕猴桃、金银花、瓜类、豆类等品种。

3.种植形式

分地栽和容器栽两种。

（六）篱笆与围墙绿化

篱笆和围墙主要是除了分隔庭院外，还有防护作用。不论竹篱笆或金属网眼篱笆，都可选用攀缘植物来装饰美化。云实、木香、金银花、常春藤、藤本月季、藤本蔷薇等都是常用的木本攀缘植物，一二年生攀缘植物如茑萝、牵牛花以及豆类、瓜类等品种，见效快，但冬季植株枯黄后，篱笆显得单调。

目前，透空围墙的应用日益增多，这种围墙可以内外透视，美化街景。如在墙旁种植攀缘植物，株距要稍大一些，以3～4m为宜，品种可选用开花常绿的攀缘植物，这样既不影响内外透视效果，又美化了透空围墙、点缀了街景。

栏杆绿化：

为了保护、美化绿地，往往设置高低不同的栏杆、阳台、晒台和屋顶护栏。

利用栏杆种植攀缘植物要根据不同情况分别对待。目前使用的栏杆结构有竹木栏杆、金属栏杆、链索栏杆、水泥栏杆等。

装饰性矮栏杆高度一般在50cm以下，设计有美丽的花纹和图案，这类栏杆不宜种植攀缘植物，以免影响原有装饰。

保护性高栏杆一般在80cm以上，如结构粗糙的水泥栏杆，陈旧的金属栏杆，阳台、晒台栏杆等。

栏杆上适当攀附攀缘植物后，增加了空间绿化层次，使围栏具有生气。围栏边可选用常绿开花多年生攀缘植物，如金银花、常春藤、藤本蔷薇、藤本三七等，同时可选用一年生攀缘植物如茑萝、牵牛花等。

需要注意的是金属栏杆因经常需要重刷油漆，以种植一年生攀缘植物为好。

（七）护坡绿化及其他

由植物材料来保护坡面，称作护坡绿化。攀缘植物是护坡绿化的好材料，这在我国著名山城——重庆表现很突出。在城市马路旁的陡坡上栽植藤本三七、爬山虎等覆盖表土或岩石，能起到良好的水土保持和美化作用，当地称为堡坎绿化。

络石、常春藤等攀缘植物在公园或风景区的河堤旁栽植，作为地被植物覆盖堤岸，也十分美观。

公园园林景观绿地中人工堆砌的岩石假山，常以肥藤植物加以点缀，能获得仿照自然而胜于自然的效果。国外有的地方把攀缘植物用于庭园灯柱的绿化装饰，但需要人工严格修剪控制，否则会影响灯光的照明度。

三、攀缘植物的屋顶绿化应用

（一）攀缘植物的屋顶绿化形式

1.平铺式布置

用攀缘植物作覆盖植物栽培，不需要在屋顶全面铺培养土，只需视屋顶的面积大小、分散放置几只陶缸，或选择屋顶坡面的高部位砌筑几个种植槽，高度不超过35cm，种植数株紫藤、凌霄、薜荔、爬山虎、五叶地锦等攀缘植物，由人工诱导枝蔓匍匐伸展方向，3～5年就能覆盖整个屋顶，但落叶容易堵塞落水口，应注意及时清理。

2.篱壁式布置

一般屋顶采用生产型攀缘植物的种植比较适宜。

3.棚架式布置

用攀缘植物来装饰屋顶的花架、亭、廊等。也有的在屋顶设棚搭架栽培生产葡萄、猕猴桃。

屋顶棚架栽培与地面要求有所不同，屋顶棚架要考虑到屋顶荷载和风害，因此，架材要轻、架面要矮、绑蔓要牢。

4.盆栽式布置

也多以生产为目的，最常用的是蔓性果木类如葡萄、猕猴桃等。盆栽藤本果木均需在盆内搭设简单支架，人工引缚使其攀附生长，均匀地接受阳光雨露。

5.垂挂式布置

以攀缘植物来覆盖屋顶的女儿墙或商店的雨篷，让枝蔓垂挂于外可以美化街景、增加建筑物的绿化气氛。除凌霄、木香、紫藤、野蔷薇等木质藤本植物外，种植扁豆、丝瓜、葫芦、瓠瓜、牵牛花、红花菜豆等草质藤本植物也很适合。

（二）攀缘植物的材料选择

屋顶绿化的藤本植物选择原则，从观赏角度的要求而言，有些与地面绿化相同，例如草本与木本同等重要；要以观花、观果的藤本植物为主；同一架面上可选择一种攀缘植物，也可选用几种屋顶绿化类型。屋顶绿化类型可分为封闭型与开放型，封闭型屋顶绿化又可分为地毯式和种植式。建筑结构较差时，除管理人员外，其他人均不得进入。开放型是指屋顶花园，建筑结构好，可公开供人们登高游览。同时，季相不同的植物不能混栽。

由此可知，屋顶栽培的有利条件是：光照好、温差大、湿度小、病害少。不利条件是土层薄、植物赖以生长发育的营养体积小（虽然单位体积养分高），而且易受干旱，易遭风害，夏季易受日灼，冬季易受冻害，因此在管理上比地面栽培要求高，风险也较大。

根据上述屋顶栽培的生态环境，在选择攀缘植物材料时，必须考虑具备相适应的生态习性。

1.喜光照

因屋顶的日照比地面强，故要选择阳性攀缘植物。例如葡萄，是无光不结实的果树，较适宜于屋顶栽培。紫藤也是这样，光照好的地方，花多荚多；光照不足，花芽分化不良，甚至枝叶暗淡，缺少光泽。其他如凌霄、薜荔、木香、木通、鸡血藤、丝瓜、牵牛花、扁豆、葫芦、茑萝、金银花、油麻藤、攀缘蔷薇等均属于阳性植物。阳性偏阴植物如爬山虎、猕猴桃、五叶地锦等，在屋顶上也能良好生长。至于适宜生长于蔽荫环境中的阴性植物如常春藤、络石、石血、南五味子等，在光照充足的屋顶反而生长不良。

2.抗风能力强

这里指的抗风能力强弱，主要是以风吹折或叶片吹破、吹落的程度来确定。由于攀缘植物的茎一般具有较强的韧性，故通常抗风能力较强。但抗风能力的大小，各植物种之间还是有很大差别。例如草质藤本植物的抗风能力明显低于木质藤本植物；同为木质藤本植物，常绿树种的叶片较厚、质地较坚硬，比叶片较薄、质地柔韧的落叶攀缘树种抗风能力强；具有缠绕习性和攀缘习性的攀缘植物的抗风能力强；枝蔓韧性差，叶片大的葡萄植株，当新梢未木质化之前很容易受风害折枝，或者叶片被大风吹破吹落，而油麻藤、薜荔、木香等则不会发生类似情况。

第七节　水生植物种植设计

园林景观绿化中的水面，不仅起到调节气候，解决园林景观中蓄水、排水、灌溉问题，并能为开展多种水上活动创造良好条件。

有了水面就可栽种水生植物。水生植物的茎叶花果都有观赏价值，种植水生植物可打破水面的平静，为水面增添情趣；可减少水面蒸发，改进水质。水生植物生长迅速，适应性强，栽培粗放，管理省工，还可提供一定的副产品，有些可作为蔬菜和药材，如莲藕、慈姑、菱角等，有的则可提供廉价的饲料，如水浮莲等。

一、水生植物的分类

根据水生植物的生活方式与形态的不同，一般将其分为以下几大类。①

（一）挺水型水生植物

挺水型水生植物植株高大，花色艳丽，绝大多数有茎、叶之分，直立挺拔，下部或基部沉于水中，根或地茎扎入泥中生长发育，上部植株挺出水面。挺水型植物种类繁多，常见的有荷花、菖蒲、香蒲、慈姑、千屈菜、黄花鸢尾等。

（二）浮叶型水生植物

浮叶型水生植物的根状茎发达，花大，色艳，无明显的地上茎或茎细弱不能直立，而它们的体内通常贮藏有大量的气体，使叶片或植株能漂浮于水面上。常见种类有睡莲、王莲、萍蓬草、关实、药菜等，种类较多。

（三）漂浮型水生植物

漂浮型水生植物种类较少，这类植株的根不生于泥中，株体漂浮于水面之上，随水流、风浪四处漂泊，多数以观叶为主，为池水提供装饰和绿化。又因为它们既能吸收水里的矿物质，同时又能遮蔽射入水中的阳光，所以也能够抑制水藻的生长。漂浮植物的生长

① 祝遵凌．园林植物景观设计 [M]. 北京：中国林业出版社，2019.

速度很快，能更快地为水面提供遮盖装饰。但有些品种生长、繁衍得特别迅速，可能会成为水中一害，如水葫芦等，所以需要定期清理出一些，否则它们就会覆盖整个水面。另外，也不要将这类植物引入面积较大的池塘，因为将这类植物从大池塘中除去会非常困难。

（四）沉水型水生植物

沉水型水生植物的根茎生于泥中，整个植株沉入水体之中，通气组织特别发达，利于在水中空气极度缺乏的环境中进行气体交换。叶多为狭长或丝状，植株的各部分均能吸收水中的养分，而在水下弱光的条件下也能正常生长发育。但对水质有一定的要求，因为水质会影响其对弱光的利用。特点是花小、花期短，以观叶为主。它们能够在白天制造氧气，有利于平衡水中的化学成分和促进鱼类的生长。

（五）水缘植物

这类植物生长在水池边，从水深23cm处到水池边的泥里都可以生长。水缘植物的品种非常多，主要起观赏作用。种植在小型野生生物水池边的水缘植物，可以为水鸟和其他光顾水池的动物提供藏身的地方。在自然条件下生长的水缘植物可能会成片蔓延，不过，移植到小型水池边以后，只要经常修剪并用培植盆控制其根部的蔓延，就不会有什么问题。一些预制模的水池带有浅水区，是专门为水缘植物预备的。当然，也可以将种植在平底培植盆里的植物，直接放在浅水区域。

（六）喜湿性植物

这类植物生长在水池或小溪边沿湿润的土壤里，但是根部不能浸没在水中。喜湿性植物不是真正的水生植物，只是它们喜欢生长在有水的地方，根部只有在长期保持湿润的情况下才能旺盛生长。常见的有樱草类、玉簪类和落新妇类等植物，另外还有柳树等木本植物。

二、水生植物的种植设计造景要求

水生植物与环境条件中关系最密切的是水的深浅，运用水生植物应注意：

（一）水生植物的种类

1.挺水植物（如千屈菜、荷花、芦苇）

它们的根浸在泥中，植物直立挺出水面，大部分生长在岸边沼泽地带。因此在园林景观设计中宜将这类植物种植在既不妨碍游人水上活动，又能增进岸边风景的浅岸部分。

2.浮水植物（如睡莲、浮萍）

它们的根生长在水底泥中，但茎并不挺出水面，只有叶漂浮在水面上。这类植物自沿岸浅水到稍深1m左右的水域中都能生长。

3.漂浮植物（如水浮莲、浮萍）

全株漂浮在水面或水中。这类植物大多生长迅速，繁殖速度快，能在深水与浅水中生长。宜布置在静水中，做平静观赏水面的点缀装饰。

（二）水生植物面积大小

在水体中种植水生植物时，不宜种满一池，使水面看不清倒影，而失去水景扩大空间的作用和水面平静的感觉。

（三）水生植物的位置选择

不要集中一处，也不能沿岸种满一圈。应有疏有密、有断有续地布置于近岸，以便游人观赏姿容，同时丰富岸边景色变化。

（四）考虑倒影效果

在临水建筑、园桥附近，水生植物的栽植不能影响岸边景物的倒影效果，应留出一定水面空间成景便于观赏。

（五）水生植物的配植

因景而异。单纯成片种植：较大水面结合生产单种荷花或芦苇等形成宏观效果。几种混植：常形成观赏为主的水景植物布置。无论是单一，还是混交几种植物，根据水面大小，均可孤植、列植、带植、丛植、群植、片植等多种形式配植。

（六）水下设施的安置

为了控制水生植物的生长，常需在水下安置一些设施。

1.水下支墩（砖石、山石）

水深时在池底用砖、石或混凝土做支墩，然后把盆栽的水生植物放置在墩上，满足对水深的要求。其适用于小水面，水生植物数量较少的情况。

2.栽植池

大面积栽植可用耐水湿的建筑材料作水生植物栽植池，把种植地点围范起来，填土栽种。

3.栽植台

规则式水面、规则式种植时，常用混凝土栽植台。按照水的不同深度要求及排列栽植形式分层设置，组合安排后放置盆栽植物。

水浅时可直接在水中放置盆栽或缸栽植物。

三、水生植物景观营建

水是构成园林景观、增添园林美景的重要因素。纵观当今许多园林景观设计与建设，无一不借助自然的或人工的水景，来提高园景的档次和增添实用功能。各类水体的植物配植不管是静态水景，还是动态水景，都离不开花木来创造意境。

（一）水边植物配植的艺术构图

我国景观设计中自古水边主张植以垂柳，造成柔条拂水，同时在水边种植落羽松、池松、水杉及具有下垂气根的小叶榕等，均能起到线条构图的作用。但水边植物配植切忌等距种植及整形或修剪，以免失去画意。在构图上，注意应使用探向水面的枝、干，尤其是似倒未倒的水边大乔木，以起到增加水面层次和富有野趣的作用。

（二）驳岸的植物配植

岸分土岸、石岸、混凝土岸等，其植物配植原则是既能使山和水融为一体，又能对水面的空间景观起主导作用。

土岸边的植物配植，应结合地形、道路、岸线布局，使其有近有远、有疏有密、有断有续、曲曲弯弯，自然有趣。石岸线条生垂柳和迎春，让其细长柔和的枝条下垂至水面，并遮挡石岸，同时配以花灌木和藤本植物，如变色鸢尾、黄菖蒲、燕子花、地锦等来做局部遮挡（忌全覆盖和不分美、丑），增加活泼气氛。

（三）水面植物配植

水面景观低于人的视线，与水边景观呼应，加上水中倒影，最宜观赏。

水中植物配植用荷花，以体现“接天莲叶无穷碧，映日荷花别样红”的意境。但若岸边有亭、台、楼、阁、榭、塔等园林建筑景观时，或设计种有优美树姿、色彩艳丽的观花、观叶树种时，则水中植物配植切忌拥塞，而应留出足够空旷的水面来展示岸边倒影。

（四）堤、岛的植物配植

堤、岛的植物配植，不仅增添了水面空间的层次，而且丰富了水面空间的色彩，使倒影成为主要景观。岛的类型很多，大小各异。环岛以柳为主，间植侧柏、合欢、紫藤、紫薇等乔灌木，疏密有致，高低有序，增加层次，具有良好的引导功能。另外用一池清水来扩大空间，打破郁闭的环境，创造自然活泼的景观，如在公园局部景点、居住区花园、屋顶花园、展览温室内部、大型宾馆的花园等，都可建植小型水景园，配以水际植物，造就清池涵月的图画。

四、常见的水生植物

（一）湿生植物

有旱柳、垂柳、棉花柳、沙柳、蒿柳、皂柳、小叶杨、辽杨、沙地柏、圆柏、侧柏、水杉、楝、枫杨、白蜡树、连翘、榆、裂叶榆、榔榆、樱花、杜仲、栾树、木芙蓉、木槿、夹竹桃、爬山虎、葡萄、紫藤、紫穗槐、柽柳、毛茛、水葫芦苗、长叶碱毛、沼生柳叶、柳叶菜、毛水苏、华水苏、薄荷、陌上菜、婆婆纳、豆瓣菜、水毛花、扁秆藨草、水莎草等。

（二）挺水植物

有水葱、芦苇、慈姑、宽叶泽苔草、泽泻、荷花、千屈菜、香蒲、鸭舌草、雨久花、菖蒲、梭鱼草、稻、水笔仔、水仙、水芹菜、茭白笋、芋、田字草、蘖养、荆三棱、针蔺、水烛、伞莎草、宽叶香蒲等。

（三）浮水植物

有浮萍、水葫芦、睡莲、芡实、王莲、萍蓬草、凤眼莲、若菜、莕菜、黄花狸藻、浮水蕨、龙骨瓣若菜等。

（四）沉水植物

有金鱼藻、水车前等。

第十一章　园林植物肥水管理与整形修剪

第一节　园林植物的肥水管理

一、园林植物的施肥管理

园林植物的生长需要不断从土壤中吸收营养元素，而土壤中含有营养元素的数量是有限的，势必逐渐减少，所以必须不断地向土壤中施肥，以补充营养元素，满足园林植物生长发育的需要，使园林树木生长良好。

（一）植物生长所需元素与缺素症

除碳、氢、氧以外，还有氮、磷、钾、钙、镁、硫、铁、铜、硼、锌、锰、钼、氯等13种元素是植物生长发育必不可少的。植物一旦缺少这些元素就会表现出相应的症候，即植物的缺素症。

（1）缺氮

植物黄瘦、矮小；分蘖减少，花、果少而且易脱落。由于氮元素可以从老叶转移到新叶重复利用，所以会出现老叶发黄，植株则表现为从下向上变黄。相反，如果氮元素过量也会引起植物徒长，表现为节间伸长，叶大而深绿，柔软披散，茎部机械组织不发达，易倒伏。

（2）缺磷

细胞分裂受阻，幼芽、幼叶停长，根纤细，分蘖变少，植株矮小，花果脱落，成熟延缓，叶片呈现不正常的暗绿色或紫红色。由于磷元素也可以移动，老叶最先出现受害状。相反，如果磷元素过量，也会有小斑点，是磷沉淀所致。还可以引起缺锌、缺硅，禾本科缺硅易倒伏。

（3）缺钾

茎柔弱，易倒伏；抗旱和抗寒能力降低；叶片边缘黄化、焦枯、碎裂；叶脉间出现坏死斑点，也是最先表现于老叶。

（4）缺钙

幼叶呈淡绿色，继而叶尖出现典型的钩状。随后死亡。

（5）缺镁

叶片失绿，叶肉变黄，叶脉仍呈明显的绿色网状，与缺氮有区分。

（6）缺硫

幼叶表现为缺绿，均匀失绿，呈黄色并脱落。

（7）缺铁

幼叶失绿发黄，甚至变为黄白色，下部老叶仍为绿色。若土壤中铁元素丰富，植物还是表现出缺铁症状，可能是由于土壤呈碱性，铁离子被束缚。

（8）缺硼

受精不良，籽粒减少，根、茎尖分生组织受害死亡。如苹果的缩果病。

（9）缺铜

叶子生长缓慢，呈蓝绿色，幼叶失绿随即发生枯斑，气孔下形成空腔，使叶片蒸发枯干而死。

（10）缺钼

叶片较小，脉间失绿，有坏死斑点，叶缘焦枯向内卷曲。

（11）缺锌

苹果、梨、桃易发生小叶病，且呈丛生状，叶片出现黄色斑点。

（12）缺锰

叶脉呈绿色而脉间失绿，与缺铁症状有区分。

（13）缺氯

叶片萎蔫失绿坏死，最后变为褐色，根粗短，根尖呈棒状。

（二）肥料的种类

1.有机肥

有机肥来源广泛、种类繁多，常用的有堆沤肥、粪尿肥、厩肥、血肥、饼肥、绿肥、泥炭和腐殖酸类等。有机肥料的优点是，不仅可以提供养分还可以熟化土壤；缺点是虽然成分丰富但有效成分含量低，施用量大而且肥效迟缓，还可能给环境带来污染。

2.无机肥

无机肥即通常所说的化肥。按其所含营养元素分为氮肥、磷肥、钾肥、钙肥、镁肥、微量元素肥料、复合肥料、混合肥料、草木灰和农用盐等。无机肥料的优点是，所含特定营养元素充足，不仅用量少而且肥效快；缺点是肥分单一，如果长期使用会破坏土壤结构。

3.微生物肥

微生物肥也叫作菌肥或接种剂。确切地说它不是肥，因为它自身并不能被植物吸收利用，但是向土壤施用菌肥会加速熟化土壤，使土壤中的有效成分利于植物吸收；还有一些菌肥如根瘤菌肥料、固氮菌肥料可与植物建立共生关系，帮助植物吸收养分。针对不同种类的肥料特点，人们已经总结出很多行之有效的使用方法和经验。

（三）施肥原则

（1）根据树木种类合理施肥。

生长快、生长量大需肥多。

（2）根据生长发育阶段合理施肥。

休眠期需肥少，营养生长需氮肥，生殖生长需磷、钾肥。

（3）根据树木用途合理施肥。

观形、观叶需氮肥；观花、观果需磷、钾肥。

（4）根据土壤条件合理施肥。

水少施肥难吸收，水多会流失肥料。

（5）根据气候条件合理施肥。

低温难吸收，干旱缺硼、磷、钾，多雨缺镁等。

（6）根据营养诊断合理施肥。

植物缺什么元素，补什么元素肥料。

（7）根据养分性质合理施肥。

有机肥提前施入，化肥深施，复合配方施肥。

（四）常用的施肥方法

1.基肥

基肥分为秋施和春施，草本植物一般在播种前一次施用；而木本植物还需要定期施用。方法是将混合好的肥料（有机肥为主，但一定要腐熟，还可以掺入化肥和微生物肥料）深翻或者深埋进土壤中根系的下部或者周围，但不要与根直接接触，以防“烧根”。

2.追肥

追肥是在植物生长季施用，应配合植物的生理时期进行合理补肥。一般使用速效的化学肥料，要掌握适当浓度以免“烧根”。生产上常常使用“随施随灌溉”的方法。

3.根外追肥

根外追肥也叫叶面喷肥，一定要控制施肥的浓度。根据叶片对肥料的吸收速度不同，一般配制时较低，吸收越慢的浓度也越低。防止吸收过程中肥料浓缩产生肥害，一般下午施用。常用的叶肥有磷酸二氢钾、尿素、硫酸亚铁等。以树木的施肥为例。树木是多年生植物，长期向周围环境吸收矿质养分势必导致营养成分的缺失。另外，由于土壤条件的变化也可能给树木吸收肥料带来很大阻力，所以适当施肥必不可少。首先根据树木的生命规律确定合理的施肥时机。由于根是最重要的吸收器官，所以根系的活动高峰也是树木吸收肥料的高峰。

对于落叶树木而言，根系活动在一年中有三个明显的高峰期。即树液流动前后的春季；新梢停长的夏季或秋季，此时往往出现一年中的最高峰；还有树液回流、落叶前后的秋季。对常绿树木而言，由于冬季温度较低，所以根系活动最旺盛的时期也在春、夏、秋三季。由于树木种类繁多，难以确定具体的施肥时机，但是树木生长的更迭是有规律的，所以需要根据形态指标法确定各种树木的需肥时机。

春季树液开始流动。树木枝条开始变柔软，有水分，一些树木有伤流发生。在此之前的1个月内如果土壤解冻就可以施用基肥了。

夏季新梢停长，大量营养回流根部建立新根系。此时可以观察到节间不再伸长，顶芽停止生长。另外，此时期也是花芽、果实发展的重要时期，应视树情追施氮肥和磷、钾肥。

秋季最明显的标志是树木开始落叶，此时是秋季施用基肥的最佳时期。值得注意的是基肥要腐熟、深埋，在树冠投影附近采用条状沟、放射沟等方法，施后覆土。树木的用肥量，要结合树势、气候条件和土壤肥力。一般按经验施肥，即看树施肥，看土施肥；基肥量大于落叶、枯枝、产果总量；弱树追肥要少量多次。

（五）施肥注意事项

1.由于树木根群分布广，吸收养料和水分全在须根部位，施肥要在根部的四周，不要靠近树干。

2.根系强大，分布较深远的树木，施肥宜深，范围宜大，如油松、银杏、臭椿、合欢等；根系浅的树木施肥宜较浅，范围宜小，如法桐、紫穗槐及花灌木等。

3.有机肥料要充足发酵、腐熟，切忌用生粪，且浓度宜稀；化肥必须完全粉碎成粉状，不宜成块施用。

4.施肥（尤其是追化肥后），必须及时适量灌水，使肥料渗入土内。

5.应选天气晴朗、土壤干燥时施肥。阴雨天由于树根吸收水分慢，不但养分不易吸收，而且肥分还会被雨水冲失，造成浪费和水体富营养。

6.沙地、坡地、岩石易造成养分流失，施肥要深些。

7.氨肥在土壤中移动性较强，所以浅施即可渗透到根系分布层内，被树木吸收；钾肥的移动性较差，磷肥的移动性更差，宜深施至根系分布最多处。

8.基肥因发挥肥效较慢应深施，追肥肥效较快，则宜浅施，供树木及时吸收。

9.叶面喷肥是使肥料通过气孔和角质层进入叶片，而后运送到各个器官，一般幼叶较老叶吸收快，叶背较叶面吸水快，吸收率也高。所以，实际喷肥时一定要把叶背喷匀喷到，使之有利于树干吸收。

10.叶面喷肥要严格掌握浓度，以免烧伤叶片，最好在阴天或上午10时以前和下午4时以后喷施，以免气温高，溶液很快浓缩，影响喷肥或导致药害。

11.园林绿化地施肥，在选择肥料种类和施肥方法时，应考虑到不影响市容卫生，散发臭味的肥料不宜施用。

（六）花卉追肥技术

花卉栽培需要及时追施肥料，其追肥方式多种多样。但不同的方法各有利弊，应根据花卉生长的不同情况，合理选用。

1.冲施

结合花卉浇水，把定量化肥撒在水沟内溶化，随水送到花卉根系周围的土壤。采用这种方法，缺点是肥料在渠道内容易渗漏流失，还会渗到根系达不到的深层，造成浪费。优点是方法简便，在肥源充足、作物栽培面积大、劳动力不足时可以采用。

2.埋施

在花卉植物的株间、行间开沟挖坑，将化肥施入后填上土。采用这种办法施肥浪费少，但劳动量大、费工，还需注意埋肥沟坑要离作物茎基部10cm以上，以免损伤根系。一般在冬闲季节、劳动力充足、作物生长量不大时可采用这种方法。在花卉生长高峰期也可采用此法，但为防止产生烧苗等副作用，埋施后一定要浇水，使肥料浓度降低。此方法在缺少水源的地方埋施后更应防烧苗。

3.撒施

在下雨后或结合浇水，趁湿将化肥撒在花卉株行间。此法虽然简单，但仍有一部分肥料会挥发损失。所以，只宜在田间操作不方便、花卉需肥比较急的情况下采用。在生产上，碳铵化肥挥发性很强，不宜采用这种撒施的方法。

4.滴灌

在水源进入滴灌主管的部位安装施肥器，在施肥器内将肥料溶解，将滴灌主管插入施肥器的吸入管过滤嘴，肥料即可随浇水自动进入作物根系周围的土壤中。配合地膜覆盖，肥料几乎不会挥发、损失，又省工省力，效果很好。但此法要求有地膜覆盖，并要有配套的滴灌和自来水设备。

5.插管渗施

这种施肥技术主要适用于木本、藤本等植物。在使用时应针对不同的植物对肥料的不同需求，选择不同的肥料配方。这种方法施肥操作简便，肥料利用率高，能有效地降低化肥投入成本。其插管制作方法是，取长20～25cm、直径2～3cm、管壁厚3～5mm的塑料管1根，将塑料管底部制成圆锥形，便于插入土中。在塑料管四周（含下端圆锥体）均匀钻成直径为1～2mm的小圆孔。塑料管的顶口部用稍大的塑料管制成罩盖，以防雨水淋入管内。渗施的方法是，插管制成后，可根据不同花卉对肥料元素需求的不同，将氮、磷、钾合理混配（一般按8：12：5的比例）后装入插管内，并封盖。然后将塑料管插入距花卉根部5～10cm的土壤中，塑料管顶部露出土壤3～5cm，以便于抽取塑料管查看或换装混配肥料。当装有混配化肥的塑料插管插入土壤后，土壤中的水分可通过插管的小圆孔逐渐渗入塑料管内将肥料分解。肥料分解物又可通过小圆孔不断向土壤中输送。

6.根外追肥

根外追肥即叶面喷肥，可结合喷药根外追肥。此法肥料用量少、见效快，又可避免肥料被土壤固定，在缺素明显和花卉生长后期根系衰老的情况下使用，更能显示其优势。除磷酸二氢钾、尿素、硫酸钾、硝酸钾等常用的大量元素肥料外，还有适于叶面喷施的大量元素加微量元素或含有多种氨基酸成分的肥料，如植保素、喷施宝、叶面宝等。花卉生长发育所需的基本营养元素主要来自基肥和其他方式追施的肥料，根外追肥只能作为一种辅助措施。

二、园林植物的水分管理

园林植物生长过程中离不开施肥、浇水等管理活动，水分管理能改善园林树木的生长环境，确保园林树木的健康生长及其园林功能的正常发挥。植物短期水分亏缺，会造成临时性萎蔫，表现为树叶下垂、萎蔫等现象，如果能及时补充水分，叶片就会恢复过来；而长期缺水，超过植物所能承受的限度，就会造成永久性萎蔫，即缺水死亡。而土壤水分过多，会导致根系窒息死亡。所以，应该调整好植物与土壤等环境的水分平衡关系。

（一）浇水量

植物种类不同，需浇水的量不同。一般来说，草本花卉要多浇水；木本花卉要少浇水。蕨类植物、兰科植物生长期要求丰富的水分；多浆类植物要求水分较少。同种植物不同生长时期，需浇水的量也不同。进入休眠期浇水量应减少或停止，进入生长期浇水量需逐渐增加，营养生长旺盛期浇水量要充足。开花前浇水量应予以适当控制，盛花期适当增多，结实期又需要适当减少浇水量。

同种植物不同季节，对水分的要求差异很大。春夏季干旱，蒸发量大，应适当勤浇、多浇，一般每周或3～4天浇1次；夏秋之交虽然高温，但降水多，不必浇得太勤；秋季植物进入生长后期，需水量低，可适当少浇水。对于新栽或新换盆的花木，第一次浇水应浇透，一般应浇两次，第一遍渗下去后，再浇1遍。用干的细腐叶土或泥炭土盆栽时，这种土不易浇透，有时需要浇多遍才行。碰到这种情况，最好先将土稍拌湿，放1～2天再盆栽。

（二）浇水时间

在高温时期，中午切忌浇水，宜早、晚进行；冬天气温低，浇水宜少，并在晴天上午10时左右浇水；春天浇水宜中午前后进行。每次浇水不宜直接浇在根部，要浇到根区的四周，以引导根系向外伸展。每次浇水，按照"初宜细、中宜大、终宜畅"的原则来完成，以免表土被冲刷。冬季，在土壤冻结前，应给花木浇足冻水，以保持土壤的墒情。在早春土壤解冻之初，还应及时浇足返青水，以促使花木的萌动。

（三）浇水次数

浇水次数应根据气候变化、季节变化、土壤干湿程度等情况而定。喜湿植物浇水要勤，始终保持土壤湿润；旱生植物浇水次数要少，每次浇水间隔期可隔数日；中生植物浇水要"见干见湿"，土壤干燥就浇透。喜湿的园林植物，如柳树、水杉、池杉等植物应少量多次灌溉；而五针松耐旱植物，灌水次数可适当减少。

（四）浇水水质

灌溉用水的水质通常分为硬水和软水两类。硬水是指含有大量的钙、镁、钠、钾等金属离子的水；软水是指含上述金属离子量较少的水。水质过硬或过软对植物生长均不利，相对来说，水质以软水为好，一般使用河水，也可用池水、溪水、井水、自来水及湖水，水最好是微酸性或中性。若用自来水或可供饮用的井水浇灌园林植物，应提前1～2天晒水，一是使自来水中的氯气挥发掉，二是可以提高水温。城市中要注意千万不能用工厂内排出的废水。

（五）叶面喷水

园林植物生长发育所需要的水分都是从土壤和空气中汲取的，其中主要是从土壤中汲取，同时也需要一定的空气湿度，所以不可忽视叶面喷水。植物叶面喷水可以增加空气湿度、降低温度，冲洗掉植物叶片上的尘土，有利于植物光合作用。一般我们注重给植物浇水，往往忽视植物叶片也需要水分。除了通过直接向土壤浇水，还应通过喷水保持空气的湿度，以满足园林植物对水分的要求。在干旱的高温季节，应增加喷水的次数，保持空气的湿度。特别是对喜湿润环境的花木，如山茶、杜鹃、玉兰、栀子等，即使正常的天气，也要经常向叶面喷水，空气相对湿度在60%以上它们才能正常发育。如四季秋海棠、大岩桐等一些苗很小的花卉，必须用细孔喷壶喷水，或用盆浸法来使其湿润。许多花木叶面不能积水，否则易引起叶片腐烂，如大岩桐、荷包花、非洲紫罗兰、蟆叶秋海棠等，其叶面有密集的茸毛，不宜对叶面喷水，尤其不应在傍晚喷水。有些花木的花芽和嫩叶不耐水湿，如仙客来的花芽、非洲菊的叶芽，遇水湿太久容易腐烂。墨兰、建兰的叶片常发生炭疽病，感染后叶片损伤严重，发现病害时，应停止叶面喷水。

（六）浇水方法

浇水前要做到土壤疏松，土表不板结，以利水分渗透；待土表稍干后，应及时加盖细干土或中耕松土，减少水分蒸发。沟灌是在树木行间挖沟，引水灌溉；漫灌是在树木群植或片植，株行距不规则，地势较平坦时采用，此法既浪费水，又易使土壤板结，一般不宜采用；树盘灌溉是在树冠投影圈内，扒开表土做一圈围堰，堰内注水至满，待水分渗入土中后，将土堰扒平复土保墒，一般用于行道树、庭荫树、孤植树，以及分散栽植的花灌木、藤本植株；滴灌是将水管安装在土壤中或树木根部，将水滴入树木根系层内，土壤中水、气比例合适，是节水、高效的灌溉方式，但缺点是投资大；喷灌属机械化作业，省水、省工、省时，适用于大片的灌木丛和经济林。

（七）绿地排水

长期阴雨、地势低洼渍水或灌溉浇水太多，使土壤中水分过多形成积水称为涝。容易造成渍水缺氧，使园林植物受涝，根系变褐腐烂，叶片变黄，枝叶萎蔫，产生落叶、落花、枯枝，时间长了会导致全株死亡。为减少涝害损失，在雨水偏多时期或对在低洼地势又不耐涝的园林植物要及时排水。

常用的排涝方法有：地表径流的地面坡度控制在0.1%～0.3%，不留坑洼死角；常用于绿篱和片林；明沟排水适用于大雨后抢排积水，特别是忌水树种，如黄杨、牡丹、玉兰等；暗沟排水采用地下排水管线并与排水沟或市政排水相连，但造价较高。园林植物是否进行水分的排灌，取决于土壤的含水量是否适合根系的吸收，即土壤水分和植物体内水分是否平衡。当这种平衡被打破时，植物会表现出一些症状。要依据这些特点，对土壤及时排灌。但是这些症状有时极易混淆，如长期积水导致根系死亡后，植物表现的也是旱害症状。这时就需要对其他因子进行合理分析才能得出正确的解决方案。

三、园林花卉的管理

园林花卉，是风景园林中不可缺少的材料，不同的花卉品种开花季节和花期长短各不相同。为实现一年四季鲜花盛开，除了科学搭配不同品种种植，抓好管理是关键。

（一）地栽花卉的管理

地栽花卉在栽培上要求土地肥沃疏松，通透性好，保水保肥力强。

肥水管理：前期肥水充足，以氮肥为主，结合施用磷、钾肥，中期氮、磷、钾肥结合；开花前控肥控水，促进花芽分化；开花后补施磷、钾、氮肥，可延长开花期。每月进行1次浅松表土，除去杂草，结合施肥。草本花卉，多施液肥；木本花卉，雨季可开小穴干施。植株高大的地栽花木，不能露根，适当培土可防止倒伏。

修剪覆盖：在生长中要及时剪去干枯的枝叶，另外在夏秋季节进行地表覆盖，可保湿、防旱和抑制杂草生长。

病虫防治：每月喷1次杀虫药剂，在修剪后或暴雨前后喷1次杀菌剂，均有防治效果。藤本花卉管理的不同之处，是要树柱子或搭支架，使之攀缘生长。

（二）盆栽花卉的管理

盆栽花卉在园林绿化中主要指盆栽时花和盆栽阴生植物。盆栽花卉是经过两个阶段培育而成的：第一个阶段是在花圃进行培育；第二个阶段是装盆后生长到具有观赏价值或开花前后，摆放到室外广场（花坛）、绿化景点中，以及亭台楼阁甚至室内的办公室、会议室、厅堂、阳台等。花圃培育盆栽花卉，首先选择各类各种时花和阴生植物，进行整地播种或扦插（在荫棚沙池无性繁殖），幼苗期加强肥水管理和病虫害的防治；其次准备规格合适的陶瓷、塑料花盆，装上事先拌好的配方花泥（干塘泥粒65%～70%、腐熟有机质10%、沙20%、复合肥3%～5%），盆底漏水孔压上瓦片，装量八成；最后种上幼苗，分类摆放加强管理，长大或开花前后放至摆放点。

盆栽花卉第二阶段的管理。由于摆放分散，重点做好“三防”：防旱、防渍、防冻。防旱：高温炎热天气，水分蒸腾蒸发快，室外2～3天浇1次水，室内5～7天浇1次水。防渍：盆体通透性和渗漏性很差，只靠盆底漏水孔渗漏渍水。室外盆栽严禁盆底直落泥地，室内及阳台盆栽，不要每天淋水，每次淋水后观察盆底是否有滴水，如滴水不漏，一是盆土板结，应适当松土，二是盆底漏水孔堵塞，应及时疏通或转盆。盆栽花卉失败大多是因为盆底部分渍水烂根影响生长以致死亡。防冻：热带花卉和阴生植物如绿巨人、万年青等在冬季气温18℃以下时，不少品种开始出现冻害；露天和阳台盆栽花卉，在低温、霜冻天气，要搭棚覆盖保温或搬进暖房防冻。除了做好以上“三防”，阴生植物还要注意防晒，烈日会灼伤叶片，影响生长，甚至导致植物死亡，宜放于室内和厅堂及阳台无直射光的背日处。

盆栽施肥：施肥种类为有机、无机肥结合，木本以有机肥为主，草本以无机肥为主，观花的磷、钾、氮肥比例是3：2：1，观叶的是2：1：3。施肥次数，视长势每月1～2次，结合淋水施液肥，减少干施；严禁施用未腐熟的有机肥，否则易造成肥害伤根。施肥量视盆土多少，能少勿多，免于肥害。必要时采用根外施肥等，可使叶色浓绿，花期延长。

换盆：为使盆栽花卉根多叶茂，按时盛开花期长，多数多年生的木本和部分其他花卉需要换盆。换盆的时间要考虑两个因素：一是盆土多少和盆土质量，土量少质量差的早换，土量多质量好（如纯干塘泥的配方花泥）的迟换；二是花卉的大小、高矮，高大花卉早换，矮小花卉迟换，一般2～3年换盆1次。换盆方法：空盆放上瓦片压住盆底孔，在瓦片上放上一把粗沙，然后将配方花泥放入1/3，换盆前3～5天不淋水。换盆时，盆内周边淋少量的水，振动盆体，花盆侧倾，用木棍或两个大拇指顶住盆底瓦片，边摇边压，以使盆土离盆。用花铲铲去1/3的旧泥（最多不能超过50%），保留新根，用枝剪剪去老根，剪齐断根，然后小心放入新盆，根顺干正，填上配方花泥，压实淋透（盆底滴水）。

盆栽花卉由于分散，通风透光好，病虫较少，但要细心查看。一经发现病虫害，要用手提喷雾器逐盆喷药。另外，部分花卉对土壤pH要求较严，如含笑、茶花等要求酸性土壤生长才正常，可每月淋柠檬酸水2～3次，土壤pH保持4左右。居民家庭养花绝大多数是盆栽花卉，上述管理措施也适用于家庭养花、阳台绿化等的日常管理。

四、草坪的养护管理

草坪的养护原则是均匀一致，纯净无杂，四季常绿。在一般管理水平情况下，绿化草坪（如细叶结缕草）可按种植时间的长短划分为四个阶段。一是种植至长满阶段，指初植草坪，种植至1年或全覆盖（100%长满无空地）阶段，也叫长满期。二是旺长阶段，指植后2～5年，也叫旺长期。三是缓长阶段，指种植后6～10年，也叫缓长期。四是退化阶段，指植后10～15年，也叫退化期。在较高的养护管理水平下，天鹅绒草（细叶结缕草）草坪退化期可推迟5～8年。具体时间与草坪草种类有关，有的推迟3～5年，也有的提前3～5年。

（一）恢复长满阶段的管理

按设计和工艺要求，新植草坪的地床，要严格清除杂草种子和草根草茎，并填上纯净客土刮平压实10cm以上才能种植草皮。草皮种植大多是密铺、间铺和条铺三种方式。为节约草皮材料可用间铺法，该法有两种形式，且均用长方形草皮块。一为铺块式，各块间距3～6cm，铺设面积为总面积的1/3；二为梅花式，各块相间排列，所呈图案亦颇美观，铺设面积占总面积的1/2，用此法铺设草坪时，应按草皮厚度将铺草皮之处挖低一些，以使草皮与四周面相平。草皮铺设后，用石磙子磙压和灌水。春季铺设应在雨季后进行，匍匐枝向四周蔓延可互相密接。条铺法是把草皮切成宽6～12cm的长条，以20～30cm的距离平行铺植，经半年后可以全面密接，其他同间铺法。密铺无长满期，只有恢复期7～10天，间铺和条铺有50%以上的空地需一定的时间才能长满，春季种和夏季种的草皮长满期短、仅1～2个月，秋种、冬种长满慢，需2～3个月。

在养护管理上，重在水肥的管理，春种防渍，夏种防晒，秋、冬种草防风保湿。一般种草后1周内早晚喷水1次，并检查草皮是否压实，要求草根紧贴客土。种植后两周内每天傍晚喷水1次，两周后视季节和天气情况一般两天喷水1次，以保湿为主。施肥：植后1周开始到3个月内，每半个月施肥1次，用1%～3%尿素液结合浇水喷施，前稀后浓，以后每月按30～45kg/hm施1次尿素；雨天干施，晴天液施；全部长满草高8～10cm时，用剪草机剪草。除杂草：早则植后半个月，迟则1月，杂草开始生长，要及时挖草除根，挖后压实，以免影响主草生长。新植草坪一般无病虫，无须喷药，为加速生长，后期可用0.1%～0.5%磷酸二氢钾结合浇水喷施。

（二）旺长阶段的管理

草坪植后第二年至第五年是旺盛生长阶段，观赏草坪以绿化为主，所以重在保绿。水分管理：以翻开草茎，客土干而不白，湿而不渍，一年中春夏干、秋冬湿为原则。施肥轻施薄施；一年中4～9月少，两头多；每次剪草后施尿素15～30kg/hm。旺长季节，控肥、控水、控制长速，否则剪草次数增加，养护成本增大。剪草：本阶段的工作重点，剪草次数多少和剪草质量的好坏与草坪退化和养护成本有关。剪草次数一年控制在8～10次为宜，2～9月平均每月剪1次，10月至翌年1月每两个月剪1次。剪草技术要求：一是草坪最佳观赏高度为6～10cm，超过10cm可剪，大于15cm时会起“草墩”，此时必剪；二是剪前准备，剪草机动力要正常，草刀锋利无缺损，同时捡净草坪中的细石杂物；三是剪草机操作，调整刀距，离地2～4cm（旺长季节低剪，秋冬高剪），匀速推进，剪幅每次相交3～5cm，不漏剪；四是剪后及时清理干净草叶，并保湿施肥。

（三）缓长阶段的管理

草坪种植后6～10年的草坪，生长速度有所下降，枯叶枯茎逐年增多，在高温多湿的季节易发生根腐病，秋冬易受地老虎危害，工作重点注意防治病虫危害。如天鹅绒草连续渍水3天开始烂根，排干渍水后仍有生机；连续渍水7天，90%以上烂根，几乎无生机，需重新种植草皮。渍水1～2天烂根虽少，但排水后遇高温多湿有利于病菌繁殖，导致根腐病发生。用硫菌灵或多菌灵800～1000倍液，喷施病区2～3次（2～10天喷1次），防治根腐病效果好。高龄地老虎在地表把草的基部剪断形成块状干枯，面积逐日扩大，危害迅速，造成大片干枯。检查时需拨开草丛才能发现幼虫。要及早发现及时在幼虫低龄时用药，危害处增加药液，3天后清除掉危害处的枯草，并补施尿素液，1周后草坪开始恢复生长。缓长期的肥水管理比旺长期要加强，可进行根外施肥。剪草次数控制在每年7～8次为好。

（四）草坪退化阶段的管理

草坪植后10年开始逐年退化，植后15年严重退化。此时要特别加强水肥管理，严禁渍水，否则会加剧烂根枯死。除正常施肥外，每10～15天用1%尿素和磷酸二氢钾混合液根外施肥。退化草坪剪后复青慢，全年剪草次数不宜超过6次。另外，由于主草稀，易长杂草，对杂草要及时挖除。此期需全面加强管理，才能有效延缓草坪的退化。

（五）草坪的施肥管理

如何延长草坪的利用期，保持良好的绿色度，增强草坪的园林绿化效果，是草坪养护的重要任务。草坪施肥工作的特点：首先草坪不同于树木，每次对草坪的操作都是对群体的作用。如果忽略群体内部的共生与竞争关系，破坏了群体稳定性，很可能为今后的工作增加难度。所以，应当明确草坪的施肥在一般情况下只是一种辅助手段，创造良好的群内结构才是草坪养护的关键。在实际工作中常会出现，那些看似管理粗放的草坪反而比精耕细作要强的现象。所以，草坪施肥时机和施肥次数的确定是个很值得研究的问题。

最常用的方法是根据草坪的类型确定施肥。一般草坪（公路隔离带、公共绿地等）一年集中施肥1次，也可以分两次施用。高档草坪（足球场、高尔夫球场）一年要施肥4～6次。施肥时机要根据草的生态习性分类进行区分。冷季型草：如高羊茅、匍匐剪股颖、草地早熟禾和黑麦草等，施肥的最佳时期是夏末；如在早春到仲春大量施用速效氮肥，会加重其春季病害；初夏和仲夏施肥要尽量避免或者少施，以提高冷季型草的抗胁迫能力。暖季型草：如狗牙根、矮生百慕大草、地铺拉草、蜈蚣草和水牛草等，施肥的最佳时期是在春末；第二次最好安排在初夏和仲夏。如在晚夏和初秋施肥可降低草的抗冻能力，易造成冻害。

另外，给草坪施肥不仅要考虑施肥时机和次数，肥料的用量也十分重要。施肥量取决于多种因素，包括空气条件、生长季节的长短、土壤的肥力、光照条件、使用频率、修剪情况和对草坪的期望值。一般在生长良好的条件下，用量不超过60kg/hm，速效氮过量易产生损伤。冷季型草在高温季节不可超过30kg/hm，速效氮可用缓效肥料代替，但应该少于180kg/hm。修剪过低的草坪要少于正常草坪的肥料用量，一般速效氮用量不超过25kg/hm。

（六）草坪的水分管理

草坪植物的耗水特点：草坪土壤的水分，除了一部分用于植物的蒸腾作用，大量水分以地表的蒸发和土壤孔隙蒸发的形式损耗，所以草坪的耗水量往往大于树木。

浇水时间和浇水量：生长季浇水应该在早晨日出之前，一般不在炎热的中午和晚上浇水，中午浇水易引起草坪的灼烧，晚上浇水容易使草坪感病。最好不用地下水而用河水或者池塘里的水，防止地下水温度太低给草坪带来伤害。草坪的根系分布较浅，所以浇水量可以依据水分渗透的深度确定，或根据草坪根系深浅来确定用水的多与少。

需要注意的是，配合其他养护措施时一定要有先后顺序，即修剪之前浇水，施肥以后浇水。冬季浇水主要是为了防寒，由于蒸发量小，可以在土壤上冻前一次灌足冻水。另外，为了缓解春旱，春季要灌返青水。

浇水的方法：有大水漫灌、滴灌、微灌、喷灌和喷雾等。生长季常用的是喷灌，便于操作、浇水均匀且土壤吸收也好。漫灌的方法常用于冻水和返青水，水量充足但利用率不高。滴灌和微灌是最节水的方法，但是设备要求过高。草坪的排水，多通过采用坪床的坡度造型配合排水管道进行。

第二节 园林植物的整形修剪

修剪是指对植株的某些器官，如茎、枝、叶、花、果、芽、根等部分进行剪截的措施。整形是指对植株实行一定的修剪措施而使其形成某种树体结构形态。常用的整形方法有短剪、疏剪、缩剪，用以处理主干或枝条；在造型过程中也常用曲、盘、拉、吊、扎、压等办法限制植株生长，改变树形，培植出各种姿态优美的树木、花草和盆景。整形修剪是园林植物综合管理过程中不可缺少的一项重要技术措施。在园林上，整形修剪广泛地用于树木、花草的培植及盆景的艺术造型和养护。整形修剪能促进乔、灌木的生长，利于观赏、预防和减少病虫害，对提高绿化效果和观赏价值起着十分重要的作用。

一、整形修剪的作用

对园林植物进行正确的整形修剪工作，是一项很重要的经常性养护管理工作。它可以调节植物的生长与发育，创造和保持优美、合理的植株形态，构成有一定特色的园林景观。整形修剪的作用主要表现在以下几个方面：①通过整形修剪促进和抑制园林植物的生长发育，改变植株形态。②利用整形修剪调整树体结构，促进枝干布局合理，树形美观。③整形修剪可以调节养分和水分的输送，平衡树势，改变营养生长与生殖生长之间的关系，调控开花结果，也可避免花、果过多而造成的大小年现象。在花卉栽培上常采用多次摘心办法，促进侧枝生长，增加开花数量；移栽时合理修剪能提高成活率。④经整形修剪，除去枯枝、病虫枝、密生枝，改善树冠通风透光条件，促进植物生长健壮，减少病虫害，保持树冠外形美观，增强绿化效果。⑤树木进入衰老期后，适度地修剪可刺激枝干皮层内的隐芽萌发，诱发形成健壮新枝，达到恢复树势、更新复壮的目的。⑥在城市街道绿化中，由于地上、地下的电缆和管道关系，通常须采取修剪、整形措施来解决其与植物之间的矛盾。

二、整形修剪的原则

整形修剪的原则是，植株个体的大小、形态必须符合绿地整体景观和生态的要求；少进行人为修饰，多采取树体清洁、树冠修整等技术措施，充分体现园林植物的自然形态；进行修剪整形等养护作业时，应按照具体植物在绿地中的功能、景观和空间作用区别进行。

（一）根据树种习性整形修剪

园林树木千差万别，种类不但十分丰富，而且每个树种还在栽培过程中形成许多品种，由于它们的习性各不相同，在整形修剪中也要有所区别。如果要培养明显中心干树形时，由于不同树种分枝习性不同，其修剪方法不同，大多数针叶树为主轴分枝习性，中心主枝优势较强，整形时主要控制中心主枝上端竞争枝的发生，短截强壮侧枝，保证主轴顶端优势，不使其形成双杈树形。大多数阔叶树为合轴分枝习性，因顶端优势较弱，在修剪时，应当短截中心主枝顶端，培养剪口壮芽重新形成优势，代替原中心主枝向上生长，以此逐段合成中心干而形成高大树冠。整形修剪要充分考虑树木的发枝能力、分枝特性、开花习性等因素。

（二）根据景观配植功能要求和立地条件整形修剪

修剪时不仅要分析植物的个体特征，还要考虑到该植物与周边环境的关系；修剪前应分析不同栽植形式的审美取向，不同的景观配植要求有相应的整形修剪方式，不要笼统地采用同一修剪模式。如孤植树应注重保留其天然树形，并突出树形特征，修剪原则以诱导为主，为促进其尽早成形稍加修整，修剪量不宜太大。丛植树更注重对周围环境的点缀作用，首先要根据其点缀对象和背景来控制其整体造型的高度、体积及形状。丛植树中个体树种的树形特性就不再是修剪时考虑的重点。片植的树木，除边际树木外，修剪主要服从于促进生长的需要，主要修剪枯死枝、病虫枝、过密枝、纤弱枝、内膛枝等，以利于通风透光。而建筑物附近的绿化，其功能则是利用植物自然开展的树冠姿态，丰富建筑物的立面构图，改变它单一规整的直线条。整形修剪只能顺应自然姿态，对不合要求、扰乱树形的枝条进行适度短截或疏枝。而有的树种以观花为主，为了增加花量必须使树冠通风透光，因此整形要从幼苗期开始，把树冠培养成开心形或主干疏层形等，有利于增加内膛光照，促使内膛多分化花芽而多开花。行道树既要求树干通直，又要树冠丰满美观，在苗期培养时，采用适当的修剪方法，培养好树干。有的树种为衬托景区中主要树种的高大挺拔，必须采用强度修剪，进行矮化栽培。整形修剪还要依立地条件进行，通过修剪来调控其与立地条件相适应的形状与体量，同一树种，配植的立地环境不同，应采取不同的整形修剪方式。

（三）根据树龄整形修剪

幼树以整形为主，对各主枝要轻剪，以求扩大树冠，迅速成形。成年树以平衡树势为主，要掌握壮枝轻剪，缓和树势；弱枝重剪，增强树势的原则。衰老树要复壮更新，通常要加以重剪，以使保留芽得到更多的营养而萌发壮枝。

（四）根据修剪反应规律整形修剪

同一树种由于枝条不同，枝条生长位置、姿态、长势也各不相同；短截、疏剪程度不同，反应也不同。如萌芽前修剪时，对枝条进行适度短截，往往促发强枝，若轻剪，则不易发强枝；若萌芽后短截则促多萌芽。所以，修剪时必须顺应其规律，给予相适应的修剪措施以达到修剪的目的。

（五）根据树势强弱决定整形修剪

树木的长势不同，对修剪的反应不同。生长旺盛的树木，修剪宜轻。如果修剪过重，势必造成枝条旺长，树冠密闭，不利通风透光，内膛枯死枝过多，不但影响美观，而且对于观花果的园林树木，将不利于其开花结果。对于衰老树，则宜适当重剪，使其逐步恢复树势。所以，一定要因形设计，因树修剪，方能有效。

三、整形修剪的时期

园林树木种类很多，习性和功能各异，树种不同，培育目的不同，适宜修剪的季节也不相同。因此，要根据具体要求选择合适的时期修剪，才能达到目的。树木的修剪时期，大体上可分为休眠期修剪和生长期修剪。

（一）休眠期修剪

休眠期修剪又叫冬剪。在休眠期，树体储藏的养分充足，修剪后，有利于留存枝芽集中利用储藏的营养，促进新梢的萌发。休眠期修剪的具体时期因树种而异，早春树液流动前修剪，伤口愈合最快，故多数适合休眠期修剪的树种，以早春修剪为好；落叶果树，一般要求在落叶后1个月左右修剪，不宜太迟；伤流严重的树种，如葡萄、核桃、猕猴桃等，宜在休眠期的前期修剪，如在南方，葡萄一般在1月冬剪，核桃在采果后至叶片变黄脱落前修剪，猕猴桃在北京应于2月前冬剪，在南方还应提早。

（二）生长期修剪

生长期修剪习惯上又叫夏剪，但实际应包括春季萌芽至秋末树木停止生长的整个生长期的修剪。在生长期，树木的枝叶生长旺盛，在修剪量相同时，夏剪抑制树木生长的作用大于冬剪。因此，在一般情况下，夏剪宜轻不宜重，以去蘖，摘心，疏去病虫、密生和徒长枝为主。多数树种，既要冬剪，又要夏剪，但有些树种，如槭树、桦木、枫杨、香槐、四照花等，休眠期或早春伤流严重，只宜在伤流轻且易停止的夏季修剪。多数常绿树种，特别是常绿花果树，如桂花、山茶、柑橘等，无真正的休眠期，根与枝叶终年活动，即使在冬季，叶内的营养也不完全用于储藏。因此，常绿树的枝叶在全年的任何时候都含有较多的养分，在南方更是如此。故常绿树的修剪要轻，修剪时期虽可不受太多限制，但以晚春树木发芽萌动之前为最好。

四、修剪技术

（一）修剪的方法

1.短截

剪去枝条的一段，保留一定长度和一定数量的芽，称为短截。短截一般在休眠期进行。短截对于枝条的生长有局部刺激作用，它能促进剪口下侧芽的萌发，是调节枝条生长势的重要方法。短截可促进分枝，增加生长量，但如果短截太强，树木生长点的总量就会减少，总的叶面积也相应减少，因此减少树体的总生长量，对树木的生长产生不利的影响。所以，要根据树势，确定短截的强弱，避免产生不良作用。短截的强度一般根据短截的长短来划分。

（1）轻短截

轻剪枝条的顶梢，剪去枝条全长的1/5～1/4，主要用于花果树木的强壮枝修剪。去掉枝梢顶后可刺激其下部多数半饱满芽的萌发，分散枝条的养分，促进产生大量中短枝，易形成花芽。

（2）中短截

剪去枝条全长的1/3～1/2，剪口位于枝条中部或中上部饱满芽处。剪口芽强健壮实，养分相对集中，因此刺激多发营养枝。主要用于某些弱枝复壮，各种树木骨干枝、延长枝的培养。

（3）重短截

剪去枝条全长的2/3～3/4，由于剪掉枝条大部分，刺激作用大。剪口下芽一般为弱芽，重短截后除发1～2个旺盛营养枝外，下部可形成短枝。这种修剪主要用于弱树、老树、老弱枝的复壮更新。

（4）极重短截

在枝条基部轮痕处留2～3个芽剪截，由于剪口芽为瘪芽，芽的质量差，剪后常萌生1～3个短、中枝，有时也能萌发旺枝，但少见。紫薇采用此法修剪。短截应注意留下的芽，特别是剪口芽的质量和位置，以正确调整树势。

2.疏剪

将枝条从着生基部剪除的方法称疏剪，又称疏删或疏枝。疏剪使枝条密度减少，树冠通风透光，有利于内部枝条的生长发育，避免或减少内膛枝产生光脚现象；疏剪减少了枝条的数量，来春发芽时可使留存的芽得到更多的养分和水分供应，因而新梢的生长势加强。疏剪的对象通常是枯老枝、病虫枝、平行枝、直立枝、轮生枝、逆向枝、萌生枝、根蘖条等。

3.缩剪和长放

（1）缩剪

缩剪又叫回缩，缩剪的对象是两年生或两年以上生的枝条。它一般在休眠期进行，方法与短截相似，但一般修剪量较大，刺激较重，有更新复壮的作用。它可降低顶端优势的位置，改善光照条件。

缩剪常用于多年生骨干枝的复壮。树木经过多年生长，由于顶端优势的作用，枝梢越伸越长，枝条下部则光秃裸露，必须通过缩剪降低顶端优势的位置，促进基部枝条的更新复壮。例如，二球悬铃木常采用缩剪的办法改造树形。在回缩多年生枝时，往往因伤口大而影响下枝长势，需暂时留适当的保护桩；待母枝长粗后，再把桩疏掉，因为这时的伤口面积相对缩小，所以不影响下部生枝。延长枝回缩短截，伤口直径比剪口下第一枝粗时，必须留一段保护桩。疏除多年生的非骨干枝时，如果母枝长势不旺，并且伤口比剪口枝大，也应留保护桩。回缩中央领导枝时，要选好剪口下的立枝方向。立枝方向与主干一致时，新领导枝姿态自然。立枝方向与主干不一致时，新领导枝的姿态就不自然。切口方向应与切口下枝条伸展方向一致。

缩剪有双重作用：一是减少树体的总生长量；二是缩剪后，使养分和水分集中供应剪枝部位后部的枝条，刺激后部芽的萌发，重新调整树势。特别是重回缩，对复壮更新有利，又称更新修剪。

（2）长放

长放又叫缓放，指对1年生枝条不做任何修剪，让其延伸。长放由于没有剪口和修剪的局部刺激，缓和了枝条的生长势，故长放是一种缓势修剪。长放后，可以形成许多中短枝，对树体发育有利，特别适用于果树苗木的修剪。因此，长放和回缩是相辅相成的两种措施，长放主要针对中庸平斜着生的枝条，但应根据树势综合考虑，适当长放，及时回缩。

（二）修剪中常见的技术问题

1.剪口及剪口芽的处理

（1）平剪口

剪口在侧芽的上方呈近似水平状态，在侧芽的对面为缓倾斜面，其上端略高于芽5～10mm。位于侧芽顶尖上方，其优点是剪口小，易愈合，是园林树木小枝修剪中较合理的方法。

（2）留桩平剪口

剪口在侧芽上方呈近似水平状态，剪口至侧芽的距离以5～10mm为宜，过短，芽易枯死；过长，易形成枯桩。留桩平剪口的优点是不影响剪口侧芽的萌发和伸展，缺点是剪口较难愈合，第二年冬剪时应剪去残桩。

（3）大斜剪口

当要抑制剪口芽长势时，可采用大斜剪口。因为当剪口倾斜时，伤口增大，水分蒸发多，剪口芽养分供应受阻，故能抑制剪口芽生长，促进下面一个芽的生长。

（4）大侧枝剪口

大侧枝剪断后，伤口大，不易愈合，但如果使切口稍凸成馒头状，较利于愈合；采取平面反而容易凹进树干，不利愈合。留芽的位置不同，未来新枝生长方向也各有不同。留上、下两枚芽时，会产生向上、向下生长的新枝；留内、外芽时，会产生向内、向外生长的新枝。

2.竞争枝的处理

如果冬剪时对顶芽或顶端侧芽处理不当，常在生长期形成竞争枝，如不及时修剪，往往扰乱树形，影响树木功能效益的发挥。可按如下方法处理：对于1年生竞争枝，如果下部邻枝弱小，竞争枝未超过延长枝的，可齐竞争枝基部一次剪除；如果竞争枝未超过延长枝，但下部邻枝较强壮，可分两年剪除，第一年对竞争枝重短截，抑制竞争枝长势，第二年再齐基部剪除；如果竞争枝长势超过延长枝，且竞争枝的下邻枝较弱小，可一次剪去较弱的延长枝，称换头；如果竞争枝超过延长枝，竞争枝的下邻枝又很强，则应分两年剪除延长枝，使竞争枝逐步代替原延长枝，称转头，即第一年对原延长枝重短截，第二年再疏剪它。对于多年生竞争枝，如果是花、果树木，附近有一定的空间时，可把竞争枝一次性回缩修剪到下部侧枝处，如果会破坏树形或会留下大空位，则可逐年回缩修剪。

五、整形技术

由于各种树木的自身特点及对其预期达到的要求不同，整形的方式也不同。一般整形工作总是结合修剪进行的，所以除特殊情况外，整形的时期与修剪的时期是统一的。整形的形式概括起来可分为以下三类。

（一）自然式整形

这种整形方式几乎完全保持了树木的自然形态，按照树种本身的自然生长特性，只对树冠的形状做辅助的调整和促进，使之早日形成自然树形。如垂柳、垂榆、龙爪槐及水杉、雪松等。修剪时，应保持其树冠的完整，仅对影响树形的徒长枝、内膛枝、并生枝与枯枝、病虫枝、伤残枝、重叠枝、交叉过密和根部集生枝以及由砧木上萌发出的枝条（垂柳、龙爪槐、红花刺槐等）等进行修剪。而对于雪松、龙柏、圆柏、云杉、冷杉等，为增添城市森林景色，要求干基枝条不光秃，形成自下而上完整圆满的绿体，因此，下部枝条不修剪，只对上边的病虫枝、枯死枝及影响树形的枝条进行修剪。自然式整形是符合树种本身的生长发育习性的，因此常有促进树木生长的作用，并能充分发挥该树种的树形特点，最易获得良好的观赏效果。

各种树木因分枝习性和生长状况不同，形成的自然冠形各式各样，归纳起来，有以下几类：圆柱形（龙柏、圆柏）、塔形（雪松、云杉、冷杉、塔形杨）、圆锥形（落叶松、毛白杨）、卵圆形（壮年期圆柏、加杨）、圆球形（元宝枫、黄刺玫、栾树、红叶李）、倒卵形（枫树、刺槐）、丛生形（玫瑰）、伞形（龙爪槐、垂榆）。了解各树木的冠形是进行自然式整形的基础。除塔形、伞形、丛生形外，其余各类冠形的明显界限，会随年龄增长而发生变化，故修剪时要灵活掌握。对主干明显有中央领导干的单轴分枝树木，修剪时应注意保护顶芽，防止偏顶而破坏冠形。

（二）人工式整形

为满足城市园林绿化的某些特殊要求，有时可人为地将树木整形成各种规则的几何图形或不规则的各种形体。几何形体的整形是以其构成规律为依据进行的。如正方形树冠应先确定边长；长方形树冠应先确定每边的长度；球形树冠应先确定半径等。非几何形体的整形包括垣壁式整形和雕塑式整形两类。垣壁式整形是为达到垂直绿化墙壁的目的而进行的整形方式，在欧洲的古典式庭园中较为常见，有U字形、肋骨形、扇形等。雕塑式整形是根据整形者的意图创造的形体，整形时应注意与四周园景的协调，线条勿过于烦琐，以轮廓鲜明、简练为佳。人工式整形是与树种本身的生长发育特性相违背的，不利于树木的生长发育，而且一旦长期不剪，其形体效果就易被破坏，所以在具体应用时应全面考虑。

（三）混合式整形

混合式整形是根据园林绿化的要求，对自然树形加以或多或少的人工改造而形成的树形。常见的有杯形、自然开心形、多领导干形、中央领导干形、丛球形、棚架形等。

1.杯形

这种树形无中心干，仅有很短的主干，自主干上部分生3个主枝，均匀向四周排开，3个枝各自再分生两个枝而成6个枝，再从6个枝各分生两个枝即成12个枝，即所谓“三股、六杈、十二枝”的形式。这种几何状的规整分枝整齐美观，冠内不允许有直立枝、内向枝的存在，一经发现必须剪除。这种树形在城市行道树中极为常见，如碧桃和上有架空线的槐树修剪即为此形。

2.自然开心形

由杯形改进而来，此形无中心主干，中心也不空，但分枝较低，3个主枝分布有一定间隔，自主干向四周放射而出，中心开展，故称自然开心形。但主枝分枝不为二杈分枝，而为左右相互错落分布，因此树冠不完全平面化，能较好地利用空间。冠内阳光通透，有利于开花结果。在园林树木中的碧桃、榆叶梅、石榴等观花、观果树木修剪采用此形。

3.多领导干形

留2～4个中央领导干，于其上分层配备侧生主枝，形成匀称的树冠。本形适用于生长较旺盛的树种，可形成较优美的树冠，提早开花，延长小枝寿命，最宜于观花乔木、庭荫树的整形。

4.中央领导干形

留一强中央领导干，在其上配列稀疏的主枝。本形式对自然树形加工较少。适用于干性较强的树种，能形成高大的树冠，最宜于庭荫树、独赏树及松柏类乔木的整形。

5.丛球形

此种整形法类似多领导干形。只是主干较短，干上留数主枝呈丛状。本形多用于小乔木及灌木的整形。

6.棚架形

这是对藤本植物的整形。先建各种形式的棚架、廊、亭，种植藤本树木后，按其生长习性加以剪、整和诱引。

以述三类整形方式，在园林树木的修剪整形中以自然式整形应用最多，既省人力、物力，又容易成功。然后为混合式整形，可使花朵硕大、繁密，结果累累，且比较省工，但需适当配合其他栽培技术措施。关于人工式整形，一般而言，由于很费人工，且需由较高技术水平的人员操作，故只在局部或在要求特殊美化处应用。

结束语

园林绿化与景观设计，是建立在对生态环境的保护和利用上，体现着人与自然在世界观和价值观以及伦理道德观上的生态理念，以科学的视角审视城市景观建设，必须从生态环境出发，结合多样化物种需求，高度利用资源，实现改善城市环境、发展具有健康生态系统的现代城市的园林化目标。本书通过对园林绿化与景观设计研究，可以得出以下结论。

一是要坚持生态和谐统一。这是园林绿化与景观设计原则的核心，每一个环节都是建立在环境保护、生态平衡的基础上。园林绿化与景观设计时，会有不同的景物参与，在线条、比例及色彩上呈现出多样性，这时就需要对其进行和谐、统一的设计，避免出现杂乱无章或过度单调等现象。要保障设计出的园林景观既能呈现出生动活泼的一面，同时又能营造出景观层次感。

二是要坚持经济适用。园林绿化与景观规划设计的主要目的是为人们提供更加贴近自然、身心愉悦放松的场所，在进行园林景观设计时，更多追求应该是以最小的经济投入设计出更加舒适、更加漂亮的园林。但经济化，并不意味着过度减少资本投入，偷工减料，应该是用最少的钱购进性价比最高的绿色材料，进而实现经济适用需求。

三是要坚持因地制宜。这也是园林绿化与景观生态设计必须遵循的原则。园林绿化与景观的设计要建立在当地生态、人文背景的基础上，这样才能设计出符合当地人们需求的生态园林景观。

四是要坚持以人为本。园林绿化与景观设计是源于人们的需求，最终亦是服务于民的，因此园林景观生态设计是以为民服务为宗旨的。在进行园林绿化与景观设计时要全面考虑各色的人的不同需求，尽可能满足全民需求。

由于受笔者知识的广度和深度、资料来源、研究时间等因素的限制，书中的一些内容探析还不够深入。希望读者阅读本书之后，在得到收获的同时对本书提出更多的批评建议，也希望有更多的研究学者可以继续对园林绿化与景观设计进行研究，以促进其快速发展。

参考文献

[1]陆娟，赖茜.景观设计与园林规划[M].延吉：延边大学出版社，2020.

[2]樊佳奇.城市景观设计研究[M].长春：吉林大学出版社，2020.

[3]王江萍.城市景观规划设计[M].武汉：武汉大学出版社，2020.

[4]张志伟，李莎.园林景观施工图设计[M].重庆：重庆大学出版社，2020.

[5]尤南飞.景观设计[M].北京：北京理工大学出版社，2020.

[6]张文婷，王子邦.园林植物景观设计[M].西安：西安交通大学出版社，2020.

[7]龙渡江.景观设计方法与分类改造[M].北京：中国水利水电出版社，2020.

[8]张辛阳，陈丽.园林景观施工图设计[M].武汉：华中科技大学出版社，2020.

[9]高卿.景观设计[M].重庆：重庆大学出版社，2018.

[10]孟良成，王红兵，等.景观设计[M].石家庄：河北美术出版社，2017.

[11]李莉.城市景观设计研究[M].长春：吉林美术出版社，2019.

[12]肖国栋，刘婷，王翠.园林建筑与景观设计[M].长春：吉林美术出版社，2019.

[13]曾筱.城市美学与环境景观设计[M].北京：新华出版社，2019.

[14]徐澜婷.城市公共环境景观设计[M].长春：吉林美术出版社，2019.

[15]刘娜.传统园林对现代景观设计的影响[M].北京：北京理工大学出版社，2019.

[16]李璐.现代植物景观设计与应用实践[M].长春：吉林人民出版社，2019.

[17]何彩霞.可持续城市生态景观设计研究[M].长春：吉林美术出版社，2019.

[18]朱宇林，梁芳，乔清华.现代园林景观设计现状与未来发展趋势[M].长春：东北师范大学出版社，2019.

[19]郭征，郭忠磊，豆苏含.城市绿地景观规划与设计[M].北京：中国原子能出版社，2019.

[20]李士青，张祥永，于鲸著.生态视角下景观规划设计研究[M].青岛：中国海洋大学出版社，2019.

[21]盛丽.生态园林与景观艺术设计创新[M].南京：江苏凤凰美术出版社，2019.

[22]武静.景观设计原理与实践新探[M].北京：中国纺织出版社，2019.

[23]刘洋，庄倩倩，等.园林景观设计[M].北京：化学工业出版社，2019.

[24]祝遵凌.园林植物景观设计[M].北京：中国林业出版社，2019.

[25]郑晓慧.景观设计思维手绘表现[M].北京：化学工业出版社，2019.

[26]曾筱，李敏娟.园林建筑与景观设计[M].长春：吉林美术出版社，2018.

[27]郭媛媛，邓泰，等.园林景观设计[M].武汉：华中科技大学出版社，2018.

[28]蒋卫平.景观设计基础[M].武汉：华中科技大学出版社，2018.

[29]杨湘涛.园林景观设计视觉元素应用[M].长春：吉林美术出版社，2018.

[30]李铮生，金云峰.城市园林绿地规划设计原理（第3版）[M].北京：中国建筑工业出版社，2019.

[31]许浩.城市绿地系统规划[M].北京：清华大学出版社，2020.

[32]杨云霄.3DSMAX/VRay园林效果图制作（第2版）[M].重庆：重庆大学出版社，2018.

[33]郑浴，郭蕾，王丽华.园林艺术与景观设计[M].南京：江苏凤凰美术出版社，2019.

[34]葛莉.景观设计与园林艺术[M].延吉：延边大学出版社，2019.

[35]蓝颖，廖小敏.园林景观设计基础[M].长春：吉林大学出版社，2019.

[36]康志林.园林景观设计与应用研究[M].长春：吉林美术出版社，2019.

[37]赵宇翔.园林景观规划与设计研究[M].延吉：延边大学出版社，2019.

[38]李晶.景观园林艺术设计研究[M].长春：吉林美术出版社，2019.

[39]张炜，范玥，刘启泓.园林景观设计[M].北京：中国建筑工业出版社，2020.

[40]孟宪民，刘桂玲.园林景观设计[M].北京：清华大学出版社，2020.

[41]韦杰.现代城市园林景观设计与规划研究[M].长春：吉林美术出版社，2020.

[42]张鹏伟，路洋，戴磊.园林景观规划设计[M].长春：吉林科学技术出版社，2020.

[43]张静.园林规划设计与植物景观应用研究[M].长春：吉林美术出版社，2020.

[44]占昌卿，宫静娜，崔婵婵.景观设计基础[M].北京：中国青年出版社，2020.

[45]沈毅.现代景观园林艺术与建筑工程管理[M].长春：吉林科学技术出版社，2020.

[46]安明，张驰，徐春良.景观设计概论[M].上海：上海科学普及出版社，2020.

[47]宋广莹，尚君.园林规划与景观设计[M].天津：天津科学技术出版社，2018.

[48]张颖璐.园林景观构造[M].南京：东南大学出版社，2019.

[49]李群，裴兵，康静.园林景观设计简史[M].武汉：华中科技大学出版社，2019.

[50]骆明星，韩阳瑞，李星苇.园林景观工程[M].北京：中央民族大学出版社，2018.

[51]王红英，孙欣欣，丁晗.园林景观设计[M].北京：中国轻工业出版社，2017.

[52]周增辉，田怡.园林景观设计[M].镇江：江苏大学出版社，2017.

[53]张学礼.园林景观施工技术及团队管理[M].北京：中国纺织出版社，2020.

[54]胡晶，汪伟，杨程中.园林景观设计与实训[M].武汉：华中科技大学出版社，2017.

[55]江芳，郑燕宁.园林景观规划设计[M].北京：北京理工大学出版社，2017.

[56]何浩，戴欢，等.园林景观植物[M].武汉：华中科技大学出版社，2016.

[57]丛林林，韩冬.园林景观设计与表现[M].北京：中国青年出版社，2016.

[58]何雪，左金富.园林景观设计概论[M].成都：电子科技大学出版社，2016.

[59]周娴.低碳生态型城市园林绿地规划设计[M].南京：江苏凤凰美术出版社，2017.

[60]栾海霞，王金艳，李加强.园林景观设计与施工技术研究[M].北京：中国建材工业出版社，2018.

[61]李欣.基于生态环保理念的城市园林景观设计研究[M].长沙：中南大学出版社，2020.

[62]汪华峰.园林景观规划与设计[M].长春：吉林科学技术出版社，2021.

[63]胡平，侯阳，张思.园林景观设计[M].哈尔滨：哈尔滨工程大学出版社，2018.

[64]肇丹丹，赵丽薇，王云平.园林景观设计与表现研究[M].北京：中国书籍出版社，2021.

[65]赵小芳.城市公共园林景观设计研究[M].哈尔滨：哈尔滨出版社，2020.

[66]张波.基于人性化视角下园林景观设计研究[M].长春：吉林美术出版社，2019.

[67]单鹏宇.园林景观设计研究[M].北京：九州出版社，2018.

[68]李雯雯.园林建筑与景观设计[M].北京：中国建材工业出版社，2019.

[69]李钢.园林景观设计[M].北京：北京希望电子出版社，2018.

[70]李蒙.现代城市园林景观规划与设计研究[M].长春：东北师范大学出版社，2019.

[71]刘洪景.园林绿化养护管理学[M].武汉：华中科学技术大学出版社，2021.

[72]王希亮，李端杰，徐国锋.现代园林绿化设计、施工与养护（第2版）[M].北京：中国建筑工业出版社，2022.

[73]徐文辉.城市园林绿地系列规划（第4版）[M].武汉：华中科技大学出版社，2022.

[74]潘利，姚军.高职高专园林类立体化创新系列教材·园林植物栽培与养护（第2版）[M].北京：机械工业出版社，2023.

[75]上海市园林科学规划研究院.园林绿化栽植土质量标准[M].上海：同济大学出版社，2022.

[76]张恒基，朱学文，赵国叶.园林绿化规划与设计研究[M].长春：吉林人民出版社，2021.

[77]中国风景园林学会编.园林绿化工程施工与管理标准汇编[M].北京：中国建筑工业出版社，2021.

[78]江苏省风景园林协会.园林绿化工程项目负责人人才评价培训教材[M].北京：中国建筑工业出版社，2021.

[79]董结实，宁春娟.园林绿化培训教材[M].天津：天津大学出版社，2020.

[80]何方瑶，刘淇.景观建筑艺术与园林绿化工程[M].延吉：延边大学出版社，2020.

[81]陈波，王月瑶，景郁恬.图解江南园林[M].南京：江苏凤凰科学技术出版社，2023.01.

[82]张剑，隋艳晖，谷海燕.风景园林规划设计[M].南京：江苏凤凰科学技术出版社，2023.

[83]韩阳瑞.高职高专园林专业规划教材园林工程[M].北京：中国建材工业出版社，2023.

[84]杨秀珍，王兆龙.中国对欧洲园林建筑的影响[M].北京：中国林业出版社，2023.

[85]陈烨.高等学校风景园林专业教学指导分委员会规划推荐教材景观环境行为学（第2版）[M].北京：中国建筑工业出版社，2023.